普通高等教育艺术设计类·新形态教材·
教育部产学合作协同育人项目配套教材

一流课程系列教材建设

微课视频版

家具设计

（第3版）

主　编　范　蓓
副主编　周　颖　周　文　彭邦云

中国水利水电出版社
www.waterpub.com.cn
·北京·

内 容 提 要

本教材基于编者多年教学和设计实践经验编写而成，详细介绍了中外家具发展简史、家具造型设计、人体工程学与家具功能设计、家具设计材料与结构工艺、家具新产品创意开发的设计方法及程序、家具设计程序等方面的内容。同时，本教材通过综合分析大量国内外前沿家具设计案例，引导学生把握家具设计创新发展方向；通过系统梳理和介绍家具设计理论和方法，帮助学生提升设计逻辑思维能力和设计创新及应用能力。

本教材内容全面丰富，形态新颖，具有立体化、纸数融合特色，配有微课视频、电子课件、作品赏析、习题集、试卷等数字教学资源。

本教材可作为高等院校设计学、艺术设计、环境设计、室内设计等专业的教材，也可供从事设计艺术学研究及环境设计、室内与家具设计的专业人员参考。

图书在版编目（CIP）数据

家具设计：微课视频版 / 范蓓主编. -- 3版. -- 北京：中国水利水电出版社，2024.8
普通高等教育艺术设计类新形态教材 一流专业与一流课程建设系列教材
ISBN 978-7-5226-2116-6

Ⅰ．①家… Ⅱ．①范… Ⅲ．①家具－设计－高等学校－教材 Ⅳ．①TS664.01

中国国家版本馆CIP数据核字(2024)第016131号

书　名	普通高等教育艺术设计类新形态教材 一流专业与一流课程建设系列教材 **家具设计（第 3 版　微课视频版）** JIAJU SHEJI
作　者	主编　范　蓓　副主编　周　颖　周　文　彭邦云
出版发行	中国水利水电出版社 （北京市海淀区玉渊潭南路1号D座　100038） 网址：www.waterpub.com.cn E-mail：sales@mwr.gov.cn 电话：（010）68545888（营销中心）
经　售	北京科水图书销售有限公司 电话：（010）68545874、63202643 全国各地新华书店和相关出版物销售网点
排　版	中国水利水电出版社微机排版中心
印　刷	清淞永业（天津）印刷有限公司
规　格	210mm×285mm　16开本　13.75印张　400千字
版　次	2010年8月第1版第1次印刷 2024年8月第3版　2024年8月第1次印刷
印　数	0001—3000册
定　价	**69.00元**

凡购买我社图书，如有缺页、倒页、脱页的，本社营销中心负责调换
版权所有·侵权必究

第 3 版　前言

随着新时代的发展，全党全国各族人民迈上全面建设社会主义现代化国家新征程。转眼间，《家具设计》一书已问世十余载，在得到全国各地高校老师的认同和社会各界家具设计工作者的支持下，本书得以进行第3版的修订。本书历经社会主义现代化建设时期，并紧跟中国特色社会主义新时代的步伐。在本书使用过程中，发现了一些亟须解决的问题，并在本次的修订中进行了适当的增补和修改。

党的二十大报告提出实施科教兴国战略，强化现代化建设人才支撑作用。为响应这一时代号召，本次修订在书中融入了新时代新发展理念，增加相关内容；强化校企合作，更新设计案例，凸显中国优秀传统家具设计文化传承、设计创新、技术进步；介绍世界前沿设计理念、产品、成果，增加了新产品和智能家具设计内容；优化专业教学效能，校企共同编写和开发适合艺术设计专业教学的新形态教材，以确保设计教育与时代紧密结合，更好地服务于人才培养和社会需求。

家具设计教育秉持教育优先发展、科技自立自强和人才引领驱动的理念，致力于全面提高人才自主培养质量，着力造就拔尖创新人才。本书立足于教育创新，以培养拔尖创新人才为核心，内容包括家具导论、中外家具发展简史、家具造型设计、人体工程学与家具功能设计、家具设计材料与结构工艺、家具新产品创意开发的设计方法及程序、家具设计程序7个单元，从家具设计基本概念、目的以及发展趋势切入，由浅入深地讲解设计原理、方法、手段以及设计实践。为深化产教融合，促进教育链、人才链与产业链和创新链有机衔接，本次修订工作特别邀请了武汉维佰境景观设计有限公司高级工程师彭邦云参与。武汉工程大学、武汉职业技术学院等高校教师、研究生与行业企业专家共同研究和强化了本书内容与职业标准、实际生产的对接，在书中引入了更贴合生活实际的景观家具设计案例。

本书的再版，得到了中国水利水电出版社编辑老师的耐心指导和大力支持，还得到了武汉工程大学环境设计专业2021级、2022级研究生的帮助，王玉、张雨欣、万茜柔、程新玲同学为本书的修订做了很多基础工作，在此一并表示感谢！最后，再次感谢广州顺德职业技术学院彭亮教授给予编者的支持和帮助！

受编者水平所限，书中难免有不妥之处，恳请行业专家和广大读者批评指正。

范蓓

2024年2月

第1版　前言

　　本书是根据国内外最新专业资讯和国内家具企业对家具专业人才的需求，而编写的一本专门训练现代家具设计与制造能力的特色教材。本书力求突出新内容、新设计、新案例、新工艺、新技术、新材料的知识范畴。围绕培养中高级家具设计人才这个目标，进行相关学科的专业整合，以家具设计为中心，以家具制造工艺为基础，辅以设计实务等相关知识。

　　作者结合自身教学实践，增编了许多案例，做到既有理论又有实践，通俗易懂，便于教师的教学和学生的自学，有助于促进教学质量的提高。

　　讲授家具设计是一件不容易的事，为学生寻找到合适的相关教材资料用于课堂讲授，一直以来都是一个挑战。一般来说，这种资料不是源于建筑就是源于艺术，或者更糟糕一点的情况是，源于技术方面，那样的话读起来就像工程资料一样。家具设计是根植于建筑、艺术及工程技术而生的，但是它的实际意义远远高于这些部分的机械相加。讲授家具设计需要结合其他学科的知识，然而要让人最终理解什么是家具设计，则需要通过一个准确的表达方式来呈现。

　　作者努力编写了这样一本书，书中让学生成为良好的倾听者和实践者。家具设计师要会画草图、熟练使用计算机、雕刻造型、自己制作模型，还要掌握各种各样的其他本领，将他们的三维构想传达给世界。

　　一本完整的家具教材，需要有家具的历史，但每次上课讲解历史时，不可避免地都会碰到这样一个问题，学生不爱听纯粹的历史课，我将中外家具各个历史时期的经典家具按时间、人物列举出来，清晰明确。在现代、当代的家具历史时期引申出著名家具设计大师的经典之作，对大师的设计经历进行叙述，对经典家具进行比较，说明现代家具的原型都来自传统历史家具，使老师在讲解家具历史时不枯燥。在展现经典家具设计的形式和风格特征的同时，贯穿历史折射出各个家具的时代特征和经典设计手法，无论对再现历史风采还是设计的延续，以及探索家具的设计规律、启迪设计创意和手法，都具有深厚的研究价值。

　　家具设计要求学生必须掌握各种常用家具的尺寸，在设计时可以依据第4单元"人体工程学与家具功能设计"内容，将此单元当作工具书来查找家具准确的尺寸，从使用者的生理和心理的角度出发来设计家具。

　　本书运用学生能够理解的通俗语言重点分析了家具的造型，并适当引入定量分析的方法分析家具的造型。设计是有方法和规律可循的，本书还归纳出在家具设计过程中的设计方法，并附上最新的家具产品设计，并且每张图片旁都有详细的讲解，使经典设计案例一目了然。书中图片采用全世界近几年的杰出青年设计师的作品，使学生可以得到最新的设计资料，同时也穿插学生的作业、参赛作品和获奖作品，详细讲解运用设计方法进行设计的程序。

本书在编写方面力求反映出信息时代的立体化教材特征，特别是各个章节都配备了大量国际最新家具设计图片资料以及对应的课程作业，使本书成为一本立体化的现代家具专业教材，更加便于教学和自学，通俗易懂，触类旁通、获取信息、启发灵感。本书注重理论联系实际，注重实操训练，注重案例教学。

本书的编写出版得到了中国水利水电出版社编辑的精心指导，得到了武汉工程大学艺术设计学院相关领导的大力支持，得到了中国家具协会的热情帮助，尤其是得到了中外著名专家学者的帮助和指导，在此一并向他们表示衷心的谢意。设计作品中选用了武汉工程大学艺术设计学院环境艺术设计专业师生的部分作品以及国内外著名家具企业的部分作品与案例，在此一并衷心感谢。同时，也向所有支持本书编写工作、提供素材的单位与个人表示谢意。

特别感谢武汉工程大学艺术设计学院陈波老师参与第5章的编写，武汉工程大学艺术设计学院研究生杨艳同学参与第2章的编写。本书选编了欧洲以及美国、日本等的著名设计师的作品和著名家具公司的产品，在书中都已注明，个别作品因资料不全未能详细注明，特此致歉，待修订时再补正。

由于作者水平及时间所限，书中不足之处在所难免，敬请有关专家、学者和各界人士不吝指正，以便在下一步的教学和编写工作中改进和提高。

范蓓
2010年5月

第 2 版　前言

《家具设计》一书与读者见面后，得到了来自全国各地高校老师的认同和社会各界家具设计工作者的支持，这给了作者极大的鼓励，没有大家的支持和帮助就没有《家具设计》（第 2 版）的问世。

作者结合自身教学实践，在第 1 版的基础上进行了改进并增编了许多新案例，做到既有理论又有实践相结合的设计，便于教师教学和学生自学，有助于促进教学质量的提高。

本书在第 1 版的基础上对各单元都进行了一定的调整，增加了第 1 单元第 5 节，第 2 单元第 1 节和第 2 节的内容，对第 3 单元～第 5 单元的内容都进行了新的补充和修订，以期待更能适应专业新形势的需要。

本书的第 2 次修订出版得到中国水利水电出版社责任编辑淡智慧老师的精心策划和相关老师的精心指导，感谢武汉工程大学李雪同学对第 4 单元的修订、王潜同学对第 5 单元的修订。感谢广州顺德职业技术学院彭亮老师对本书的精心指导。

本书精选了欧洲国家以及美国、日本等著名设计师的作品和著名家具公司的产品，在书中全部都已注明，个别作品因资料不全未能详细注明，特此致歉，待修订时再补正。

由于本人水平有限，书中难免有不妥之处，恳请广大专家、学者、读者和各界人士不吝指正，以便在下一步的教学和改版工作中改进和提高。

范蓓

2015 年 4 月

目录

第3版前言
第1版前言
第2版前言

第1单元　家具导论/1
1.1　家具的概念 …………………………………………………………………………… 1
1.2　家具的产生与现代家具的发展 ………………………………………………………… 5
1.3　家具设计的定义与原则 ………………………………………………………………… 5
1.4　家具的使用分类 ………………………………………………………………………… 14
1.5　现代家具与建筑、环境、室内设计、工业设计的关系 ……………………………… 16
作业与思考题 ………………………………………………………………………………… 29

第2单元　中外家具发展简史/30
2.1　中国历代家具史 ………………………………………………………………………… 30
2.2　外国历代家具史 ………………………………………………………………………… 46
2.3　外国现代家具 …………………………………………………………………………… 54
作业与思考题 ………………………………………………………………………………… 79

第3单元　家具造型设计/80
3.1　家具造型设计的基本概念 ……………………………………………………………… 80
3.2　家具造型的基本要素 …………………………………………………………………… 83
3.3　家具造型的形式美法则 ………………………………………………………………… 93
3.4　家具造型的装饰 ………………………………………………………………………… 105
作业与思考题 ………………………………………………………………………………… 110

第4单元　人体工程学与家具功能设计/111
4.1　人体基本系统 …………………………………………………………………………… 112
4.2　人体基本动作 …………………………………………………………………………… 113
4.3　人体尺度 ………………………………………………………………………………… 115
作业与思考题 ………………………………………………………………………………… 133

第5单元　家具设计材料与结构工艺 /134

- 5.1　木质类材料的特点和种类 …………………………………………………… 135
- 5.2　金属类家具的结构设计与制造 ………………………………………………… 148
- 5.3　塑料类家具的结构设计与制造 ………………………………………………… 153
- 5.4　软体类家具的结构设计与制造 ………………………………………………… 157
- 5.5　竹藤类家具的结构设计与制造 ………………………………………………… 162
- 5.6　纸质类家具的结构设计与制造 ………………………………………………… 165
- 5.7　玻璃类家具的结构设计与制造 ………………………………………………… 166
- 5.8　石材类家具的结构设计与制造 ………………………………………………… 166
- 5.9　水泥类家具的结构设计与制造 ………………………………………………… 167
- 5.10　家具配件综合材料 …………………………………………………………… 168
- 5.11　家具五金 ……………………………………………………………………… 169
- 作业与思考题 ……………………………………………………………………… 176

第6单元　家具新产品创意开发的设计方法及程序 /177

- 6.1　家具新产品的概念 ……………………………………………………………… 178
- 6.2　家具产品设计创意开发 ………………………………………………………… 179
- 6.3　家具设计方法 …………………………………………………………………… 185
- 作业与思考题 ……………………………………………………………………… 195

第7单元　家具设计程序 /196

- 7.1　确立设计定位 …………………………………………………………………… 196
- 7.2　收集资料并进行分析 …………………………………………………………… 198
- 7.3　设计的发展趋势 ………………………………………………………………… 204
- 作业与思考题 ……………………………………………………………………… 209

参考文献 /210

数字资源索引 /212

第 1 单元　家具导论

★学习目标：
1. 了解现代家具设计的基本定义，理解现代家具功能及属性，即实用性与艺术性、物质形态与文化形态的统一。
2. 认知现代家具与相关专业的关系和学科体系的整体性。
3. 理解现代家具与当代科技赋能的必要联系，充分理解现代家具与人类社会形态和生活工作方式的内在联系，了解现代家具设计中的国际化与民族化的辩证统一的关系。
4. 能熟练地进行简单的家具设计练习。

★学习重点：
1. 全面了解家具设计的概念和基本内容。
2. 初学家具设计的学生能够掌握正确的家具设计思维。
3. 家具设计应结合建筑设计、环境设计、工业设计和视觉传达等相关专业艺术特征进行设计。

1.1　家具的概念

家具是人类维持日常生活、从事生产实践和开展社会活动必不可少的物质器具。在当代，家具已经被赋予了更加宽泛的现代定义。家具一词英文为 furniture 或 furnishings，以及源自法文的 founiture 和拉丁文的 mobilis，这些词都涵盖了"家具""设备""可移动的装置""陈设品""服饰品"等含义。

综合上述对家具概念的多种解释，可以得到一个相对完整的家具概念。然而，现代家具还具有"与时俱进"的特征。当人类与其他动物有了基本区别，开始有尊严地生产生活时，家具便成为人们日常生活的用品，进而被赋予了"家用的器具"这一意义。最初出现的家具总是与建筑联系在一起，并且它主要作为建筑室内空间功能的一种补充和完善，因此形成了"家具是一种室内陈设"的基本概念（图1.1）。当人们要提高环境质量，满足室外活动的各种需要，将家具"搬"到室外时，家具就具有了与建筑相似的功能意义和空间意义（图1.2）；当人们把自己积累的所有其他技能用于家具制造并赋予家具有关工艺的审美特征时，人们则认为家具是"工艺美术品"（图1.3）；当家具和其他工业产品一样被人们用机器大批量生产时，家具又成为一种名副其实的"工业产品"（1.4）；当家具被艺术家作为一种"载体"来表达他们的情感和思想，并以一种特殊的形式出现时，家具又被认为是一种艺术形式（图1.5和图1.6）。随着人工智能与大数据、云计算的快速应用，人工智能已经越来越多地与传统产业相结合。当家具被赋予科技的力量，家具产品让用户拥有了高品质的生活体验和服务（图1.7）。因此，要对家具下一个准确而又严格的定义是比较困难的，可以说直到今天，家具的概念依然随着时代的发展呈现出新的时代特征。

总之，在贯彻新发展理念、构建新发展格局、推动高质量发展过程中，人们对于家具的认识随着社会的发展变化和人们认识事物观念的更新而变化。家具设计在辩证统一的思想中不断形成新的历史活力。

图1.1　哈利法克斯家居空间
沙发、椅子等家具被布置在一个空间中，形成起居室空间。同时由于这个空间没有进行分隔，通过搭配餐桌、餐椅等家具陈设，又形成了一个起居室兼餐厅的多功能空间

图1.2　可折叠公共休息椅
椅子被"搬到"室外公共汽车站，为人们提供了一个休息的场所。这款折叠候车椅采用了简易结构设计，巧妙地与站牌或电线杆相结合。当需要休息的时候，只要轻轻一拉，即可使用

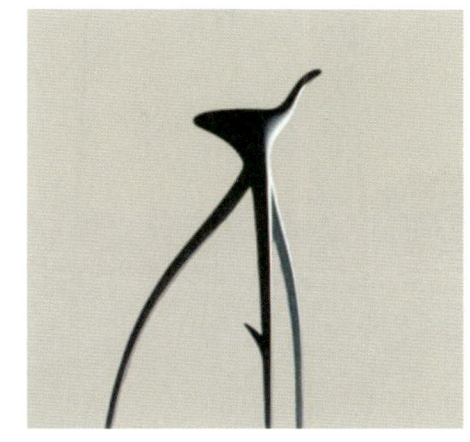

图 1.3　三足椅
菲利普·斯塔克（Philippe Starck）于 1984 年为巴黎的 Costes 餐厅设计的"三足椅"

图 1.4　模压成型椅
这是一款轻便、可堆叠且多功能的椅子，其特点是使用了现代化造型和当时最先进的加工技术。这款椅子被大批量生产，用于家居及公共环境中

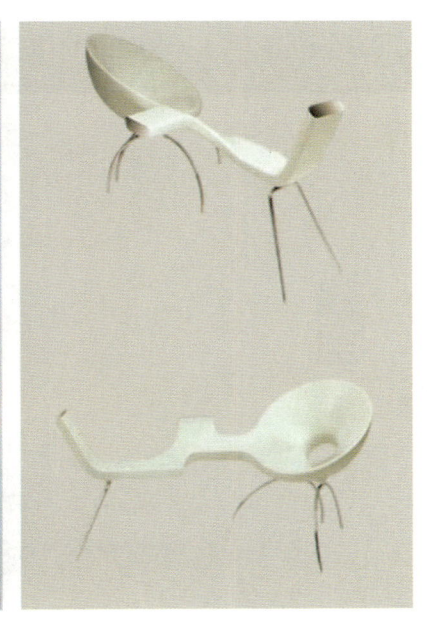

图 1.5　时尚艺术家具

图1.6 环形树椅
图为一组围绕着"树"的设计。设计师将长凳转化为一种可变形的城市坐具，展现出了独特的理念设计。通过座椅的种种变形，如圆环状、波浪状、手臂环绕状，不仅显现出别具一格的趣味性，使人们在享受树荫轻抚的同时倍感惬意，还增添了其实用性，避免了单调

图1.7 2022年北京冬奥村智能床
"零重力模式"接近于宇航员在太空中的姿态，可以通过遥控器将头部位置抬升15度，脚部抬升35度，让心脏与膝盖处于同一水平线，有效分散身体压力，给运动员提供科学舒适的休息环境。床脚可以调节高度，方便日后冬残奥会运动员使用

1.2 家具的产生与现代家具的发展

事物的产生与发展都是以人为中心的。我们的祖先在和大自然的斗争中,为了遮蔽风雨而建造了房屋。同时,由于人们不能始终站立从事生产活动,因此平坦的地面和一块石头成为人们最早休息的场所,这也催生了人类最早的家具的诞生。

家具的出现是基于生活的使用需要,并随着社会生产和物质生活的发展而不断向前发展。在新时代中国特色社会主义发展道路上,家具除了是一种具有实用功能的物品外,更是一种具有丰富文化形态的艺术品。几千年来,家具设计和建筑、雕塑、绘画等造型艺术形式与风格同步发展,成为人类文化艺术的一个重要组成部分。所以,家具的发展进程不仅反映了人类物质文明的发展,也显示了人类精神文明的进步。

从公元前4000多年的古埃及王朝一直到19世纪欧洲工业革命前,家具的历史实际上就是木制器具发展的历史。多个世纪以来,东西方家具一直在木器的范畴中不断改进着家具造型和工艺技术。从以使用为主要目的,逐步地演变为一种精雕细刻的奢侈品,过分追求装饰,削弱家具作为生活器具所必需的功能。直到19世纪欧洲工业革命后,家具的发展才进入了工业化的发展轨道。在工艺美术运动思想的影响下,根据"以人为本"的设计原则,摒弃了过分奢华的装饰,提炼了抽象的造型,结束了木器手工艺的历史,进入了机器生产的时代。现代家具在工业革命的基础上,通过科学技术的进步和新材料与新工艺的发明,广泛吸收了人类学、社会学、哲学、美学的思想,紧紧跟随着社会进步和文化艺术发展的脚步,使家具在内涵与外延空间上不断扩大,功能更加多样,造型千变万化,更加趋于完美,成为创造和引领人类新的生活与工作方式的物质器具和文化形态。

随着我们勇于进行设计理论实践探索与创新,用全新的视野深化对家具设计的认知,现代的家具设计几乎涵盖了所有的环境产品、城市设施、家庭空间、公共空间和工业产品。家具设计随着社会的进步而不断发展,反映了不同时代人类的生活和生产力水平,融科学、技术、材料、文化和艺术于一体。由于文明与科技的进步,家具设计的内涵是永无止境的。家具从木器时代演变到金属时代、塑料时代、生态时代;从建筑到环境,从室内到室外,从家庭到城市,现代家具的设计与制造都是为了满足人们的不断变化的功能需求,创造更美好、更舒适、更健康的生活工作和娱乐休闲方式。人类社会和生活方式在不断地变革,新的家具形态将不断产生,家具设计的创造是具有无限生命力的。

1.3 家具设计的定义与原则

家具设计首先需要满足使用功能要求,适应各种活动功能的要求;其次要考虑材料加工的物质技术条件,使家具得以生产实现;再次要符合人们的审美要求,通过造型设计逐步形成一个时期的风格(图1.8)。

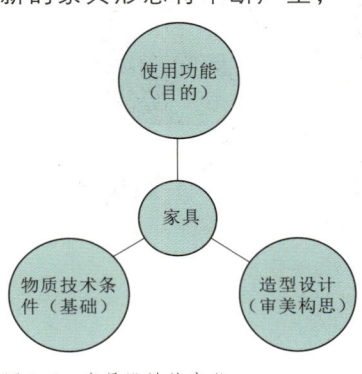

图1.8 家具设计的定义

1.3.1 功能特征

在环境设计中,一旦空间关系确定,家具和陈设就是设计的主要对象。家具的实用功能是家具设计的基本要求,所有的家具都必须满足某一方面的特定用途。例如,床用来睡觉,椅子用来坐和休息,柜子用来储藏等。失去了产品的功能性,便失去了产品的真实性和可靠性,也就失去了产品的最基本的要求。没有使用价值的家具,外表再华丽美观也是没有意义的。

家具的功能性概念也绝不是简单地使用,它还应具有以下几个方面的特征。

1. 舒适

家具必须以正确的尺寸、合理的结构和优良的材料为基础,而后才能产生舒适的效能。凡是与人体活动有关的座椅、床、工作台、餐桌椅和储藏家具等,都要合乎人体工程学的原理,采用适宜的材料和结构,使其有助于节省体力、放松情绪、消除疲劳和促进健康等功能作用(图 1.9 和图 1.10)。

2. 便利

家具是否具有便利的特征,与其自身的重量和结构直接相关。形体轻巧的家具,特别是易于拆装变换的单元组合家具,比较符合便利

图 1.9 科隆展上的新款沙发

的原则(图 1.11 和图 1.12)。相反,粗笨呆板的家具却难以移动和陈列。为了解决这个问题,必要时可以安装把手和脚轮(图 1.11)。

图 1.10 旋转的沙发
可自由旋转的座椅并不奇怪,但可旋转的沙发就不多见了。这款沙发两端被设计成了可旋转部分,使得一家人能够根据需要随意调整各自区域的方向

（a）家具组装前　　　　　　　　　（b）家具组装后

图 1.11　Magis 家具功能和造型变化的样式（一）

（a）4 个模块一组　　　　　　　　（b）不同颜色的模块组成一件家具

图 1.12　Magis 家具功能和造型变化的样式（二）

3. 弹性

家具的弹性是家具一体多能特征的体现。如果家具具有多功能的特征，不仅可以减少室内家具的数量，而且可以节省空间。弹性家具是来自于对用户、产品与环境之间关系进行深入观察而设计出来的产物，满足不同场景使用需求的同时，又提升了产品持续使用价值的认同感（图 1.13）。

图 1.13　海浪造型的沙发
沙发的外形宛如一朵浪花。然而，它的功能并不仅仅局限于其外形。其特殊的造型和可分拆的结构充分体现了其休闲与多功能并重的设计理念

4. 储存节省空间

适宜的储存是家具产品实用功能中最值得重视的要素之一。如果餐桌、餐椅在家中使用，储存就不成问题。但是对于在多功能室内外空间使用的桌椅而言，情况就大不相同。针对多功能厅使用需求而言，今天室内空间可能用于讲座、宴会，需要桌椅；明天室内又可能用于展览，不需要桌椅。因此，储存桌椅就是一个非常重要的问题。就桌椅的储存而言，有三种可能的解决方案：采用折叠、叠加或成套组合家具的方式来节省空间（图 1.14～图 1.17）。

图 1.14 Gate 沙发
这款可拼接式沙发能根据空间的使用情况，通过增加或减少沙发单元的数量来进行变化

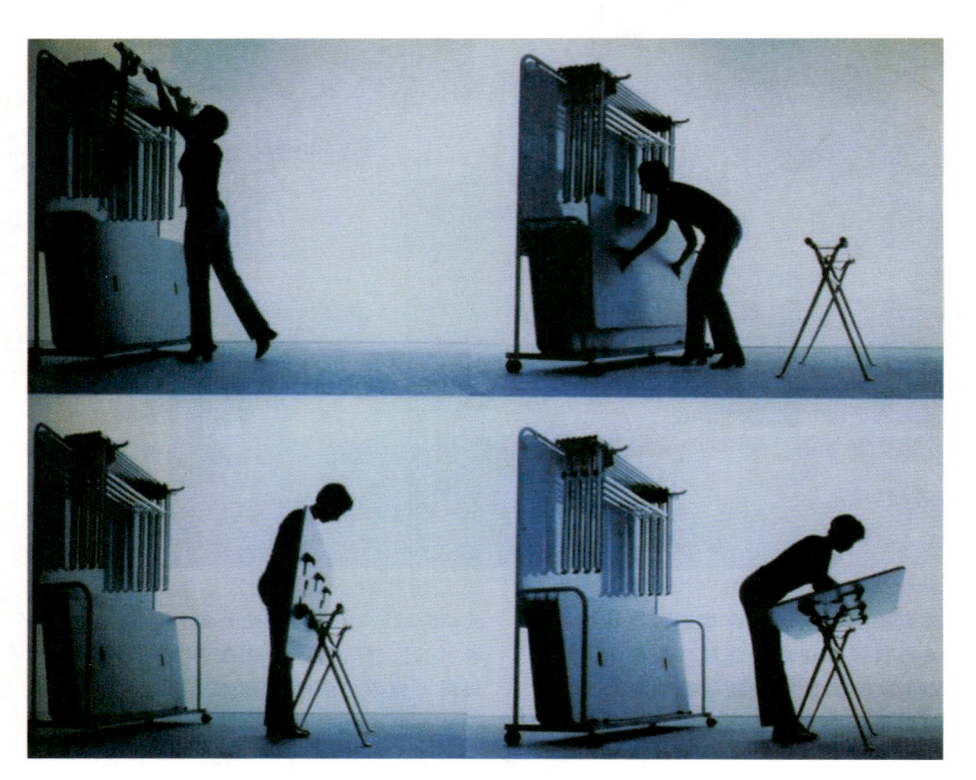

图 1.15 桌椅的折叠收藏

（a）集成厨房用柜

（b）集成厨房用柜功能展示

图 1.16 Kitchoo K1
一款创新的集成厨房用柜可完美融入家居环境中，仅占用最少的空间。其人性化的设计让木质机身显得低调，同时巧妙地隐藏了电磁炉、水槽、冰箱、抽屉。如果需要，还可以配备洗碗机和抽油烟机等

8　家具设计（第 3 版　微课视频版）

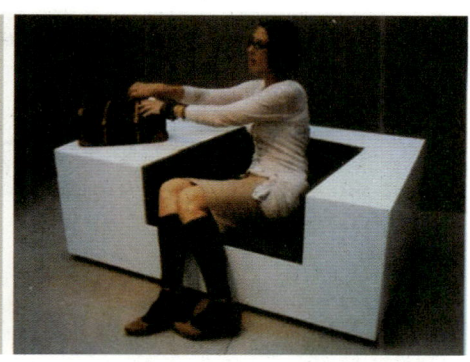

图 1.17 功能组合沙发办公桌

功能组合沙发办公桌像小时候玩过的积木一样，能够自由变换组合。它既能变成坐卧的沙发，又能变成办公的电脑工作台，还可以变成任何一种我们想要拥有的静谧空间

5. 耐用和易于维护

家具的长期使用价值主要决定于材料的品质和结构的坚固程度。一般来说，家具能否维修，取决于易损件是否与整个产品融合在一起而无法更换，还是通过螺丝连接以便于更换。另外，维修工人的费用也是一个重要因素，需要考虑是否值得修理，以及更换零件是否更为经济。同时，耐用的另一个概念是外观形态的长期保值程度。

6. 报废及后续处理

在整个家具产品的生命周期中，产品的基本功能完全丧失，并且不能再修理或用新的技术取代，这时产品就需要报废（例如产品破损或磨损等）。

报废产品，其核心需要遵循 3R 原则（Reduce、Reuse、Recyle）。从整个生态环境的角度来看，环保的因素在设计中越来越受到重视，这些因素应该在设计初期就被充分考虑。也就是说，环保理念应渗透到设计、生产、使用乃至产品报废整个生命周期中去。

报废产品要考虑的范围包括：是否对环境造成污染，是否有噪声，是否浪费能源和原材料，是否是生态环保型产品，产品及零件经过处理后是否能够继续被使用，是否可以回收再利用。

1.3.2 物质技术条件

在我国现代化建设发展全局中，中国家具的发展始终融科学、技术、艺术于一体，不断促进科学的进步、技术的发展、材料的变化不断达到新的高度。工业革命之后，现代家具的发展一直和科学技术的进步并行。家具不再是一件一件地用手工制作的艺术品，而是成为机械化大批量生产的产物。科学技术的不断进步推动着家具的更新迭代，新技术、新材料、新工艺、新发明带来了现代家具的新设计、新造型、新色彩、新结构和新功能。同时，人们的审美观念、流行时尚以及生活方式也随着科学技术的不断进步而提升（图 1.18）。

1.3.2.1 新技术的运用

在家具生产过程中，每一道工序都会通过技术加工产生不同的效果。车削加工具有精致、严密、旋转纹理的特点；铣磨加工具有均匀、平顺、光洁、致密的特点；模塑工艺具有挺拔、规整、严正、圆润的特点；板材成型有棱有圆，界面分明，曲直匀称。设计时，尽量把每一工

微课视频

具备物质
技术条件

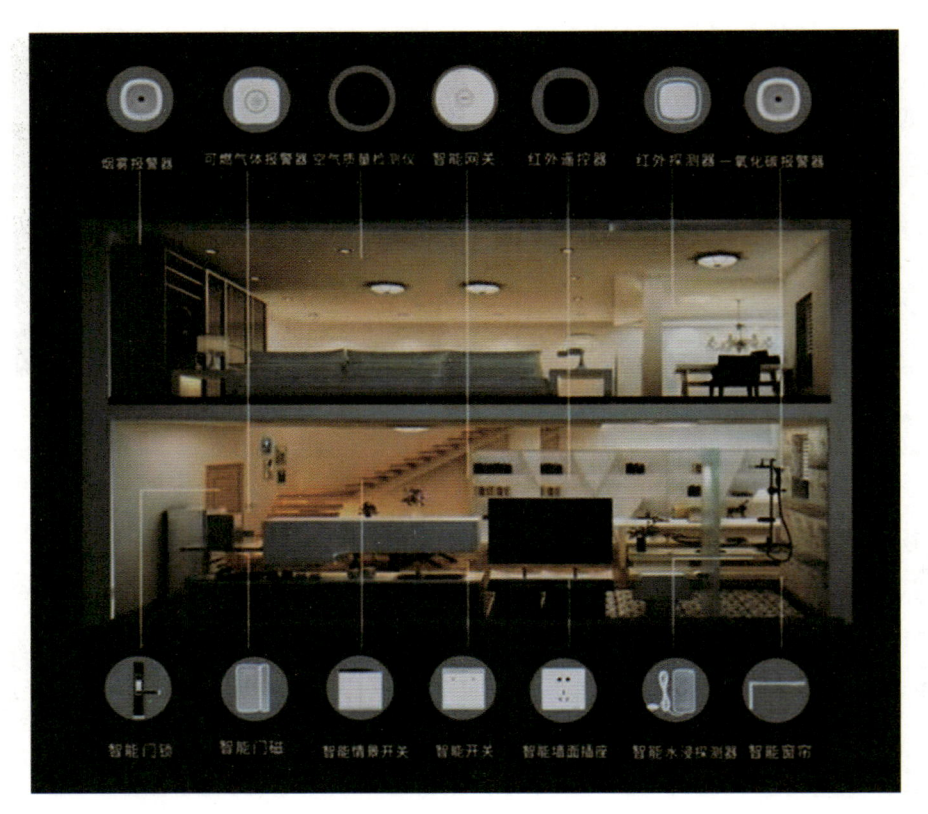

图 1.18　智能家居

序的情况考虑得比较充分，从不同角度来选择技术加工方式，使技术与设计有机地结合起来。

纵观新时代现代家具的发展历程，我们会发现有两条重要的、并行的发展线索：一方面，新技术与新材料推动着家具工艺技术的不断革新与进步；另一方面，现代艺术尤其是现代建筑设计和现代工业产品设计的兴起和发展，为家具造型设计带来了不断的演变和创造。新技术的出现对传统家具无疑是一种挑战。然而，一些具有超前创新意识的设计师却能看到新技术对现代家具设计的可能性。

现代家具史上第一件销售量超过 4 万件的产品是奥地利的家具设计师索内特发明的弯曲木椅，这是 19 世纪中叶产生的最早的现代家具，采用了现代机械弯曲硬木新技术和蒸气软化木材工艺。新工艺使弯曲木椅能够大批量标准化生产，而且价格低廉、设计精美，成为大众化现代家具的楷模。

在科技强国目标实现的进程中，随着现代计算机技术的不断发展和人工编程智能化的广泛运用，各行各业的生产厂家已迈入智能化生产时代。在家具行业中，已开始广泛使用机械臂安装和机器人生产。机械臂程序控制安装家具零部件，准确且快速，能够大量提高家具产出数量，节省人工成本；板材通过机器的精密裁切、转孔和打眼，使得每个家具零部件可轻松拆卸，方便所有家庭自行安装。在人工智能程序控制和机器人的广泛运用下，我国家具产量相较 5 年前已大幅度增长一倍以上，同时人工成本也大幅降低。在如今人工成本不断升高的时代下，人工智能程序控制将会在全国范围内得到更广泛的应用。

1.3.2.2　材料特性的运用

家具的物质属性取决于生产所用的材料。对材料的运用不单是制作的先决条件，还直接关系到家具所设计出来的效果。家具设计用材种类繁多，每一种材料都具有各自的特点。因此，家具设计一方面要选择符合功能要求的材料，另一方面也要使用能符合设计者艺术构思的材料。"按料取材，因材施艺"是材料运用的基本原则，有助于我国积极推进碳达峰碳中和战略目标的实现。基于我国能源资源禀赋，我们应深入推进能源高效利用，以资源配置为依托，加快规划建设新型设计体系。

新材料的变化对现代家具设计的创造产生了直接的影响。工业革命后，现代冶金工业生产的优质钢材和轻金属被广泛地应用于家具设计当中，推动家具从传统的木器时代发展到金属时代。20世纪20年代，德国包豪斯设计学院的天才家具设计师布鲁耶开发设计了一系列钢管椅，采用抛光镀铬的现代钢管作为基本骨架，用柔软的牛皮和帆布做椅垫和靠背，造型简洁、功能合理、线条流畅，至今仍很流行。第二次世界大战后，新的人造胶合板材料、新的弯曲技术和胶合技术为家具设计师提供了更大的创造空间。芬兰的设计大师阿尔瓦·阿尔托采用现代热压胶合板技术，通过高温的压制方法，使软化后的木材产生变形。在变形状态下，木材经过长时间的干燥处理，恢复并增强了其原有的刚性和韧度，使家具产品的设计从生硬的造型转变为曲线化的柔美形态，从而达到设计师所追求的完美弧度。塑料这种现代材料的发明也为现代家具提供了更为广阔的设计空间。我们对金属、木材和陶瓷的使用已经有上千年的历史，然而塑料的发明仅有100多年。我们探索新材料的形状及其物理特性的能力，与对任何一种新技术的研究一般令人振奋。美国家具设计大师埃罗·沙里宁和查尔斯·伊姆斯用塑料注塑成型工艺、金属浇铸工艺、泡沫橡胶和铸模橡胶等新技术和新材料设计出了"现代有机家具"，运用了新技术和新材料的家具更具生态性特征。这些新的、更具时代特点的雕塑形式家具迅速成为现代家具的新潮流。

关于未来生活的面貌，我们在脑海中可能已经想过无数次：智能家具、全自动化的家居系统，甚至是机器管家。未来生活也会有更多新颖的家具材料出现，如木塑复合材料、秸秆人造板、PU发泡材料、玉米塑料等新型材料的出现将彻底改变我们的生活。

在中国特色社会主义新时代的背景下，人们在追求产品设计感的同时，对于环保的要求也越来越高。当这些新材料越来越融合于家具制造时，必将引发家具制造业的一场变革，让未来的生活变得与众不同。

1.3.2.3 结构的运用

在家具设计中，结构和外形都是互相联系的，很难把这两项工作严格地分开。在确定了一件家具结构后，这件家具的外形就已被控制在某一个范围之内。同样，结构也会受到一定的限制。构造复杂的家具，生产费工费时，不但增加造价，也给维护带来困难。所以，家具的结构是家具设计中很重要的一环。结构的选用要根据家具的类别和使用场合来决定，并与材料的属性相协调。用于公共建筑，机械化大批量生产的家具多采用零部件组装结合；木质家具采用传统的固定榫结合；两用家具则采用特制的部件灵活组合，以满足功能的需要；智能化家具以人机工程学、美学的理念为设计元素，通常采用PLC[1]实现智能化家具的结构设计。

1.3.3 造型设计

审美造型设计对产品的使用、外观以及经济效果起着决定性的作用。造型设计绝不只是一

---

[1] PLC为可编程序控制器（Programmable Logic Controller，PLC）的简写。最初被简称为PC，由于PC容易和个人计算机（Personal Computer）混淆，故人们改称PLC作为可编程序控制器的缩写。

种简单的重复，而是一种创造性的劳动。根据造型设计工作中创造程度的不同，可以将造型设计分为改良造型设计、开发造型设计和概念造型设计三种类型。

(1) 改良造型设计是在已有产品的基础上，通过对其实用性、经济性、艺术性等方面的综合分析和系统研究，运用现代设计的原理和方法进一步优化和改进，从而设计出更能适合于人、适合于社会发展需要的实用、高效、安全、可靠和美观的新型产品。

(2) 开发造型设计是一种创造性的设计，它要求从人的需求和愿望出发，进行用户需求调查研究，并对这种现实需求和潜在愿望做科学、准确的预测。在此基础上，广泛地运用当代科学技术成果和手段，对产品的功能、结构、原理、形态和工艺等方面分别进行全新的设计。开发造型的重点在于研究人的行为，主要研究人们生活中的种种难点，从而设计出超越当前现有水平、符合若干年后人们新的生活方式所需求的产品。这种设计强调的重点在于设计的不是产品，而是人们的生活方式。

(3) 概念造型设计指的是不考虑现有的生活水平、技术和材料条件，是在设计师预见能力所能及的范围内，去考虑人们的未来需求。它从根本上出发，是对未来的一种创新性设计。因此，概念造型设计是设计师最应该具备的基本能力。

家具的审美造型设计还应具有艺术特性、文化特征和科技特征。

1.3.3.1 艺术特性

人类造物是一种创造活动。任何物品、技术或艺术，从其起源看，都不是一蹴而就的，而是从需要和理想出发，经过无数人无数次的实践，甚至可能经过几代人的努力才能实现。虽然造物的目的是用，但仅有用是不够的，还需要具备美感。

家具的艺术特性可以概括为以下两个基本层次：

(1) 形态美。表现在家具的外观造型、装饰、色彩等方面，人们通常用外观形式来指代这种美。它是外在的，很容易通过视觉感受到。

(2) 结构美。源自家具的结构或因结构而形成的美，即内在结构所体现的功能之美。

这两个层次是一个有机的整体，即家具的形态一方面来自功能结构的展现，另一方面则有其形态的审美规律。要让其规律来协调与功能结构之间的差异，形成完美的统一。

1.3.3.2 文化特征

家具是一种丰富的信息载体与文化形态。作为一种物质生产活动，家具文化的品种数量繁多，风格各异。在当前举旗帜、聚民心、育新人、兴文化、展形象的使命任务下，我们致力于建设社会主义文化强国。因此，随着这一进程的推进，家具文化中的风格变化和更新将更加迅速和频繁。在发展过程中，家具文化必然或多或少地反映出如下特征。

1. 地域性特征

不同地域的地貌特征、自然资源以及气候条件，必然会产生人的性格差异，并形成不同的家具风格，但这些风格在整体上仍然是统一的。就我国南北方的差异而言，北方山雄地阔，北方人质朴粗犷，家具则相应表现为大尺度、重实体、端庄稳定。南方山清水秀，南方人文静细腻，家具造型则表现为精致柔和、奇巧多变。关于家具造型过去有"南方的腿，北方的帽"之说，也就是说北方的柜讲究大帽盖，多显沉重；而南方的家具则追求脚型的变化，多显秀雅。在家具色彩方面，北方偏爱深沉凝重，南方则更偏爱淡雅清新。

2. 民族性特征

纵观人类历史发展长河，不同民族的先祖为了适应当地生存地域的自然环境以及后期生产生活形成的社会环境，创造了不同的饮食、建筑、语言、道德、风俗、审美等不同层面的社会观及价值观，进而形成了独特的文化观念。这些文化观念在形成及传播的过程当中，则会对其民族自身的各方面活动产生直接或间接的影响。这种影响在人类造物活动中最直接的表现就是造物成果呈现出民族性特征。家具作为与人类生活关系最密切的人造物之一，自然承载了多维度丰富的民族文化内核。在新的时代背景下，应始终保持同人民生活同呼吸，不断巩固全国各民族大团结，形成家具设计同心共圆中国梦的强大合力。

现代家具巧妙运用了人体工程的科学研究理论，致力于寻找人体最舒适的角度和位置，设计出最适用于现代人们生活习惯和生活方式的家具。有研究发现，中国的传统家具在设计中融入了许多与行为概念相关的元素，如传统的女士木椅没有扶手，这是因为古代女性端坐时需双手放平，挽扶扶手被视为不雅之举。然而对于当今生活节奏不断加快的人们来说，这些旧时观念元素不利于缓解疲劳，达不到放松身心的效果。相比之下，现代家具在保留传统美学元素的同时，利用人体工程学的设计原理，为人们提供了一种轻松自在的体验。随着社会的不断发展，家具的种类也应运而生，呈现出多样化的趋势。

3. 时代性特征

与整个人类文化的发展过程一样，家具的发展也有其阶段性，即不同历史时期的家具风格显现出家具文化不同的时代特征。例如，古代、中世纪、文艺复兴时期、浪漫主义时期、现代和后现代均表现出各自不同的风格与个性。

在农业社会，家具表现为手工制作，因而家具的风格主要是古典式，或精雕细琢，或简洁质朴，均留下了明显的手工痕迹。在工业社会，家具的生产方式为工业批量生产，产品的风格则表现为现代式，造型简洁平直，几乎没有特别的装饰，主要追求一种机械美、技术美。随着经济社会的不断变迁，家具又否定了现代功能主义的设计原则，转而注重文脉和文化语义的表达。因此，家具风格呈现出多元的发展趋势，既展现了中国式现代化发展，反映了当代的技术、材料和当代人的生活方式，又在家具的艺术语言上与地域、民族、传统、历史等方面进行了同构与兼容。从共性走向个性，从单一走向多样，家具与室内陈设均表现出强烈的个人色彩，正是当前家具的时代性特征。

1.3.3.3 科技特征

随着计算机控制技术与电子信息通信技术的发展，智能家居应运而生。智能化家具作为现代多功能家具的典型代表，以其现代的造型引领着一种全新的生活方式。为了加快实施创新驱动发展战略，加快实现高水平科技自立自强，应以国家战略需求为导向。调查显示，大多数人对智能化家具感兴趣，认为拥有智能化家具不仅是一件令人快乐的事情，更是提高生活质量的象征。可以预见，智能化家具将在未来生活中将扮演重要角色。随着产品性价比的提升及配套系统的完善，民众的购买欲望也将得到进一步增强，智能化家具市场将在未来20~50年逐渐形成规模。

1.4 家具的使用分类

由于家具的种类很多，为了确保在实施过程中符合标准，并为研发、生产和销售的相关人员在家具分类及家具产品名称方面提供指导，根据我国目前家具市场情况，结合家具行业使用特点，并参照相关标准，对家具的使用功能和场所、制作材料、加工工艺、组成形式、放置形式等几个角度进行分类。

1.4.1 按使用功能分类

家具的演变反映出社会需求与生活方式的变化，按使用功能进行分类，也是家具历史的一个缩影。表1.1为按家具的使用功能分类。

表1.1　　　　　　　　　　　按家具的使用功能分类

类　型	作用和特征	举　例
坐卧类家具	满足人们坐、卧、躺等行为需求，支撑整个人体	椅、凳、沙发、床等
凭倚类家具	人体倚靠着进行操作	书桌、餐桌、几案、讲台、立式柜台、橱柜等
存储类家具	存放物品	书架、衣橱、展示柜等
其他类家具	遮挡并提供便利	屏风、衣帽架等

1.4.2 按使用场所分类

现代家具的使用范围已经有了很大程度的扩展，它们已经从传统意义上的"家居"环境中延伸开来，被广泛地用于公共场所甚至是户外。表1.2为按家具的使用场所分类。

表1.2　　　　　　　　　　　按家具的使用场所分类

类　型	使　用　场　所	举　例
民用家具	家庭中使用的家具	客厅家具、主卧室家具、次卧室家具、儿童房家具、书房家具、厨房家具等
室内公共空间家具	特定的室内公共空间中使用的家具	商业空间展示家具、影剧院家具、医院家具、办公室家具等
户外家具	花园、公园、广场等户外环境中使用的家具	圆凳、路灯、垃圾桶等
特种家具	特殊场所或者实验室使用的家具	会堂家具、实验室家具、交通家具等

1.4.3 按制作材料分类

不同的材料有不同的性能，家具可以用单一的材料制作，也可以用多种综合材料制造。表1.3为家具的按制作材料分类。

表 1.3　　　　　　　　　　　　　按家具的制作材料分类

类型	定　义	材　质
木质家具	主要部件由木材或木质人造板材料制成的家具	刨花板、纤维板、胶合板等
金属家具	各种金属材料构成的家具	钢材、铸铁等黑色金属或铝合金材、铜材等有色金属
竹材、藤材家具	使用竹、藤类天然材料制成的家具	竹床、竹藤椅子、竹藤沙发等
塑料家具	使用玻璃纤维或发泡塑料注塑成型的家具	PVC塑料、发泡塑料、玻璃钢、热固性塑料等
玻璃家具	玻璃作为主要材质的家具	主体部分为玻璃板、弯曲玻璃、有色玻璃、玻璃镜和强化玻璃等
石材家具	各种石材作为主要材质的家具	大理石、花岗石等天然石材或各种人造石材
软体家具	软体材料作为主要材质的家具	主体部分为帆布、棉布、海绵等弹性材料和软质材料

1.4.4　按加工工艺分类

根据加工工艺或加工目的的不同，生产工艺过程被划分为若干工段。每个工段由若干个工序组成，这些工序是工艺过程的基本组成部分。表1.4为按家具的加工工艺分类。

表 1.4　　　　　　　　　　　　　按家具的加工工艺分类

类型	定　义
固定装配式家具	零部件之间采用榫卯或其他固定形式结合，一次性装配而成
拆装式家具	零部件之间采用连接件连接并可多次拆装与安装
部件组合式家具	也称为通用部件式家具，是将几种统一规格的通用部件，通过一定的装配结构而组成不同用途的家具
支架式家具	将部件固定在金属或木制的支架上而构成的一类家具
折叠式家具	能折动使用并能叠放的家具
多用途家具	家具上某些部件的位置稍加调整，就能变换用途的家具
曲木家具	用实木弯曲或多层单板胶合弯曲而制成的家具
壳体式家具	又称薄壁型家具，其整体或零件是利用塑料、玻璃钢等原料一次模压成型或用单板胶合成型的家具
充气式家具	用塑料薄膜制成袋状，充气后成型的家具
嵌套式家具	为节省占地面积而使用的可以子母形式嵌套收拢在一起，并在使用时可以展开的家具

1.4.5　按组成形式分类

在某一空间中，家具可以以艺术品形式出现，也可以以配套和组合的形式出现。表1.5为按家具的组成形式分类。

表 1.5　　　　　　　　　　　　　　按家具的组成形式分类

类型	定　义	举　例
单体家具	在组合配套家具出现以前，家具往往是作为一个独立的工艺品来设计的，它们之间很少有必然的联系，用户可以按照不同的需要和爱好单独选购。而这种单独生产的家具不利于大批量的工业化生产，各家具之间在形式与尺度上也不统一	各商业、办公及艺术馆等空间中的艺术品家具
配套家具	因生活的需要或环境的特殊要求而自然形成的、相互密切联系的系列家具	卧室中的床、床头柜、衣橱；办公室中的办公桌、办公椅等
组合家具	组合家具是将家具分解为几个基本单元，这些基本单元可以拼接成不同的形式，甚至有不同的使用功能。组合家具有利于标准化和系列化。在此基础上，又产生了以零部构件为单元的拼装式组合家具。家具系统由一组标准化的零部件构成，消费者可以购买配套的零部件，按自己的需要自由拼装	教育系统、办公室、影剧院、医院等空间中的家具等

1.4.6　按放置形式分类

合理的家具布置，不仅能充分利用空间，给人一种整洁的感觉，还能搭配出独具一格的空间风格，展示出更好的美学意境和审美品位。若想要家具的布置达到空间的功能性以及视觉上的协调与美观，划分清楚，有条不紊，自然少不了家具的选型及放置的设计（表 1.6）。

表 1.6　　　　　　　　　　　　　　按家具的放置形式分类

类型	定　义	举　例
自由组合式家具	可以任意搬移位置的家具	包括有脚轮与无脚轮的可以任意交换位置放置的家具
嵌固式家具	固定或嵌入建筑物或交通工具内的家具	家具一旦固定，一般就不会进行变换位置，如固定书柜、衣柜等
悬挂式家具	悬挂于屋顶或墙壁上的家具	其中有些家具是可移动的；有些是固定的，如厨房吊柜

1.5　现代家具与建筑、环境、室内设计、工业设计的关系

1.5.1　家具与建筑

在漫长的历史长河中，无论是东方和西方，建筑样式和风格的演变一直影响着家具样式和风格，家具和建筑的发展一直是并行发展的关系。例如，欧洲中世纪哥特式教堂建筑的兴起，就有刚直、挺拔的哥特式家具与建筑形象相呼应；中国明清园林建筑的繁荣，就有精美绝伦的明式和清式家具相配套；现代国际主义建筑风格的流行，同样产生了国际主义风格的现代家具。所以，家具的发展与建筑有着一脉相承和密不可分的血缘关系。这种学科上的整体关系在西方一直是家具风格发展的主流，特别是现代建筑和现代家具在西方的同步发展，产生了一代代的现代建筑设计大师和家具设计大师。家具与建筑的成就交相辉映、群星灿烂。

19 世纪末 20 世纪初，英国最重要的杰出建筑设计师和家具设计师查尔斯·瑞恩·麦金托什（Charles Rennie Mackintosh，1868－1928）将形式与功能并重，创造了一种非常有个性，同时充满象征意味的简洁优雅的语言。他设计了一系列几何造型垂直风格的家具经典作品——高靠椅，这一系列就是与他简洁几何立体造型的垂直风格与建筑设计高度统一的代表作之一。

1917年，出身木匠的荷兰风格派的建筑师格里特·托马斯·里特维尔德（Gerrit Thomas Rietveld，1888—1964）创立了著名的设计作品、最早的抽象形态"红蓝椅"（图2.85）。他力图将风格派思想体现在三维空间的形式中，将家具拆解到只有基本形式，并对每个零部件进行重新构思，就好像家具从未被制造过一样。红蓝椅的结构造型极其简单，两张平的矩形夹板各自以开角状态置放，形成适应坐姿的靠背和座部；支撑架由方形和矩形零散件组成，它们各自成直角，用螺丝而非榫尾连接固定。红蓝椅没有多余的装饰，制作简单，既便宜又舒适，成为家具史的典范作品。

芬兰建筑大师阿尔瓦·阿尔托（Alvar Aalto，1898—1976）是斯堪的纳维亚半岛现代派运动的先驱与集大成者。他将家具设计看成是"整体建筑的附件"，认为设计的个体与整体是互相联系的。在他的设计理念中，椅子与墙面、墙面与建筑结构都是不可分割的有机组成部分，建筑更是自然的一部分。阿尔托通过自己对建筑和家具的设计，杰出地展现出了建筑、环境、家具之间的协调关系。阿尔托的设计思想对现代家具、现代建筑的贡献是巨大的，曾影响了一代又一代设计师（图1.19）。

微课视频

家具设计与其他设计类专业的关系

图1.19　手推车
手推车的第一种设计是阿尔托于1933年为帕米奥疗养院所设计的。最初的设计采用了两层使用层，供护士每天调换护理品时使用。主体构造采用了层压胶合板。整个设计再次体现阿尔托典型简明而醒目的特点，加上不同色彩的配置，视觉效果极为强烈。1936年，阿尔托为满足普通家庭使用的需要，重新设计了这款手推车。在改为单层的基础上，增加了一个吊篮作为使用层的补偿，有效地增加了家庭式的温馨气氛。随后几年，阿尔托又对这款家用手推车的材料、色彩进行了更换，使得这款引人入胜的作品十分协调地被应用于阿尔托的许多建筑中

要重新审视家具与建筑环境的空间关系，家具始终是人类与建筑空间的中介：人·家具·建筑。人类不能直接利用建筑空间，而需要通过家具来利用和转化建筑空间。因此，家具设计是建筑环境与室内设计的重要组成部分。可以想象，没有家具的空间将无法实现建筑和室内空间的功能，也就会丧失其存在的价值。

1.5.2　家具与环境

第二次世界大战以后，世界进入了一个相对和平、稳定的高速发展繁荣时期，城市设计、公共环境设计的理念得到显著的发展和提升。人们的室内生活需要一系列的家具作为日常生活的辅助设施，以满足人们的使用要求。当人们的生活从室内延伸至室外时，需要设计一些设施来方便人们进行健康、舒适、高效的户外生活，这些设施称为"城市家具"。城市公共环境设计最能代表人类文明的发展，家具的发展与建筑环境和科学技术的发展息息相关，更与社会形态同步。作为现代家具，尤其是与城市环境公共设施密切相关的部分，已经成为现代城市环境艺术设计中不可或缺的系统工程。现代人类城市建筑空间的变化使现代家具又有了新的发展空间——城市家具设计。

1. 标识视觉指示系统

随着城市的急速扩张，人们生活环境的日趋复杂以及人们行为的多样化，环境范围的扩大和周围信息量的不断增加，同时也带来了人们对城市空间和环境认知的混乱。标识系列设计成为人与空间、人与环境沟通的重要媒介，是引导人们在陌生空间中迅速有效地抵达目的地的重要设施。它包括街道上为步行者提供各种必要的信息、文字、图形、影像等的设施，如各种看板（广告牌、招牌、导游图等），以及为车辆指引方向的各种信息标识等（图1.20）。

2. 垃圾箱

垃圾箱的设计有两点比较重要。第一要容易投放垃圾，以便人们在公共环境中方便使用，这是对垃圾箱设计的要求之一。这就要求考虑垃圾箱的开口形式，要注意使人们能在距离垃圾箱30～50cm处轻易地将垃圾投放其内。设计时应注意垃圾箱放置的不同场所，如在人来人往的旅游场所，人们急于赶路，垃圾箱的投放口就应相应地增大，让来往匆忙的人能"放"进垃圾，也能"扔"进垃圾。第二是使清洁工能够容易地清除垃圾。清洁工每天会对垃圾箱进行多次清理，因此，垃圾箱内部设计应避免死角。如果使用塑料袋，应确保方便套放和换取，以便提高清洁工人的工作效率（图1.21）。

图1.20　火车站站台上的列车时刻信息栏
位于慕尼黑火车站站台上的列车时刻信息栏，其外观造型意为两位手提行李、即将远行的旅客。这一设计不仅与所处的环境相呼应，还极易吸引人们的视线，让人一眼就能识别，并给旅客留下深刻的印象

图1.21　法国巴黎拉维莱特公园中的垃圾箱
位于道路中央的长条隔断上安装了简单的垃圾箱，同时还兼具座椅及空间划分和隔离的功能，多种功能被巧妙地整合在一起

3. 路障

路障是防止事故发生、加强安全性的交通类设施，如阻车装置、减速装置、反光镜、信号灯、护栏、扶手，以及疏散通道、安全出入口、人行斑马线、安全岛等。随着车辆的增加，大多数室外环境都需要避免意外事故的发生，保证人们的安全便成了首要任务。在设置路障时，不仅要重视其功能，还需要考虑其形态所带来的景观效应，起到"添景"的作用，与周围设施、建筑风格等相协调，达到悦目的效果。由于路障往往给人一种冷漠的感觉，因此在设计上要注意其形态上的趣味性等。路障的造型、色彩、材料或设置场所、间距都应该根据特定的环境加以精心设计（图1.22）。

图1.22 西班牙巴塞罗那某教堂广场边缘路障

4. 公共灯光照明设施

公共灯光照明设施最基本的功能是保障人们在公共场所夜间生活的安全，分布在城市的主要景点处、交叉路口、步行街、商业店面、广场等人流密集的地方（图1.23和图1.24）。在白天，它以其优美的身姿点缀、美化着城市的公共空间，并对周围空间起着界定、限定、引导的作用。在夜晚，仿佛为整个城市换上了另一层外衣，使城市的夜晚变得分外迷人。

图1.23 德国柏林路灯

图1.24 路灯

5. 园林绿化

植物在空间中可以被视为一种可塑性很强的元素，利用得好可以成为视觉的中心，既可增加城市绿化，又可丰富城市中的视觉空间（图1.25）。

6. 自行车、电动车停放设施

自行车、电动车停放设施在欧美城市街头随处可见，这些设施的设置不仅能使自行车、电动车的停放排列有序，还不需要安排负责专管自行车、电动车停放的工作人员（图1.26）。

图 1.25 位于法国巴黎拉德芳斯新城公共休闲区域花坛座椅 　　图 1.26 美国街头电动车停车处（拍摄：欧锴）

7. 电话亭

随着城市规模的扩大，城市的功能分区也越来越明晰。在不同的地点，电话亭的外形、色彩、肌理材质等方面的设计应当有所区别。针对市中心、商业街、文教区或风景区等不同性质、功能的区域，电话亭的设计需要做出不同的考虑，但这并不意味着可以采用五花八门、稀奇古怪的形式。相反，电话亭的设计应是城市整体和谐统一中不可或缺的一部分（图 1.27）。

8. 公共交通候车亭

由于城市公交的日益发达，候车亭已发展成为城市不可或缺的一个重要组成部分。设计独特的候车亭也成为城市一道美丽的风景。车次信息牌主要作用是为出行者提供更多的帮助，包括时刻表、沿线停靠站点、票价表、城市地图、区间运行时间等内容（图 1.28 和图 1.29）。

图 1.27 阿姆斯特丹市的公用电话亭 　　图 1.28 美国纽约公共汽车站（拍摄：欧锴） 　　图 1.29 欧洲国家城市中的候车车次标牌设施

家具设计（第 3 版　微课视频版）

9. 公共饮水器

公共饮水器是供人们饮用自来水的装置，是为人们在室外活动过程时提供饮用水的设施。它一般被置于人流集中、流动量大的城市空间，如步行街、城市广场等。材料一般选用混凝土、石材、陶瓷器、不锈钢及其他金属材料。设计上既有几何体的组合，也有象征性的形象出现。其造型单纯、有趣，在实现功能的同时，增添了环境的乐趣与美感。此外，设计时还要考虑使用对象及其年龄层次，方便残疾人、老人、儿童等的使用（图1.30）。

（a）卡通自动饮水机　　　　（b）卡通自动饮水机历史介绍

图1.30　美国公园内的卡通自动饮水机（拍摄：欧锴）

1952年，凯查姆和加纳带头建造了一个游乐场，该游乐场于1956年11月17日开放，供年轻人和内心保持年轻的人娱乐。小狮子饮水器设备就安装于整个游乐场内

10. 休息座椅

休息不仅是体能的休息，还包括人的思想交流、情绪放松、休闲观赏等综合精神上的休息。在城市环境中，公共休息服务设施的范围很广，目的是满足人们的需求，并提高人们户外生活与工作的质量。将艺术审美、愉悦人心、大众教育等观念融入环境中，使休息服务设施更多地体现社会对公众的关爱，促进对公众之间的交往以及对情感的互相尊重，这便是多元化设计的发展趋势。公共椅凳作为其中的一种设施，供人们在各种公共环境中休息、读书、思考、观看、与人交流等，使人在得到身心舒适与放松的同时，感受生活的情趣与关爱。这不仅是场所多功能性的体现，也是环境质量的具体表现（图1.31）。

图1.31　美国纽约码头前的休息座椅（拍摄：欧锴）

11. 书报亭

书报亭已发展成为一种城市公共设施，其功能和外观已经发生重大转变。如今，书报亭不仅增加了信息查询功能，还可以在报刊亭中购买饮料、零食等常用的生活用品（图 1.32）。

(a) 开敞式书报亭　　　　　　　　(b) 闭合式书报亭　　　　　　　　(c) 书报亭实景

图 1.32　武汉街头书报亭设计（设计：范蓓）

一个好的户外家具要满足三个主要条件：稳固、舒适、与环境协调。它必须易于运输、加工，用工业化、标准化生产和装配，可固定于地上，要符合人体工学的尺度和造型，在布置上要有合适的朝向和方位，能抵御故意破坏者的暴力，易于城市公共市政部门修理和更换，要能较好地适应和减轻日晒雨淋的影响。同时应该便于清洁，经受重压，适应男女老幼不同的身体形状，特别是要从现代造型美学的角度去讲究美。现代户外公共家具设计更加注意家具的造型、色彩与周边环境的协调。一件优秀的户外家具就像一座精美的户外抽象雕塑，对当地环境起着美化、烘托、点缀的作用（图 1.33 和图 1.34）。

图 1.33　Racional 公共户外椅 　　　　　　　　图 1.34　Xurret System 公共户外家具

随着社会生活形态的不断演变，创造具有新的使用功能又有丰富的文化审美内涵，使人与环境愉快和谐相处的公共空间设施与家具设计是现代艺术设计中的新领域。家具正从室内、家居和商业场所不断地扩展延伸到街道、广场、花园、林荫道、湖畔……随着人们休闲、旅游、购物等生活行为多样性的增加，对舒适、放松、稳固、美观的公共户外家具的需求也日益增加（图 1.35 和图 1.36）。

图 1.35 连体休闲座椅
这款连体休闲座椅的外形很像一只陀螺，而使用起来则很像一个不倒翁，上面最多可以坐四个人。如果用三张同样的座椅连接在一起，并使其形成一个90度的直角，这样无论是作为陀螺还是不倒翁，它都能提供稳定的支撑，供我们使用

图 1.36 公共户外休息椅
这款长椅打破了传统长椅的单调，利用各种连体的多变的造型，赋予原本静止的物体以鲜活的生命气息。它可以分割成个体，也可以组合成一体，满足户外、家用、公共场所等不同场所的需求。其造型千变万化，各有其适合的场合

1.5.3 家具与室内设计

　　家具是构成室内空间环境、实现使用功能和视觉美感的首要且至关重要的因素。尤其是在科学技术高速发展的今天，由于家具是室内空间的主体，人类的工作、学习和生活在室内空间中都是围绕家具来演绎和展开的。无论是生活空间、公共空间，在室内设计时，家具的设计与配套都应该被放在首位。家具是构成室内设计风格的主要因素，因此首先要考虑室内家具的布局，然后再按顺序深入考虑建筑室内天花板、地面、墙、门、窗各个界面的结构设计，以及灯光、布艺、艺术品陈列、现代电器等软装饰设计。通过综合运用现代人体工程学、现代美学、现代科技的知识，为人们创造一个功能合理、完美和谐的现代文明室内空间（图1.37和图1.38）。

图 1.37 阿尔瓦·阿尔托设计的柏拉图学院书店

(a) 麦当劳一角　　　　　　　　　　　　　　(b) 麦当劳大厅过道

图 1.38　麦当劳欧洲店营造更高档的休闲体验
麦当劳将其黄白色塑料椅子替换为了亮绿色的设计师椅子（雅各布森设计的蛋椅），室内装饰也采用了暗色皮革

据调查，家具在一般起居室、办公室等场所中，其占地面积约为室内空间面积的 35%～40%，而在各种餐厅、影剧院等公共场所，家具的占地面积更大，厅堂的面貌已被家具的形象所主导。因此，家具在室内空间中的作用尤为重要（表 1.7）。

表 1.7　　　　　　　　　　　　　　室内空间相关的家具

行为	活动内容	相关家具	相关内部空间
衣	更衣、存衣	大小衣柜、组合柜、衣箱	卧室、门厅、储藏室、客房、健身房、浴室
食	进餐、烹饪	餐桌、餐椅、餐柜、酒柜、吧台、工作台、食品柜、炉具	住宅餐厅、酒店餐厅、酒吧、住宅厨房、宾馆酒店厨房
住	休息、阅读、进餐、睡眠	沙发、组合柜、茶几、桌、椅、床、衣柜、梳妆台、写字台	住宅、公寓、酒店
工作学习	读书、写字、制作	写字台、椅子、书柜、文件柜、工作台	住宅书房、学校教室、绘图室、办公室、写字间
行	休息、阅读、进餐、睡眠	座椅、小桌、床、多层床	轿车、公共车辆、飞机、船、火车
其他	团聚、开会、娱乐、售货、购物、参观展览	沙发、安乐椅、茶几、会议桌、椅、柜、桌、货柜、货架、陈列柜、展柜	住宅起居室、接待室、会议室、公共娱乐场所、商店、博物馆、展览馆

1.5.3.1　家具的组织空间作用

室内为家具的设计、陈设提供了一个限定的空间。在室内空间中，家具设计需以人为本，合理组织并安排室内空间的设计。由于人们的工作性质和生活方式的多样性，因而可以将各种不同种类的家具进行组合，组成丰富有趣又各具特色的空间。如沙发、茶几搭配有特点的灯饰和组合声像电器装饰柜组成起居、娱乐、会客、休闲的空间；餐桌、餐椅、酒柜组成餐饮空间；整体化、标准化的现代厨房组成备餐、烹饪空间；电脑工作桌、书桌、书柜、书架组合成书房空间，床、床头柜、大衣柜、电视柜组成卧室空间；会议桌、会议椅组成会议室空间。随着信息时代的到来和智能化建筑的出现，现代家具设计师对不同建筑空间概念的研究将会不断创造出新的家具和新的设计时空（图 1.39）。

图1.39 儿童组合家具组织室内空间
Hanssem儿童房家具利用床下及周围的额外空间,提供了最大限度的储存空间。其储藏柜产品的标准化,使得每一个家庭都可根据个人需求自由调节。这套家具在平台上设置了书桌,下方为可滑动的床,可让孩子体验不同的空间感。储藏空间也让孩子有自己物品的存放处

(a) 儿童组合家具

(b) 床头置物架　　(c) 组合床头柜　　(d) 开放式玩具架

1.5.3.2 家具的分隔空间作用

在现代建筑中,由于框架结构的建筑越来越普及,建筑的内部空间越来越大、结构越来越通透,无论是现代的大空间办公室、公共建筑,还是家庭居住空间,墙的空间隔断作用越来越多地被隔断家具所替代。用家具进行分隔,既满足了使用的功能,又增加了使用的面积。如用整面墙的大衣柜、书架或各种通透的隔断与屏风代替墙体进行分隔,现代开放式办公空间用办公家具组合与护围,组成互不干扰又互相连通的具有写字、电脑操作、文件储藏以及信息传递等多功能的办公单元。家具代替墙体在室内进行分隔空间,大大提高了室内空间使用的灵活度和空间利用率,同时还丰富了室内空间的造型(图1.40~图1.42)。

图1.40 办公室家具的布置对办公环境进行了很好的分割

图1.41 屏风在家居室内中起分隔空间的作用

图1.42 落地式酒柜展示架家具分割室内空间

1.5.3.3 家具填补角落空间及扩大使用空间的作用

在空间组合中，经常会遇到一些尺寸低矮、难以正常使用的犄角旮旯空间。如果能够设计出适合的家具，这些原本无用或难用的空间就会变成有用的空间，而组合家具的有效利用，无形中也起到扩大使用空间的作用（图1.43和图1.44）。

图1.43 一款创意的转角架

这是一款创意的转角架，它可以充分利用被闲置的墙角空间。规格是78mm×14mm×14mm，安装在墙角上看起来非常合适

图1.44 抽屉式楼梯

1.5.3.4 家具体现空间风格作用

由于家具的形成风格具有强烈的地域性、民族性和时代性，因此室内环境风格的表现在很大程度上要借助于家具形式的选择。从家具自身的角度而言，它的风格不仅要展现自己，而且要统一于其空间整体风格的展现。

1. 传统风格中的传统家具

传统风格的空间环境往往是在室内布置、线型、色调等方面吸取传统装饰的"形""神"等特点，让人们感受到历史的延续和地域文化的魅力，使室内环境突出民族文化的特征。传统风格的范畴是多种式样的，如中国传统风格、日式风格、伊斯兰传统风格、地中海风格、西方古典主义风格等。在传统室内风格的前提下，设计与家具的选择必须与传统风格的室内设计相匹配，或在保留传统家具神韵的基础上对传统家具进行一定的创新设计（图1.45～图1.47）。

(a) 茶几展开图　　(b) 茶几收合图

图1.45 旋转收纳茶几　　图1.46 传统风格家具的应用

图1.47 在中国传统圈椅的基础上进行功能的创新设计（设计：徐慧）

2. 现代风格中的现代家具

现代风格起源于1919年成立的包豪斯学派。这种风格强调突破传统，创新形式，注重产品的功能性，造型简洁，崇尚合理的构成工艺，尊重材料的性能，并讲究材料自身的质地和色彩的配置效果。在设计与现代风格相适应的家具时，要特别注意突出家具的使用功能，使家具的造型简洁大方，多以几何形为主。在材料的选择上，金属、皮革、塑料、合成板等都是常用的材质（图1.48～图1.50）。

图1.48 现代主义风格的家具与环境设计（一） 　　图1.49 现代主义风格的家具与环境设计（二）

图1.50 酒杯椅（设计：石运江）
采用酒杯的外形加以简化变形，以白色和红色为主色调，皮革的质感再搭配金属的色泽，使其显得时尚和简约。无论在任何场所，它都可以展现出独特的装饰及实用效果

3. 后现代风格中的后现代装饰性家具

后现代主义风格强调建筑与室内设计应具有历史的延续性，同时不拘泥于传统的逻辑思维方式，不断探索创新造型的新手法，讲究人情味，常采用夸张、变形的表现方法。这种风格的家具除了实用功能的考虑外，特别强调家具造型方面的要求（图1.51～1.53）。

4. 自然风格中的天然材料家具

自然风格在美学上推崇"自然美",认为只有崇尚自然、结合自然,才能使人们在当今高科技、高节奏的社会生活中获得生理和心理的双重感受。自然风格的家具多用木料、织物、藤、竹、石材等天然材料,在制作工艺方面多采用传统手工工艺,突出家具原始、纯朴的自然特征(图1.54和图1.55)。

图1.51 水母灯

图1.52 夸张的官帽椅(设计:江志武)
将传统官帽椅的造型设计融入现代家具设计中

图1.53 冰块椅(设计:张怡)
冰块椅放在室内或者室外都非常具有视觉效果

图1.54 藤制组合家具

图1.55 竹藤

1.5.4 家具与工业设计

现代家具设计具有三个基本特征：一是建立在大工业生产的基础上；二是建立在现代科学技术发展的基础上；三是标准化、部件化的制造工艺。所以，现代家具设计既属于现代工业产品设计的一类，同时又是现代环境设计、建筑设计，尤其是室内设计中的重要组成部分。

在欧洲 18 世纪工业革命之前，家具的设计和制造主要是基于手工劳动的手工艺行业，在生产上基本是单件制作的手工艺劳动，所用的工具是简单的手工工具，所用的材料基本上是自然材料。品种单一，不能大批量生产，这就决定了手工艺年代的家具需求只能停留在上层王宫贵族和社会平民手工艺人的范围内。高档家具仅仅是为皇宫权贵、宗教领袖、上层贵族等少数人群服务和享用的。为了满足他们奢华舒适的生活要求，体现社会上层统治者威严与权势，在制作工艺上讲究精细华丽的雕刻与装饰，以显示其神圣、尊贵和至高无上的地位，尤其是到了封建社会晚期资本主义萌芽时期的 18 世纪，这种为皇权贵族服务的古典建筑和家具，在制作工艺上已是登峰造极，精细的雕刻、繁复的装饰和完美的技艺都是前所未有的。在欧洲，家具是以巴洛克风格、洛可可风格和新古典主义为代表；而在中国，是以清代皇家园林建筑和宫廷家具为典型代表的。同时，就地取材，应用竹、藤、柳等天然纤维材料，编织制造出具有不同民族风格和地方特色的家具。

工业革命揭开了人类文明史新的一页，机器的发明、新技术的发展、新材料的发现带来了机械化的大批量生产，工业化家具生产取代了传统的手工艺劳动，引起了社会与人们生活的许多翻天覆地的变化。这使得工业化大批量生产和消费家具成为可能，家具设计也随之成为现代工业产品设计的重要组成部分之一。

在今天，工艺、设计、建筑、家具、灯饰、时装和艺术都已经在互相渗透。随着科学的发展和技术的进步，高科技的全面介入和新材料、新工艺的综合应用，家具设计创新不断促进人类生活、工作、休闲方式变革。现代家具正逐渐从生活实用的物质器具向精神审美的文化产品转型。现代家具设计不仅使人类的生活与工作更加方便舒适、效率更高，还能给人以审美的快感和愉悦的精神享受。

作业与思考题

1. 论述现代家具的基本定义。
2. 论述现代家具设计与其他艺术设计专业的关系。
3. 论述现代家具与现代人类生活和工作方式的关系。
4. 家具设计的三原则是什么？它们之间的关系是怎样的？
5. 选取一件现代实物家具产品（可以直接测量上课的课桌、课椅）测绘出三视图和节点大样图。

第 2 单元　中外家具发展简史

★学习目标：

1. 通过学习中国古代家具史、外国古代家具史及现代家具设计大师的作品三大部分，深入了解家具发展的历程及其风格变化。
2. 带领读者从历史的高度来俯视家具世界，使读者更加完整地认识家具、理解家具，更加清晰地明辨家具发展的方向。
3. 帮助读者了解家具发展的历程、家具的风格及流派，使读者能够理解现代家具原型的历史溯源。

★学习重点：

1. 初步掌握与了解家具发展的历程，探寻家具发展的轨迹。
2. 吸收与借鉴优秀设计作品中的精华，从中获得启发与设计灵感。
3. 理解生活方式的改变对家具设计的影响；理解现代艺术对家具设计的影响。

2.1　中国历代家具史

中国历史上各时期家具的特点见表 2.1。

表 2.1　　　　　　　　　　　　中国历史上各时期家具的特点

历 史 时 期	特　　点
商周至秦朝时期 （公元前 1600－前 206 年）	• 我国低型家具形成期。其特点：造型古朴、用料粗壮、漆饰单纯、纹饰粗犷 • 榫卯有了一定的发展，开中国榫卯之先河，并为后世榫卯的大发展奠定了基础
两汉时期 （公元前 206－220 年）	• 我国低型家具的大发展时期 • 坐榻、坐凳、框架式柜为这一时期家具新品种，高型家具出现萌芽 • 漆饰继承了商周，同时又有很大的发展，创造了不少新工艺、新做法 • 华丽型与民间朴素型并行发展
魏晋南北朝时期 （220－589 年）	• 由于民族大融合和佛教的流行对家具影响很大，高型家具的凳、胡床以及筌蹄进一步普及。矮几有拔高的趋势，为隋唐高型桌案的出现做了准备 • 低型家具继续完善和发展

续表

历史时期	特　点
隋唐五代时期 (581－960年)	• 我国高型家具的形成期 • 壸门大案、高桌、条案、扶手椅都已经出现，但具有初始粗拙的特点 • 高型家具并行发展的时期
宋、辽、金、元时期 (960－1368年)	• 我国高型家具大发展时期。椅与桌都已定型，并走向平民百姓家 • 辽、金少数民族也深受这一潮流的冲击，而走向高型化 • 漆饰趋于朴素高雅，不尚浓华
明代时期 (1368－1644年)	• 我国古典家具成就的高峰和代表。在世界家具史上占有重要的位置 • 造型优美、比例恰当，表现了浓厚的中国气派 • 结构科学，榫卯精绝，坚固牢实，可以传代 • 精于选材，重视木材自然的纹理和色泽美 • 金属配件讲究，雕刻、线脚处理得当，起到衬托和点睛的作用
清代时期 (1616－1911年)	• 清早期继承和发展了明式家具的成就 • 乾隆时期吸收了西洋的纹样，并把多种工艺美术应用到家具上来 • 清晚期家具与国运一起走向衰落
民国时期 (1912－1949年)	• 中国传统类型家具深受各阶层人民的喜爱，除国内需求，还远销国外 • 中西结合类家具出现，仿西方18世纪及19世纪初的古典家具 • 1919年德国包豪斯工艺学校的成立，其影响波及中国，促使家具结构开始改革，具有民族特色的新型家具开始出现

2.1.1　商周至秦朝时期的家具（公元前1600—前206年）

中国传统家具的起源可以追溯至距今3000多年前的商朝。商代灿烂的青铜文化反映出当时的家具已在人们生活中占有一定地位，从现在的青铜器中，我们看到有商代切肉的"俎"（切肉用的小案）（图2.1）和放酒用的"铜禁"（放置酒器的案形家具）（图2.2），以及一种中部有箅子的炊具——铜甗（图2.3）。从甲骨文字中推测，当时人们是在室内席地而坐，并坐于席上来使用这些家具。从象形文字推测，当时还应有床和案等。这时的家具也多兼有礼器的作用，它体现了"五伦"中君臣、父子、夫妇、兄弟、朋友的社会关系，既对中国古代家具的特色起了一定的作用，也约束了中国家具向丰富多彩的艺术方向发展。

图2.1　俎（商）　　　　图2.2　铜禁（商）　　　　图2.3　铜甗（商、周）

这个时期的髹漆工艺已经达到相当的水平。家具常出现饕餮纹（图2.4）、夔纹（图2.5）、蝉纹（图2.6）等。饕餮纹是一种想象的怪兽纹，它在《左传》和《吕氏春秋》中均有记载，是有首无身、凶猛吃人的怪兽。它的主要形象是：正面中心为鼻梁，有一双巨目和一张大口，头上有似牛的双角。饕餮纹凶猛异常，显示出一种强悍狰狞的美。饕餮纹有时变化为两个相对的夔纹。夔纹的形象近似龙纹，一足、一角，为侧面形象，同样张口且尾部上卷。夔纹的变化多样，有时演变成为几何图形，展现出一种神力智慧的创造美。蝉纹被看成商代的图腾。蝉象征着重生，是纯洁、清高、通灵的象征。随着朝代不断更迭，蝉也被赋予了更多的意义，有人会将玉蝉佩戴在腰间，寓意着"腰缠万贯"，或以蝉伏卧在树叶上，定名为"金枝玉叶"，也有人将佩戴在胸前的玉蝉，取名为"一鸣惊人"。蝉纹经过民间的加工，已经被提炼成精美的、富有规律的装饰纹样，然而又不失其本来面目，显示出一种次序的美。其头部似如意形，蝉嘴、蝉眼、蝉身和蝉翅的美丽环道，非常漂亮，具有较高的艺术价值。

图 2.4　饕餮纹 　　　　　　　　图 2.5　夔纹 　　　　　　　　图 2.6　蝉纹

2.1.2　两汉时期的家具（公元前 206—220 年）

汉朝是我国封建社会中政治、经济和文化发展的第一个高潮时期，同时也是前期传统家具较大发展的时期。家具的类型已经发展到了坐卧家具、置物家具、储藏家具与屏蔽家具四类。当时床的用途也有所扩大，汉代时床常用于日常起居与接见贵客。不过那种床较小，又称榻，通常只能坐一人。此外，也出现了满布室内的大床，床上置几，床的后面和侧面立有屏风，屏风上装架子挂器物。这一切都体现了汉代以床为中心的一种生活方式。汉代家具的装饰纹样有齿纹、波形、三角、菱形等几何纹样。植物纹样以卷草、莲花较为普及，动物纹样有龙、凤等（图 2.7）。1980 年在江苏连云港出土的一种汉代漆案，两端各有雕镂成龙形的四条柱足支撑桌面，案上用藤黄、群青等色漆绘成精美的图案，当属汉案中典型的一例（图 2.8）。

图 2.7　云纹漆兵器架纹饰
此兵器架出土于湖南长沙马王堆，上面绘有齿纹、波形、三角、卷草等纹样，充分体现了汉代漆器的特点

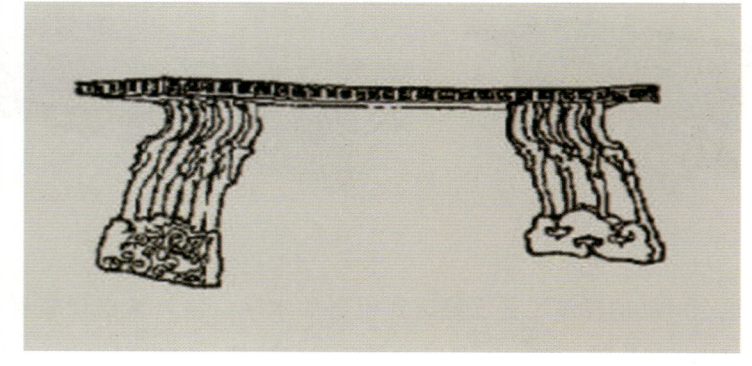

图 2.8　汉漆案（江苏连云港出土）
汉代对先秦的《考工记》进行了整理和编校，收录在《十三经》的《周礼》（即《周官》）之中。《考工记》记述了我国先秦时期的许多科技成就，其中的"天有时，地有气，工有巧，材有美，合此四者，然后可以为良"的先进造物思想对中国古典家具设计有着很大的影响

2.1.3 魏晋南北朝时期的家具（220—589年）

"汉末魏晋六朝是中国政治上最混乱、社会最痛苦的时代，然而却是精神上极自由、极解放、最富于智慧、最浓于热情的一个时代。因此，也就是最富有艺术精神的一个时代。"这句话出自宗白华的《论〈世说新语〉和晋人的美》。魏晋南北朝时期是我国家具由低型向高型发展的转变时期。东汉末年，随着佛教东传带进名叫"胡床"的坐具，椅和凳在敦煌壁画中也有表现和描绘（图2.9和图2.10）。这一时期，睡眠用的床已增高，上部加设床顶和顶帐仰尘，周围施以可拆卸的矮屏（图2.11）。床相对于单纯的壸门榻来讲，则更加封闭与安全，具有更强的私密性作用。并且，床上出现了倚靠用的长几和半圆形的凭几。起居用的榻也已加高加大，下部以壸门作装饰，人们既可坐于榻上，又可垂足坐于榻沿。壸门装饰作为一种赋予结构构件上的装饰线，形成了高型家具腿部的轮廓线，成为后世各式嵌板光和牙条（图2.12）装饰的范例（图2.13）。在家具装饰上，与道家、佛家有关的装饰图案较多。纹样装饰除秦、汉以来传统的纹样外，还出现了火焰、莲花、卷草、璎珞、飞天、狮子、金翅鸟等纹样。此外，隐囊这种类似现代家具中的软靠垫也已出现，这说明当时人们已比较注意家具的舒适要求了。

图2.9 扶手椅
这是我国迄今为止所见到的最早的椅子形象，出自敦煌285窟西魏壁画

图2.10 方凳
这是我国迄今为止所见到的最早的方凳形象，出自敦煌257窟西魏壁画

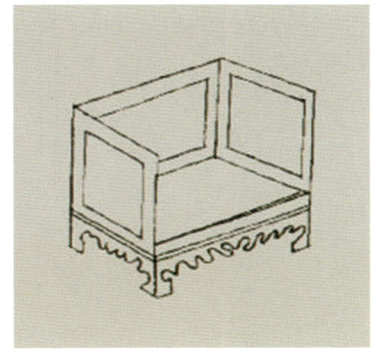

图2.11 屏风榻
山西大同北魏墓出土的屏风榻，既可以坐于床上，又可以垂足于床沿，也可有三面设有屏风的榻

图2.12 系列牙条造型
牙条又称牙板、牙子，一般用薄于边框的木板制成，安装在家具前面及两侧框架

图2.13 家具壸门装饰

2.1.4 隋唐五代时期的家具（581—960年）

隋唐时期是中国封建社会前期发展的高峰，不仅是农业、畜牧业、手工业都得到了空前的发展，科学文化也达到了空前的水平，成为亚洲各国经济文化交流中心。隋唐五代的家具与魏晋南北朝时期相比，出现了两个变化：一是坐具类家具的品种增多，并且桌也开始出现。椅子在中原地区逐渐流行，当时称为"倚子"。几和案的高度与坐具的高度有关，随着坐具的增高，几和案也相应加高，这种变化促使了大多数家具向高型发展的趋势。而高型家具的发展又会对室内高度、器物尺寸、器物造型、装饰产生一系列的影响。二是家具的种类增多，以致可按使用功能分类。如坐卧类家具有凳、坐墩、扶手椅、圈椅（图2.14和图2.15）、床、榻凳；凭倚物类家具有几、案、桌等；储藏类家具有柜、箱、筥❶等；架具类家具有衣架、巾架等，其他还有屏风等。由于当时国际贸易发达，唐代的家具所用的材料已非常广泛，用材讲究，有紫檀、黄杨木、沉香木、花梨木、樟木、桑木、桐木等，此外还出现了竹藤等材料。唐代漆家具以雍容华贵为特征，造型华美，宽大舒展，工艺技术有了极大的发展和提高，许多家具仍喜用壸门式结构；床榻有大有小，有的是壸门台形体，有的是案形结构（图2.16和图2.17）。在大型宴会场合再现了多人列坐的长桌长凳。桌椅构件有的做成圆形，线条也趋于柔和流畅，为后代各种家具类型的形成奠定了基础。唐代家具的装饰方法也是多种多样，有螺钿、金银绘、木画❷等工艺。

图2.14 唐式圈椅

图2.15 唐式雕龙足承

图2.16 唐式翘头案

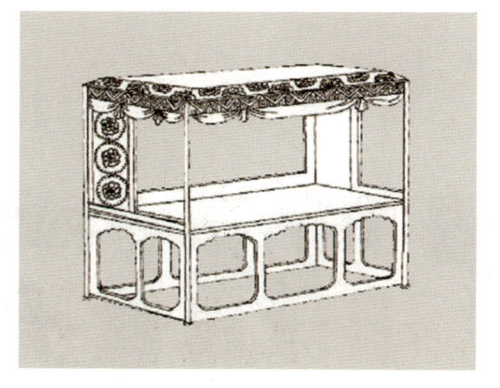

图2.17 唐式壸门榻

---

❶ 筥为古代盛食器。
❷ 木画是唐代创造的一种精巧华美的工艺，它是用染色的象牙、鹿角、黄杨木等制成装饰花纹，镶嵌在木器上。

五代时，家具造型向简练方向发展，许多家具在结构上借鉴了中国建筑木构架的做法，形成框架式结构；构件采用圆形断面，线条流畅明快；腿与面之间加有牙子和矛头。这种法式在日后成为中国家具的传统结构形式。五代画家顾闳中在《韩熙载夜宴图》❶ 中描绘了成套家具在室内陈设、使用的情形（图 2.18）。

图 2.18 《韩熙载夜宴图》中的屏风、靠背椅、条几等家具

2.1.5 宋、辽、金、元时期的家具（960—1368 年）

宋代的起居方式已全面进入垂足而坐的时代，桌、椅等高型家具在民间已十分普及（图 2.19）。家具的使用习惯从以床为中心转变为移至地上，导致家具的尺度增高。高型家具的系统已基本建立，家具品种也越来越完善。辽、金也深受这一潮流的冲击，其家具也日益走向高型化。

宋代家具的装饰也有别于前代。在宋代之前，家具大都是在家具表面进行装饰处理，而宋代的家具则多是对零部件加以装饰，特别是在桌腿上的设计格外用心。家具结构上突出的变化是梁柱式的框架结构代替了唐代沿用的箱形壸门结构（图 2.20），大量应用装饰性线脚，极大地丰富了家具的造型，而桌面下采用束腰结构也是这一时期兴起的。桌椅四足的断面除了方形和圆形以外，有的还做成马足形。构件之间大量采用割角榫、闭口不贯通榫等榫卯结合。而柜、桌等较大的平面构件，常采用"攒边"❸ 的做法。这些结构和造型上的变化，都为以后的明、清家具风格的形成打下了基础。

图 2.19 《听琴图》❷ 中的家具

---

❶ 《韩熙载夜宴图》描绘了官员韩熙载家设夜宴、载歌行乐的场面。此画绘写的就是一次完整的韩府夜宴过程，即琵琶演奏、观舞、宴间休息、清吹、欢送宾客五段场景。整幅作品线条遒劲流畅，工整精细，构图富有想象力。作品造型准确精微，线条工细流畅，色彩绚丽清雅。在第三段描绘韩熙载在宴间休息的场景中，韩熙载与几名仕女端坐在床榻上休息，外围有屏风进行隔断，使画面更具立体感。这种结构内容的安排，使观者不觉割裂得生硬，而用屏风联锁时也不觉得牵强。《韩熙载夜宴图》是五代时期写实性较强的代表作之一，其内容丰富，涵盖了家具、乐舞、衣冠服饰、礼仪等方面，是研究五代时期服饰、装饰等艺术风格的重要参照物。
❷ 《听琴图》相传为北宋宋徽宗赵佶创作的一幅绢本设色工笔画。画中三人所坐皆为天然石礅，石礅上覆以软垫，累石之形与前面放置盆景的叠石构置相同，彼此呼应。画中出现琴桌和香几两件家具，其形制体现了宋代家具的典型特点。画中出现的盆景置于画面的突出位置，说明盆景作为艺术装饰，自唐代产生以来，至此已享有高位。而香几上的钧窑香炉，对了解宋代瓷器的发展也有帮助。
❸ 攒边是把板面插入由四根用肩格榫攒起来的边框之中，业内人士称"落槽"。

与宋代某些时期相近，辽、金等时期也有一些在结构形式上与宋代家具极为相似的桌类。元代家具的主要特点是样式形体厚重，罗锅枨❶被广泛运用，展腿式桌与霸王枨❷（图 2.21）多用云头、转珠、倭角等线型作装饰。家具有较大的尺度，上面有着繁复的雕刻。

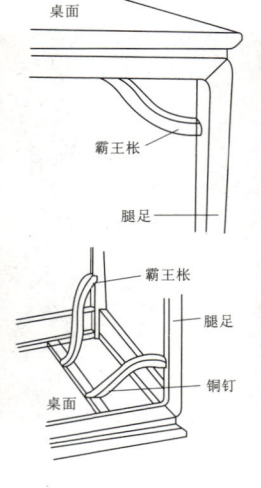

图 2.20　直腿直枨方凳梁柱式的框架结构　　　　图 2.21　家具霸王枨结构

2.1.6　明代时期的家具（1368－1644 年）

明太祖朱元璋于 1368 年建立了明朝。明初，为巩固政权和恢复经济，统治者鼓励垦荒，并多次组织农民大规模兴修水利、住宅和建筑使遭到游牧民族破坏的农业生产迅速地恢复和发展。此外，海外贸易的发达以及一些类似《鲁班经》的专门的书籍出现，对明代家具的发展和风格的形成都起到了推动作用。

"明式家具"一词有"广义"和"狭义"之分，其广义不仅包括明代制作的家具，也包括从清代开始一直延续至今的具有明式风格的家具。其狭义则指明代至清早期所制的家具，尤其是从明代嘉靖、万历到清代康熙这两百多年间的制品❸。由于制作年代主要在明代，故称作"明式"。明式家具一直被誉为我国古代家具史上的高峰，是我国家具民族形式的典范和代表，在世界家具史上也独树一帜，自成一体，具有显赫的地位。

明式家具主要的特色如下：

（1）用材讲究，质地优美。表面一般不用油漆，充分利用材料本身的色泽和纹理，不加遮饰，表面处理用打蜡或涂透明大漆，色泽雅致，木纹优美。明式家具的用材可分为硬木和柴木两大类。硬木包括黄花梨、红木、紫檀、杞梓（也称鸡翅木）、楠木等，而柴木家具通常以榆木为主，因为其花纹好看，硬度适中，便于制作，也好雕刻。

（2）造型简洁，比例适度，以线为主，流畅挺进。比如圈椅，其由搭脑❹向两侧方向延伸，顺势而下，与扶手融合成一条弧形曲线。这种所谓马蹄形轮廓是中国座椅独有的优美造型。

---

❶ 罗锅枨也称为桥梁枨，一般用于桌、椅类家具之下连接腿柱的横枨。
❷ 上端托着桌面的穿带，并用梢钉固定，其下端则与足腿靠上的部分结合在一起。
❸ 《江南明式家具过眼录》，陈乃明著。
❹ 搭脑指高靠背椅顶端正好位于人的后脑部位的横档。搭脑在椅子造型和装饰中起着重要的作用。有三种类型：第一种是与椅子后立柱、扶手保持相同的形状与风格，如南官帽椅、玫瑰椅等；第二种是中间加厚型，如太师椅；第三种是花色型，一般多雕刻成吉祥的图案造型。

(3) 重视家具结构美。不用胶和钉，主要采用榫卯结构，使用木构架的构造方式，与中国传统建筑的木构架非常相似。例如，方形或圆形的脚好似建筑的柱，横挡撑子好似梁，在脚与档的交接处用牙子连接并加固。

(4) 注重装饰美。明代座椅的雕饰均属重点式点缀。雕刻技法包括浅刻、平底浮雕、深雕、透雕、立雕等构图，多采用对称式，或在对称构图中出现均衡的图案。雕饰的部位有座椅角柱间的牙板上、靠背的背板上及构件的端部等，有边花、团花和足花图案❶。家具中的金属饰件，大多是为保护端角或为加固焦点而设置的。常用的金属饰件有合页、锁匙、拉手等。面页、合页的形状一般有圆形、矩形、长方形、如意云头形以及拉手圆环、垂页等。

明代家具大致有凳（杌凳、交杌）和椅（靠背椅、扶手椅、圈椅、交椅）等。

2.1.6.1 凳

1. 杌❷凳

杌作为坐具，是专指没有靠背的一类，有别于靠背的"椅"。在北方的方言中，"杌"一般称凳子为"杌凳"，称小凳子为"小杌凳"。传统家具的区分，一般可以用"无束腰"和"有束腰"来进行。

(1) 无束腰杌凳。在大量的无束腰杌凳中，其基本的形式为圆材直足直枨，结构吸取了大木梁架的造法，四足有侧脚❸，北京的工匠称之为"挓"，有向外张开的意思。凡家具正面侧脚的叫"跑马挓"，侧面有侧脚的叫"骑马挓"，正面、侧面都有侧脚的叫"四腿八挓"。这种无束腰的杌凳，在北宋白沙宋墓壁画（图2.22）和南宋人画《春游晚归图》（图2.23）中可以看到杌凳早期的形象。明代的实物一般装饰不多，用材粗硕，侧脚显著，给人厚拙稳定的感觉（图2.24）。

(2) 有束腰杌凳。有束腰的杌凳绝大多数采用方材，足端有马蹄。有束腰杌凳和无束腰杌凳一样，常用罗锅枨加矮老❹（图2.25）来制作（图2.26）。无束腰杌凳的矮老上端与在凳盘边抹的底面相接，而且腰靠里一些，因此多采用齐头碰❺的方式。有束腰杌凳矮老上端须与牙子交圈，故多用格肩榫，并且上下的构件都与格肩榫相交。这里可以发现一个规律：传统家具中，当横竖材相交且位于一个平面上时，采用格肩榫相交才是正规的制造方法；而齐头碰只能算是简易而非正规的制造方法。

图2.22 北宋白沙宋墓壁画
墓门两侧画持骨朵的护卫，东壁画女乐11人，西壁雕画墓主人夫妇对坐宴饮。后室北壁砌妇女启板门，西北、东北两壁砌破子棂窗，西南壁画对镜梳妆的妇人，东南壁画持物侍奉的男女婢仆，表现墓主人的内宅生活。画面已年久变色，色调暗淡

---

❶ "边花""团花"一般在桌肩、柜裙、椅背等处，"足花"在桌椅几案的足部，时有回纹如意等简单的雕饰。
❷ "杌"字见《玉篇》："木无枝也"。
❸ 所谓侧脚就是四足下端向外撇，上端向内收。
❹ 矮老，泛指中国传统家具中，罗锅枨或者直枨与台面或者牙子之间，垂直连接的圆形或者方形部件。矮老是一种短而小的竖枨子，往往用在跨度较大的横枨上。矮老多与罗锅枨配合使用，如桌案的案面下、四周横枨上多用矮老。起到支撑桌面、加固四腿的作用。
❺ 两材丁字形接合，出榫的一根只留直榫、不格肩，外形如"卜"者为齐肩膀。

图 2.23 《春游晚归图》(南宋)

《春游晚归图》是宋代佚名作者创作的一幅中国绢本画。图绘一老臣骑马踏青回府,前后簇拥着 10 位侍从,他们或搬椅、或扛机、或挑担、或牵马,呈现出一幅忙忙碌碌的画面

图 2.24 无束腰直足直枨长方凳

黄花梨材质,尺寸为 51.5cm×41cm,高 51cm。此凳边抹素混面压边线,素牙子起边线,牙头有小委角❶,足材外圆里方,也起边线。直枨正面一根,侧面两根。在边抹、牙子、腿足上都稍稍采用了一点加边、起边的装饰。座面为细藤软屉

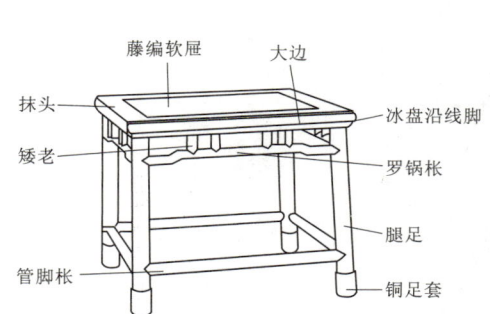

图 2.25 明代机凳结构名称

图 2.26 有束腰马蹄足罗锅枨长方凳

黄花梨材质,尺寸为 48.5cm×42.5cm,高 50cm

2. 交机

腿足相交的机凳,也称"马扎❷"。交机、交椅因为古人出行时常常使用,流动性较大,所以交机上的踏床和坐具本身连在一起,非常便利(图 2.28)。由于它可以折叠,在携带和存放上都比较方便,所以千百年来被人们广泛使用(图 2.27)。明式的交机,最简单的是用八根直材构成,机面上穿绳索或皮革条带。比较精细的交机还可以加上雕刻和金属饰件,用丝绒材料编织机面。也有机面不用织物造软屉,而

---

❶ 明清家具工艺术语。一般的桌面、几面、案面等均为直角,将四个直角改为小斜边而成八角形的做法,江南木工称为"劈角做",北方木工称为"委角"。

❷ "扎"也可写作"剳",古代所谓的胡床(原游牧民族的用具)。

是采用两个扇面可以折叠的、中间安有直棂❶的木框制造，木框中缝之下有支架，用铜环与木框联结。当木框放平坐时，支架恰好落实在机腿相交处，使机面得以保持平正，承荷重量。尽管这种交机折后要比一般的交机高出一截，空间占得多一些，但由于机面为木制，比软屉坚固耐用，无须频繁更换座面织物。交机属于机中的变体（图 2.29）。

图 2.27　《北齐校书图》中所见的交机（波士顿美术馆）

图 2.28　有踏床交机　　　　　　　图 2.29　上折式交机

2.1.6.2　椅

椅子是有靠背的坐具，其式样和大小差别甚大。明式椅子依其形制大体可以分为四式。

1. 靠背椅

所谓靠背椅就是只有靠背、没有扶手的椅子。靠背由一根搭脑、两侧两个立材和居中的靠背板构成。靠背椅又依"搭脑"两端是否出头来定名。靠背椅是一切有靠背无扶手椅子的统称，下面重点介绍以下几例。

（1）灯挂椅。一种面宽较窄、靠背比例较高、靠背板由木板造成的椅子，北京匠师称它为"灯挂椅"（图 2.30）。灯挂椅有多种多样的变化，包括方材和圆材两种材料。其搭脑一般用直棍圆材。靠背板有浮雕或透雕花纹一朵，花纹纹样有云纹、花卉或者寿字等。椅盘下方采用直枨

---

❶　栏杆或窗子上的格。

图 2.30　灯挂椅
黄花梨材质，尺寸为 51cm×41cm，座高：46.5cm，通高：107cm

加矮老的设计，以及素壸门式券口牙子或浮雕卷草纹壸门式券口牙子等装饰。从经典的黄花梨灯挂椅可以看出，椅子为直搭脑，搭脑的木材是一个三段式的样式。靠背板弧度柔和自然，最下端接近垂直，中段逐渐向外弯出，到了上端又向内回转。四根管脚枨，正面的一根最低，便于踏足，后面的一根次之，两侧的两根最高，工匠称之为"赶枨"❶。正面用素券口牙子，侧面及背面用素牙子，可以看出椅子的虚实变化。

（2）一统碑椅。一种椅背弯度小、搭脑不出头的靠背椅，外观似矗立的石碑，北京匠师称它为"一统碑"❷ 椅。椅子的搭脑两端下弯，与后腿联结。背板用独木制造而成。椅盘以下，三面用券口牙子，后面用牙条。

除了一统碑式，还有一统碑木梳背椅。一统碑木梳背椅以直棂作为靠背，搭脑部分或直、或中部高起，如罗锅枨。一般椅盘下绝大多数采用券口牙子作为装饰（图 2.31）。

2. 扶手椅

扶手椅是指既有靠背，又有扶手椅的椅子。常见的形式有玫瑰椅和官帽椅。

（1）玫瑰椅❸。江浙地区通称"文椅"，指的是靠背和扶手都比较矮，两者的高度差不大，而且与椅盘垂直的一种椅子。玫瑰椅是各种椅子中较小的一种，用材单细，造型轻巧美观，多以黄花梨制成，其次是铁力木和鸂鶒木，紫檀木用得较少。在明清画本中可以看到玫瑰椅往往放在桌案的两边，对面而设；或者不用桌案，双双并列；有时还可能不规则地斜对着。摆法是灵活多变的。由于它的后背矮，在现代有玻璃窗的屋子中，宜背靠窗台置放，不会阻挡视线。但也正因为它的后背不高，搭脑部位处于坐者的后背，倚靠时不舒服，这也是玫瑰椅的主要缺憾之处。玫瑰椅七式见表 2.2。

图 2.31　一统碑木梳背椅

表 2.2　　　　　　　　　　　玫 瑰 椅 七 式

序号	玫瑰椅名称	特　点	样　式
1	"独板围子"玫瑰椅	1. 靠背和扶手用三块 3cm 左右厚的独板制造而成； 2. 板外光洁素雅； 3. 板内各浮雕寿字花纹一组	

---

❶ 赶枨的目的是避免在椅子腿部同一高度开凿纵横榫眼，影响椅子的坚实度。
❷ 北方的语言中常说按碑碣一座曰"一统"，《元曲选》中就有"着后人向墓前高耸耸立一统碑碣（墓碑的意思）"的描述。因此，有人将此椅名称写成"一统背"。
❸ 玫瑰椅是在宋代流行的一种扶手与靠背平齐的扶手椅的基础上，经过改进而成的。早在宋代名画《十八学士图》《孟母教子图》《博古图》等画中出现，但至今未见实物出土。

40　家具设计（第 3 版　微课视频版）

续表

序号	玫瑰椅名称	特点	样式
2	"直棂围子"玫瑰椅	1. 椅子的后背和扶手都安直棂； 2. 洞庭东、西山常用榉木制造； 3. 这种制造在罗汉床围子上可以看到	
3	"冰绽纹围子"玫瑰椅	1. "冰绽纹"或称"冰裂纹"，是支窗、隔扇常用的图案； 2. 先制成"扇活"❶，然后再安装到靠背和扶手中去； 3. 椅盘混面压边线，以下正面安装素券口牙子，其余三面安装压条	
4	"券口靠背"玫瑰椅	1. 靠背和扶手内，距离椅盘约6cm的位置用横枨和外框构成一个长方形空当，用板条攒成门式券口牙子，再施以极简单的浮雕卷草纹； 2. 椅盘制造成冰盘沿线脚，下面用罗锅枨加矮老，管脚枨以下有素牙条	
5	"雕花靠背"玫瑰椅	1. 靠背和扶手都用横枨的制造方法，但枨下用卡子花代替矮老，枨上居中安装透雕螭纹券口牙子； 2. 用料太宽，雕饰也过于复杂	
6	"攒靠背"玫瑰椅	1. 椅子的靠背板由两根立材作框，中间加横材两道，打槽装板，分三节攒成； 2. 透光上方中圆，浮雕尾部双螭，翻成云纹； 3. 最下制造成"亮脚"❷	
7	"通体透雕靠背"玫瑰椅	1. 在搭脑、后腿和靠近椅盘的横枨上打槽，嵌装透雕花板； 2. 正中图案由寿字组成，两旁各雕刻螭龙三条，长尾卷转，布满整个空间； 3. 扶手下安装花牙子。椅盘以下安装浮雕螭纹及拐子纹❸	

---

❶ 所谓"扇活"，是指做成整扇的成品，屏风、门窗等均可称为扇活。箱笼的侧面棂格扇就是如此，横竖材格肩攒为一体，以便安装或拆卸。

❷ 亮脚是明清家具工艺术语，常见于折叠式屏风、椅子靠背、床围子等，下部有牙条或有镂空雕饰的称为"亮脚"，取脚部明亮透光之意。

❸ 拐子纹起源于草龙纹，实质是龙纹的一种。其实，拐子龙纹是变体的龙纹，高度简化的龙头，而龙身为回纹与卷草纹的结合体，这种式样是最常见的拐子龙纹。

(2) 官帽椅❶（图 2.32）。古代冠帽式样很多，一般人常见的幞头❷样式多出现在画上和舞台上。幞头有展脚和交脚之分，都是前低后高，明显分成两个部分。尤其是从椅子的侧面来看，扶手略如帽子的前部分，椅背略如帽子的后部分，有几分相似之处。

官帽椅进一步区分可分为搭脑和扶手都出头的"四出头官帽椅"和无头特点的"南官帽椅"，特点是造型简洁，线条流畅，讲究优美和清秀的感觉。官帽椅一般无须装饰，受到广大文人的喜爱。

(a) 古代官帽　　(b) 官帽椅侧面

图 2.32　黄花梨官帽椅
尺寸为 56cm×47.5cm，座高：48cm，通高：93.2cm

"四出头官帽椅"的局部变化很多，例如有搭脑弯度的变化，扶手及鹅脖弯度的变化，以及靠背板独板上的浮雕、透雕、挖透光和三段攒靠背各段或素或雕、或虚或实的变化等（图 2.33～图 2.36）。

图 2.33　四出头素官帽椅 　　图 2.34　四出头弯材官帽椅 　　图 2.35　四出头大官帽椅 　　图 2.36　四出头攒靠背官帽椅

"南官帽椅"：北京匠师对搭脑、扶手都不出头的官帽椅叫"南官帽椅"（图 2.37）。

(a) 高扶手南官帽椅　　(b) 高靠背南官帽椅　　(c) 扇面形南官帽椅　　(d) 矮南官帽椅　　(e) 六方形南官帽椅

图 2.37　南官帽椅五式

---

❶ 顾名思义，官帽椅是由于像古代官吏所戴的帽子而得名，也可以称为扶手椅。
❷ 汉民族都有蓄发的习惯，古代汉族男子为了方便劳作，常用一块布帛从前向后裹住头发，并在脑后打结固定。幞巾产生之后最先在平民阶层盛行，东汉起幞头逐渐成为各阶层通用的服饰品。

3. 圈椅

圈椅之名是因圆靠背形状如圈而得来。圈椅古名为栲栳样❶，也因其形似而得名。它的后背和扶手一顺而下，不像官帽椅子仿佛似阶梯级式高低之分，所以坐在上面不仅肘部有所依托，腋下一段臂膀也得到了支撑（图2.38和图2.39）。

图2.38 《饮中八仙歌图卷》中的扶手式躺椅

图2.39 明代圈椅结构图

4. 交椅

明代交椅，继承宋式，可以分为直后背和圆后背两种，尤其以圆后背作为显示特殊身份的坐具，多设在中堂以显示其使用者显著的地位。俗语称为"第一把交椅"，说明它的尊贵而崇高（图2.40～图2.42）。

图2.40 直背交椅　　图2.41 明人绘《麟堂秋宴图》中的直后背交椅　　图2.42 明代黄花梨交椅

交椅的雏形为汉代传入的"胡床"，为皇帝打猎时使用，又称"猎椅"或"行椅"，存世较少，身份特殊。

三、其他类

其他类包括几案类（图2.43和图2.44）、床榻类（图2.45）、台架类（图2.46）和屏座类（图2.47）。

---

❶ 栲栳样是用竹篾或柳条编成的盛物器具。

图 2.43　明代黄花梨木三足香几 　　图 2.44　明代黄花梨木夹头榫书案 　　图 2.45　明代黄花梨木六柱式架子床

明式家具造型优美多样，做工精细，结构严谨，之所以能够达到这种水平，与明代发达的工艺技术分不开。工欲善其事，必先利其器。用硬木制成精美的家具，正是因为有了先进的木工工具。明代冶炼技术已相当高超，能够生产出锋利的工具。当时的工具种类也很多，如刨就有推刨、细线刨、蜈蚣刨等；锯也有多种类型，长者用于剖木，短者用于截木，齿最细者则用于截竹等。因此，明式家具被誉为明清工艺美术宝库中的明珠，是中国封建社会末期物质文化的优秀遗产。

图 2.46　明代黄花梨木雕花高面盆架 　　图 2.47　明代黄花梨木小座屏风

2.1.7　清代时期的家具（1616—1911 年）

如果说清初的家具还保留着明式特点的话，那么到了乾隆时期，家具的发展进入了又一个黄金时代。这时的家具已逐渐形成了与前代秀丽雅致截然不同的风格，这是一种被后世称为富丽清尚的"清式风格"。清朝近 300 年的历史中，家具由继承、演变到发展，在形制、材料、工艺手段等多方面形成了其独特的风格。品种上不仅具有明代家具的类型，而且还延伸出诸多形式的新型家具，使清式家具形成了有别于明代风格的鲜明特色（图 2.48～图 2.51）。清式家具的制造地点主要是北京、苏州和广州，因各地又有自己的地方风格，于是又分别被称为"京式""苏式""广式"。

图 2.48　清代紫檀木卷书式搭脑扶手椅 　　图 2.49　清代紫檀木雕番莲云头搭脑扶手椅 　　图 2.50　清代紫檀木雕云龙纹大方角柜 　　图 2.51　清代剔红花卉纹方桌、凳

清式家具的特点有以下三点：

(1) 构件断面大，整体造型稳重，有富丽堂皇、气势雄伟之感，与当时的民族特点、政治色彩、生活习俗、室内装饰和时代精神相呼应。

(2) 雕工繁复细腻，制作上汇集雕、嵌、描、绘、堆漆、剔犀等高超技艺。装饰手法多样，融会中西艺术。此时的家具常见通体装饰，没有空白，达到空前的富丽和辉煌。但是这种过分追求装饰的做法导致家具显得烦琐俗丽，有时甚至忽视了其使用功能。

(3) 成套组合，与建筑室内装饰融为一体。当时的宫廷和府第常常在建造房屋时就根据进深、开间的大小及使用要求对家具的样式和类型进行配置。

虽然我国家具在古代有着辉煌的历史，但是清朝末年，随着国外资本主义的入侵，民族工业遭到压抑，家具的形式与品种多为舶来品，民族家具业已近崩溃。

2.1.8 民国时期的家具（1912—1949年）

民国时期的家具是指1912—1949年制作的家具。但从民国家具的风格上讲，并不如此。因为民国家具的主要风格是欧化，而中国家具欧化之风始于清代晚期。1840年中英鸦片战争之后，外国列强相继入侵，西方文化以强大的势力进入中国沿海城市，晚清和民国的家具是在这个历史背景下发展起来的。民国家具的工艺基础是清式家具，在式样上和装饰风格上有的是直接模仿西洋家具，有的则是吸收性借鉴，改变了明清家具以床榻、几案、箱柜、椅凳为主的模式，又引进了沙发、挂衣柜、牌桌、半橱、梳妆台、摇椅等（图2.52～图2.54），丰富了家具的品种。虽然民国家具发展的时间较短，但它作为中国传统家具与西洋家具的融合，却独具特色，更贴近人们的生活。民国家具不仅继承了中国明清家具的传统，同时也向世界敞开了一扇窗，展现出一个广阔视野。它对中国几千年来形成的家具式样发动了一次猛烈的冲击，改变了中国传统家具风格的走向，因此其影响是深远的。

图2.52 民国红木镶瘿木半橱

图2.53 梳妆台 　　图2.54 摇椅

2.2 外国历代家具史

外国历代家具分类如图 2.55 所示。

2.2.1 古代家具

外国古代家具主要指古埃及、古希腊和古罗马时期的家具。

2.2.1.1 古埃及家具（约公元前 15 世纪）

古埃及位于非洲东北部尼罗河中下游地区（今中东地区），是一段时间跨度近 3000 年的古代文明。埃及是世界上最早的文明古国之一，产生了人类第一批巨大的、神圣的、以金字塔为代表的纪念性建筑，写出了人类文明的辉煌一页。

古埃及家具的风格特点主要体现在严格遵循对称的规则，展现出一种拘谨而富有动感的美，

图 2.55 外国历代家具分类

同时又不失华贵。古埃及家具强调家具的装饰性超过了实用性。外观华丽而威严，其装饰多以动物、植物为题材，家具脚多为雕刻成的鸭嘴兽、狮爪、马脚等，并以莲花、芦苇等图案装饰。古埃及的家具主要是为了充分体现使用者权势的大小与其社会地位的高低。当时，其家具的木工技艺也达到了一定的水平，出现了较完善的榫接合结构和精致的雕刻镶嵌技术。家具表面多用红、黄、绿、棕、黑、白等颜色。直至今天，仍对我们的家具设计、建筑设计、室内设计有着一定的借鉴和启发作用。多个世纪以来，折叠椅一直被认为是最重要的家具之一，是社会地位的象征。在古文明中，折叠椅不仅供人就座，还用于各种正式场合和仪式中。它最早出现于公元前 2000—前 1500 年，由两个交叉的直木杆与皮革的座位构成。据说，当时由于折叠椅方便携带，所以军队指挥官才使用这样的座椅。而后来的王座从折叠椅演变而来，带有了装饰花纹与扶手，并有时还用象牙装饰。折叠座椅当时就是权力与财富的象征（图 2.56 和图 2.57）。

古埃及家具最具代表性的是现存最早的椅子，它是从著名的吉萨金字塔中出土的吐坦哈蒙的法老王座（图 2.58 和图 2.59）。古埃及的家具种类很多，床、椅、柜、桌、凳等样样俱全。早期的家具造型线条大都僵硬挺直，即使是靠椅的靠背板也是直立的平板。然而，到了后期，家具背部加有支撑，呈现出弯曲而倾斜的形状，这说明埃及的设计师开始注意到了家具的舒适性，这种认识在世界家具设计史上具有极为重要的意义。

图 2.56 折叠凳 　　　图 2.57 折叠椅 　　　图 2.58 吐坦哈蒙的法老王座

图 2.59 法老王座靠背上的贴金浮雕
法老王座靠背上的贴金浮雕表现出墓主人生前的生活场景，王后在给国王涂抹圣油，天空中太阳神光芒四射。椅子上的人的服饰都是用彩色的陶片和翠石镶成的，其制作技术表现出了高度的精密性

2.2.1.2 古希腊家具（公元前 7—前 1 世纪）

古希腊是欧洲文化的摇篮。由于希腊人的聪明才智和民主的社会结构，古希腊在艺术、文学、哲学、科学等方面都有着辉煌的成就。据荷马史诗记载，从公元前 8 世纪起，在巴尔干半岛、小亚细亚西岸和爱琴海的岛屿上建立了许多奴隶制国家。古希腊在设计上同样也是西欧设计的开拓者，特别是建筑设计。尤其值得推崇的是，古希腊人根据人体美的比例获得灵感，创造了三种经典的永恒的柱式语言：多立克式（Doric）、爱奥尼式（Lonic）和科林斯式（Corinth），成为人类建筑艺术中的精品。古希腊家具与古希腊建筑一样，由于平民化的特点，具有简洁、实用、典雅等诸多优点。从古代诗人荷马的史诗中就能看到许多有关家具的描写，他曾经提到了镀金、雕刻、上漆、抛光、镶接等工艺技术，并且列举了桌、长椅、箱子、床等不同品种的家具。

古希腊家具因受建筑艺术的影响，家具腿部常采用建筑的柱式造型，以轻快而优美的曲线构成椅腿，展现出优雅的艺术风格。它体现了功能与形式的统一，线条流畅，造型轻巧，为后世人所推崇。古希腊家具靠椅的弧线美与埃及家具的僵硬直线条形成了强烈对比。其中，克里斯穆斯（Klismos）的靠椅（图 2.60）和靠桌是古希腊家具的代表作，其椅腿很可能是用加热的弯木法制成的。在等级制度的社会中，座椅是最具有等级性的家具之一。希腊家具虽然也采用兽腿的装饰，但摒弃了埃及人那种四足均向外或是向内的形式（图 2.61）。希腊家具虽然是古埃及家具的继续，但在形式上却有极大的飞跃，因此被文艺复兴时代的家具设计师们奉为典范。同时，希腊家具几乎完全直接影响了古罗马家具的发展，从这个意义上说，罗马家具在很大程度上是希腊家具的翻版。

2.2.1.3 古罗马家具（公元前 5—5 世纪）

罗马本是意大利半岛中部西岸的一个城市，自公元前 5 世纪起就实行自由民主的共和政体。公元前 3 世纪，已建立起奴隶制的罗马帝国随着不断扩张而迅速繁荣起来。到公元前 1 世纪末，罗马已经从一个幅员有限的城邦国家发展成横跨欧洲、亚洲、非洲三洲的强大帝国。公元前 30 年，一个强盛的大罗马帝国正式形成，历史上称其为帝政时期。而此前则称为共和制时期。这一时期，罗马帝国的经济、文化和艺术都得到了空前的繁荣和发展。古罗马家具在延续了古希腊家具风格之后又将其更进一步，使民族特色得以充分体现。

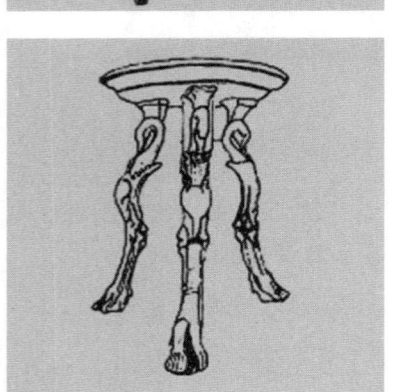

图 2.60 克里斯穆斯（Klismos）的靠椅

该椅在形式上有曲有直，各构件的厚度尺寸设计得精巧、匀称，过渡得十分自然顺畅。椅腿曲线外向的张力通过座面与其交接处的外露节点处理，以及靠背的内方向弯曲状设计而得到抵消，从而达到一种相对均衡的状态。这与早期的希腊家具和埃及家具那种僵硬的直线条形成了鲜明的对比

图 2.61 三足凳

三足凳体现了古希腊人在几何上对三角形稳定性的明确认识。就形状来说，古希腊人认为最美的形状为圆形。同时，三足凳也有兽腿形的装饰，但它摒弃了埃及人那种四足一致的做法，改变成四足均向外或均向内的样式

古罗马家具独具奢华风貌，深受希腊家具的影响，但在造型和装饰上更多地保持着民族特色的主导地位。这充分彰显了古罗马帝国那种庄严而英雄般的气概在家具上的体现。其中最突出的是青铜家具的大量涌现，其造型坚厚凝重，采用战马、雄狮和胜利花环等作为装饰题材，构成了古罗马家具的男性化艺术风格。古罗马家具的铸造工艺已经达到了令人惊叹的地步。许多家具的弯腿部分背面都被铸成空心的，这一设计不但减轻了家具的重量，还增强了其结构强度。代表作品是庞贝出土的三腿凳（图 2.62）。在古罗马，床是非常重要且价值不菲的家具，当时的床都有挡头板，并具有罗马式奢华的雕饰。床的腿部用青铜铸成仿镟木形式（图 2.63）。

图 2.62 庞贝出土的三腿凳

从形式上来看，它基本上没有脱离希腊家具的影响，还保持着明显的希腊风格。但在装饰纹样上，却显出一种潜在的威严之感

图 2.63 仿镟木形式的靠榻

19 世纪初，法国画家雅克·路易·达维德的《雷卡米埃夫人像》中的家具就是古罗马帝政时代造型的靠榻。靠榻采用铜制，镟腿，两侧是 S 形曲线，靠背向外弯曲

4—5世纪，罗马帝国日趋衰落。东北方的野蛮民族入侵使罗马文化遭到了空前的浩劫。公元476年，西罗马帝国的最后一个皇帝被推翻，使欧洲历史进入漫长黑暗的封建时代，家具的设计风格也因此发生了巨大的变化。

2.2.2 中世纪家具

"中世纪"一词最早出现于文艺复兴时期，它指的是从罗马帝国灭亡到文艺复兴时代中间的这段漫长的"中间的世纪"。在此期间，艺术完全被宗教所垄断，成为宗教的宣传工具。一些古板笨重的家具大部分被司祭、主教等占有。他们以能代表神或接近神而自居，为了显示他们的尊严和高贵，创造了许多居高临下的环境和气氛来进行宗教活动，于是形成了教会中使用的高座位家具。除教会家具之外，封建领主们使用的家具几乎都是非常原始的家具，这些粗糙的家具反映了当时社会落后、保守和愚昧的面貌。

2.2.2.1 拜占庭式家具（4—15世纪）

4世纪，罗马帝国分裂为东罗马帝国和西罗马帝国。拜占庭帝国以君士坦丁堡为首都，以巴尔干半岛为中心，位于东西方的交汇点上。

拜占庭家具继承了罗马家具的形式，并融合了西亚和埃及的艺术风格以及波斯的细部装饰，模仿罗马建筑的拱券形式，以雕刻和镶嵌最为多见，节奏感很强。在家具造型上由曲线形式转变为直线形式，具有挺直庄严的外形特征。由于当时人们受奢华生活风气的影响，家具装饰多采用浮雕或镶嵌装饰，也常用象牙镟木来装饰，成为其特色。现存的最著名的拜占庭家具是公元6世纪制作的马克西米那斯主教座椅（图2.64）。

图2.64 马克西米那斯主教座椅
其造型是典型的僵直的中世纪风格，然而在木质的基座上却镶有华丽的象牙雕刻。人物表现的是基督和圣徒的形象，植物的纹样是东方式的，图案主要由鸟兽、果实、叶饰和几何纹样组成。这件家具反映了象牙雕刻术在拜占庭手工艺中所占的重要地位

2.2.2.2 仿罗马式家具（10—13世纪）

11世纪，意大利家具在装饰和造型上模仿古罗马建筑的风格特色，将古罗马建筑的拱券和檐帽等式样运用到家具上，形成了独特的仿罗马式家具的艺术风格。仿罗马式家具采用了镟木技术，并且有了全部用镟木制作的扶手椅，上面很少有其他装饰纹样。

当时的箱柜大多都是用整块的木头挖制而成，这些大块的厚木头之间则使用金属钉进行连接和制作。在关键的地方用铁皮包扎。法兰克的贵族们在出外旅行时总是带着大量的柜子，有时甚至多达数十只。为了抵御风雨的袭击而将柜顶制成尖顶形。另外还出现了直立的储藏柜，也是用粗糙的木板制成，用于收藏圣器、祷文等。家具装饰图案主要有几何纹、卷草纹等。仿罗马式家具上没有油漆，这是家具史上的一大退步（图2.65和图2.66）。

图 2.65　仿罗马式山顶形衣柜
当时的柜子形体小，顶端多呈尖顶形式，边角处多用金属件或铁皮加固，同时又能起到装饰作用。此柜造型既具有罗马式的特点，又具有向哥特式过渡的倾向

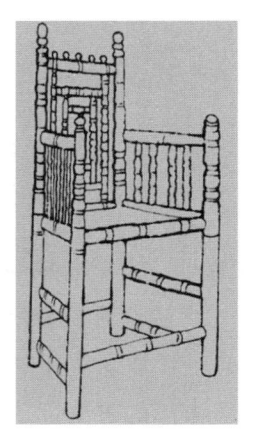

图 2.66　德国镟木椅

2.2.2.3　哥特式家具（12—16 世纪）

12 世纪后半叶，哥特式建筑（Gothic Architecture）在西欧地区，特别是以法国为中心兴起，并逐渐扩展到欧洲各基督教国家，到 15 世纪末达到鼎盛时期。这一时期是欧洲神学体系成熟的阶段，哥特式的教堂使宗教建筑的发展达到了前所未有的高度。

受到哥特式建筑的影响，家具设计也采用了哥特式建筑的特征和符号，最常见的手法是在家具上饰以尖拱和高尖塔的形象，并着意强调垂直向上的线条。典型的哥特式座椅采用垂直线条，座面下封闭成箱形，座面装有铰链，好比一个带盖的箱子。其靠背设计得特别高，采用嵌板结构，这不仅把椅子作为权威的象征，同时也强调椅子在空间中的体量感。这种高背椅常放在大厅正面的高台上，成为身份和地位的象征。哥特式家具中发展最快的是立式柜，这时柜子多半已经采用柜形结构，带有向左右开启的门扇和抽屉，这在罗马式的家具中是罕见的。尤其是铜质的零件和铰链的应用，使之较过去的家具更为轻巧。食品柜的正面柜门上装饰有窗花格纹样的小洞，便于空气流动，这是中世纪时期对家具的一项重大改进。因此，桌子的桌面也出现了活动式的。但是柜桌等家具的线条整体风格依然显得平直而呆板（图 2.67）。中世纪的家具保存至今的为数不多，已经逐渐不为人们所熟悉，但它们和欧洲的教堂一样，成为中世纪文化的代表。13—15 世纪哥特式文化的发展，为即将来临的文艺复兴运动打下了基础（图 2.68 和图 2.69）。

2.2.3　近世纪家具

西方近代家具的发展经历了文艺复兴时期、巴洛克风格、洛可可风格、新古典风格的发展和演变。不同的国家和民族演绎出众多的造型和风格各异的家具。现在所说的西方古典家具主要是指这一时期的家具，它们体现出欧洲文化深厚的内涵，至今仍受到人们的厚爱。

图 2.67　德国哥特式餐柜（1880 年）

图 2.68 高背椅
这种将靠背变高的目的就是把椅子作为权威的象征，同时也可以让椅子的空间体量感得到加强。高耸的椅背上端的烛柱式尖顶，有如矗立的蜡烛，这一切特征都是帝王宝座为了象征主权和地位而设计的。椅背中部或顶盖的眉檐均由细密的拱券透雕或浮雕装饰而成

图 2.69 马丁国王银椅
它的椅背仿照建筑尖塔形设计，椅座下部则采用矢形拱门造型和垂直向上的线条，椅背上布满了藤纹浮雕，使得它在造型和制作工艺上都充分体现了哥特式家具的特点

2.2.3.1 文艺复兴式家具（14—16世纪）

西欧资本主义是从 14 世纪起在意大利开始兴起的，15 世纪以后遍及各地。由于社会劳动分工而促进了生产技术的革新，商品生产和商业日趋兴旺。城市新兴的资产阶级要求在意识形态领域开展反对教会精神统治的斗争，因此形成了以意大利为中心的、为资本主义建立制造舆论的"文艺复兴运动"。文艺复兴的中心思想是所谓"人文主义"，它主张文学艺术表现人的思想和感情，科学为人生谋福利，提倡个性自由，反对中世纪的宗教桎梏。文艺复兴运动促进了普遍的文化高涨，设计也随之进入了一个崭新的阶段，众星灿烂，繁花似锦，其影响所及直达 20 世纪。

文艺复兴时期的家具又把眼光重新投向古代艺术，希望从古希腊和罗马的雕刻和家具中吸取营养。意大利最早将希腊、罗马古典建筑上的檐板、半柱、台座以及其他细部形式移植为家具的装饰，而建筑的外形也同时影响到家具造型。文艺复兴家具的主要特征为：外形厚重端庄，线条简洁严谨，立面比例和谐，采用古典建筑装饰等。早期装饰比较简练单纯，后期渐趋华丽优美。

不同的国家也都有各自的特点，意大利文艺复兴时代一反中世纪刻板的设计风格，追求具有人情味的曲线和优美的层次，曲线在家具中被广泛应用。文艺复兴后期，家具装饰的最大特点是采用灰泥石膏浮雕装饰，做工精细，常在浮雕上加以贴金和彩绘处理，如图 2.70 和图 2.71 所示的靠椅和影木镶嵌衣柜。法国采用繁复的雕刻装饰，使家具显得富丽豪华。英国将文艺复兴风格和自己传统的单纯、刚劲的风格融合在一起，形成一种朴素严谨的风格。文艺复兴时期家具的主要成就是在结构与造型的改进以及与建筑、雕刻装饰艺术的结合上，可以说，文艺复兴时期的家具设计主要是一场装饰形式上的革命。

图 2.70 意大利文艺复兴时期的靠椅
家具的起伏层次更加明显，呈现出一种使人亲近的感觉。左右 4 根 S 形粗腿，表面上采用雕刻等装饰，这种椅子多应用于公共的礼仪性活动

2.2.3.2 巴洛克式家具（17—18世纪初）

16—17世纪交替的时期，巴洛克式设计风格开始流行，其主要流行地区是意大利。巴洛克（Baroque）一词来源于葡萄牙语"Barrocco"，其原意是畸形的珍珠，专指珠宝表面的不平整感。后来被人们用来作为一种设计风格的代名词。早期巴洛克式家具的最主要特征是用扭曲形的腿部来代替方木或镟木的腿。椅座、扶手和靠背也改用了织物或皮革包覆处理，以代替往日的雕刻装饰。这种改变不仅使家具形式在视觉上产生更为华贵的效果，同时在功能上也更加舒适（图2.72～图2.74）。这种带有夸张效果的运动感，很符合宫廷显贵们的口味，因此很快地形成了风靡一时的潮流。巴洛克风格是一种男性化的风格，充满阳刚之气。巴洛克风格发源于意大利，后又传播到其他国家。可以说，巴洛克风格的家具诞生在意大利，成长在法兰德斯（比利时北半部的一个地区），成熟在法国。

图2.71 意大利文艺复兴时期的影木镶嵌衣柜

图2.72 巴洛克沙发的框架图

图2.73 巴洛克沙发

1. 意大利巴洛克式家具

17世纪，意大利在家具设计方面的创作能力日趋衰退。无论在风格上还是形式上，均停留在文艺复兴后期的水平。然而，意大利毕竟是巴洛克风格的发源地，它所创始的巴洛克装饰纹样，如典型的卷轴装饰和莨苕纹样❶的涡纹装饰等，虽然没有促成本土家具的良好发展，但却激发了其他欧洲国家的创作潜力。

2. 法国路易十四式家具

1661—1715年是法国路易十四统治的时代。这一时期，法国宫廷中新兴起了设计史上"豪华型家具"的装饰风格，这种由法兰西君主所领导的并风靡达150年之久的豪华装饰家具被命名为

图2.74 巴洛克风格的柜
装饰主要集中体现在细部结构上

"路易十四式"家具，它是法国巴洛克家具风格的代表。法国路易十四式家具奢华、宏大，所有的装饰特征都是男性化的、对称的，直线所占比例十分显著，雕刻有节制地用于严肃的轮廓。这个时期，橱柜家具的种类繁多（图2.75）。床这种家具也有了较大的发展，一些带框或四柱床的上部都有床幔垂下，这种

---

❶ 莨苕纹样在西方的设计装饰中大量存在，是西方不同文化形态中最具代表性的植物装饰纹样，对装饰艺术史有着极大的意义。

装饰使家具与室内更加华丽。后来的巴洛克式家具上出现了宏大的涡形装饰，比扭曲形柱腿更为强烈，在运动中表现出一种热情和奔放的激情。此外，巴洛克式家具强调家具本身的整体性和流动性，追求大的和谐韵律效果，舒适性也较强。但是，巴洛克式的浮华和非理性的特点一直受到非议。

图2.75 斗柜
这种斗柜是18世纪法国最多产的家具种类之一，由布勒制作完成。布勒是路易十四在位时期最知名的细木工匠，他在1708年为位于凡尔赛的大特里亚农宫的国王卧室制作了两件斗柜。这些斗柜是当时家具史上的一项新发明。他们将桌子和下面凸出的柜子相结合，通常有两个抽屉，其外形受到罗马石棺和宫廷制图者让·贝兰风格的影响。该样式需要4个额外的呈螺旋纹锥体状的柜脚作支撑，而柜面则选用古绿大理石

2.2.3.3 洛可可式家具（18世纪初期至中期）

洛可可（Rococo）的原意是指岩石和贝壳的意思，特指盛行于18世纪法国路易十五时代的一种艺术风格，主要体现于建筑的室内装饰和家具等设计领域（图2.76）。其基本特征是具有纤细、轻巧的妇女体态的造型，采用华丽和烦琐的装饰，在构图上有意强调不对称。装饰的题材有自然主义的倾向，最喜欢用的是千变万化地舒卷着、纠缠着的草叶，此外还有蚌壳、蔷薇和棕榈。洛可可式的色彩十分娇艳，如嫩绿、粉红、猩红等，线脚多用金色（图2.77和图2.78）。

图2.76 巴黎瓦朗日维尔房间
尽管历经多次变更，这栋房子如今依然矗立在圣日耳曼大道217号。使这间房间里的细木护壁板熠熠生辉的主要原因在于其极好的雕工，其中一部分更是采用了高浮雕。彩绘镀金的橡木饰板上装饰着众多的C字形涡卷纹、S字形涡卷纹、花枝和花园贝装饰物。洛可可风格的家具多用平面的贝壳镶嵌和沥粉镀金，这些手法深受中国艺术的影响。这时期的家具油漆成为重要的工艺手法，一种是中国式的果黑漆上面有镀金纹样，另一种是纯白或浅色底上绘有镀金纹样，两者同样都展现出华贵和高雅的气质

图2.78 洛可可茶几的桌角
洛可可式风格渐渐演变为尖腿，尤其在腿上的修饰更为细化。各种植物藤条及花的装饰纷纷出现。从发展根源上说，洛可可式风格是巴洛克式风格的延续，同时也是中国清式设计风格严重浸染的结果，因此洛可可在法国又称为中国装饰。在洛可可式家具中，17世纪那种粗大扭曲的腿部不见了，取而代之的是纤细弯曲的尖腿

图2.77 洛可可风格的沙发

2.3　外国现代家具

2.3.1　经典家具设计大师第一阶段（19世纪末）

19世纪末，在威廉·莫里斯❶（William Morris，1834—1896）的倡导宣传和身体力行的推动下，掀起了一场以追求自然纹样和哥特风格为特征，旨在提高产品质量、复兴手工艺品的设计运动，史称"工艺美术运动"。其影响波及欧洲各国及美国，并直接导致了欧洲的另一场运动——新艺术运动的产生。威廉·莫里斯出生于英国沃尔瑟姆斯托一个富有家庭，曾就读于牛津大学，后受过建筑师和画家的训练。莫里斯的设计主张从哥特风格中吸取营养，从自然尤其是植物纹样中吸取素材与营养，主张设计风格的整体性。1861年，莫里斯和马歇尔、福克纳一起成立了以三人姓氏命名的商行——莫里斯·马歇尔·福克纳商行（简称MMF），几年后这家商行成为莫里斯商行。莫里斯商行设计生产的家具以木材为原料，造型简洁、朴实，具有浓郁的英国乡村风味，至今仍受欢迎（图2.79和图2.80）。

图2.79　可调椅（1870—1890年）
威廉·莫里斯、菲利普·斯皮克曼·韦伯设计，制造材料为乌檀木，乌得勒支丝绒装潢，羊毛织锦椅套

图2.80　吉尔扶手椅（1893年）
乔治·杰克设计，由桃花心木、藤、垫子、棉布组成

迈克尔·托奈特（Michael Thonet，1796—1871）是奥地利人，生于莱茵河畔的波帕小镇（Boppard），并于1819年在那里建立了一个家具作坊。1836年，托奈特以层压板的新工艺获得专利；而后在1856年，他又取得了工业化生产弯曲木家具的专利。此前，在1851年的英国伦敦博览会上，他展出了自己的新产品并获得一项铜奖。他的家具中采用蒸汽压力弯曲成形的部件，并用螺钉进行装配，完全摒弃了卯榫连接。其家具的最大特点是物美价廉，非常适合大批量生产。即使进入20世纪，其质量仍获得许多现代设计师的认可。勒·柯布西耶早年为自己的建筑室内所挑选的家具中，便以托奈特椅为主。托奈特椅的另外一个重要

---

❶ 威廉·莫里斯作为英国工艺美术运动的奠基人，他的目的是复兴旧时代风格，特别是中世纪、哥特风格。他一方面否定机械化、工业化风格，另一方面否定装饰过度的维多利亚风格。他认为只有哥特式、中世纪的建筑、家具、用品、书籍、地毯等的设计才是"诚实"的设计。德国工业同盟和包豪斯同样是以莫里斯的思想为起点的一种继承和发展。包豪斯的出现标志着现代主义设计的形成和现代设计风格的成熟。从莫里斯到包豪斯，这是一个完整的艺术史单元。

特性是便于运输。它们虽非折叠式设计，但各构件间易于拆装，从而极大地节省了运输空间。托奈特椅至今仍在生产中，并衍生出数种变体形式，是 20 世纪最为成功的椅子之一。除了英国的温莎椅和中国的明式椅，很难有其他的椅子能拥有托奈特椅那么长的生产年限。然而，对托奈特椅（也称维也纳咖啡馆椅或 14 号椅）而言，更重要的是它蕴含的现代设计因素，这是引入新技术所取得的成果（图 2.81）。

（a）托奈特椅　　　　　　　　　　　（b）"托奈特椅"的场景运用

图 2.81　托奈特椅

这把椅子首先于 1859 年推出，迄今已生产了 5000 万把以上。这种椅子设计十分简洁，每一个构件都恰到好处，椅子的构造充分体现了结构的逻辑性，使得它成为一件超越时代和地域的永恒之作。自这款椅子问世以来，家具工业化的进程便得以开启

2.3.2　现代经典家具设计大师第二阶段（20 世纪 20—30 年代）

第一代家具设计大师出现于两次世界大战之间的 20 年，这一时期，欧洲设计界的大部分艺术家、设计师都已意识到只有在大机器生产方面谋求发展，才能适应时代的需要。在这股浪潮的冲击下，德国青年建筑师瓦尔特·格罗皮乌斯一跃而成为新兴设计的领袖，并成为"包豪斯"学派的带头人。在家具方面，其设计的特点是重功能，简化形体，力求形式与材料及工艺的统一。在这种背景下，思想超前、对社会需求敏感的第一代家具设计大师出现了。他们共有六位，其中里特维德的家具设计在设计手法和设计观念上对现代家具设计起到了启发性的作用。除此之外，勒·柯布西耶、密斯·凡·德·罗等人也是现代设计运动的先驱（图 2.82）。

2.3.2.1　查尔斯·雷尼·麦金托什

查尔斯·雷尼·麦金托什（Charles Rennie Mackintosh，1868—1928）于 1868 年 6 月 7 日出生于格拉斯哥。年轻的查尔斯在雷德公共学校与艾兰格伦学院求学。1890 年，麦金托什通过提交一篇题为"古典建筑风格的推进结合汤姆森作品的建筑概念"的论文得到亚历山大·汤姆森的旅游奖学金。回到格拉斯哥后，他任职于 Honeyman & Keppie 建筑事务所，并在 1899 年开始着手第一个大建筑项目：格拉斯哥先驱报大楼。麦金托什的设计灵感来自他的苏格兰文化，并融合了新艺术运动的繁盛以及日本艺术的简单形式。

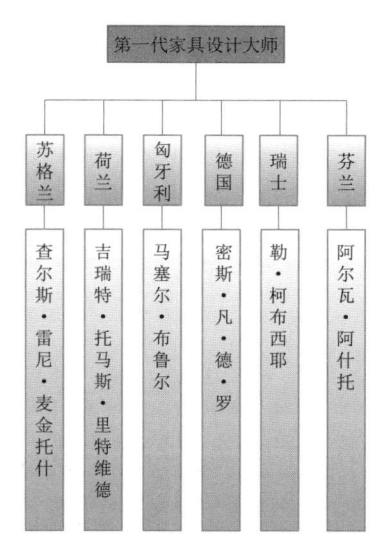

图 2.82　第一代家具设计大师

（第一代家具设计大师：苏格兰—查尔斯·雷尼·麦金托什；荷兰—吉瑞特·托马斯·里特维德；匈牙利—马塞尔·布鲁尔；德国—密斯·凡·德·罗；瑞士—勒·柯布西耶；芬兰—阿尔瓦·阿什托）

麦金托什在离格拉斯哥不远的海伦斯堡建造了一座"希尔之家"（图2.83）。他和妻子玛格丽特·麦克唐纳共同投身于整个建筑的装修设计工作，赋予了这座宅邸浓郁的凯尔特风格。当时日本与苏格兰之间的商贸往来日益频繁，他深受日本建筑艺术影响，在设计时又加入了大量几何线条元素，使建筑与周围的自然环境形成了巨大反差（图2.84）。

(a)"希尔之家"外立面

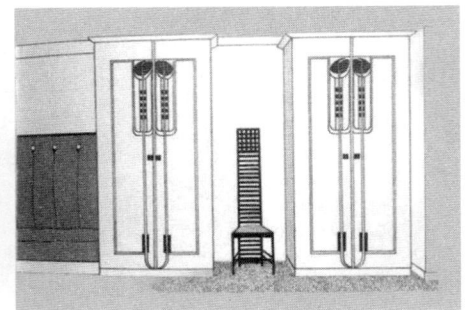

(b)"希尔之家"内部

图2.83 希尔之家

2.3.2.2 吉瑞特·托马斯·里特维德

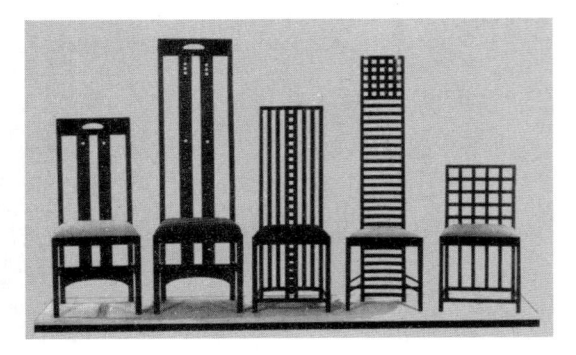

图2.84 高背椅
木质骨架以黑漆着色，座面为布面的系列高靠椅

在现代设计运动中，吉瑞特·托马斯·里特维德（Gerrit Thomas Rietveld，1888—1964）是创造出最多的"革命性"设计构思的设计大师，并始终有独到的理解。有趣的是，里特维德不仅一生中最富于革命性，还是家具设计史上第一件现代家具的设计人：1917—1918年，他设计并制作了"红蓝椅"（图2.85），并于次年成为荷兰著名的"风格派"艺术运动的第一批成员。里特维德下一个令世人再次震惊的设计是1920年左右完成的 Z 形椅（Zig Zag Chair，图2.86）和柏林椅（Ber Lin Chair，图2.87），这些设计也考虑到批量生产，并采用抽象造型。他的家具特色表现为抽象的几何式造型、全部构件的规范化，能够适应大批量的机械化生产。

图2.85 红蓝椅
红蓝椅是里特维德设计的一件里程碑式的作品。它设计于1927年，深受艺术运动"风格派"特点的影响，颜色设计浓缩为三原色。他设计了一把形式上不能再简化的椅子。这把椅子的所有构件没有采用传统的榫接技术相互嵌入，而是让构成支架的木条相互交叠，同时确保面板之间互不接触

(a) 红蓝椅侧面

(b) 红蓝椅在"风格派"室内中的陈设应用

56 家具设计（第3版 微课视频版）

图 2.86　Z 形椅
Z 形椅设计于 1932—1934 年，它主要运用了 "斜线" 元素，清除了使用者双腿活动范围内的任何障碍，显得十分简洁。它开拓了现代家居设计的一个新方向

图 2.87　柏林椅
柏林椅设计于 1923 年，是为柏林博览会的荷兰馆设计制作的，它由横竖相向的大小不同的 8 块木板不对称地拼合而成

2.3.2.3　马塞尔·布鲁尔

马塞尔·布鲁尔（Marcel Breuer，1902－1981）是著名的现代设计学院——包豪斯的成员。1925 年，年仅 23 岁的布鲁尔就设计出家喻户晓的 "瓦西里椅"（图 2.88）。布鲁尔设计的扶手椅明显受到里特维尔德家具的影响，他最初多使用胶合板设计制作家具。但同时，他对里特维尔德的设计进行进一步发展，以追求更完美的功能：如弹性的框架，曲线形的座面及靠背，以及选择适当的面料等。布鲁尔的成名作——"瓦西里椅" 的设计灵感来自自行车的把手，首创钢管家具的先例。他设计的拉西奥茶几（图 2.89）也是现代家具中的经典。

图 2.88　瓦西里椅
椅子的构架为镀镍钢管，底面采用绷紧的织物，使用帆布、皮革、编藤、软木等手感好的材质，舒适感强。所用的材料不仅可以标准化生产，还可以进行拆卸互换

图 2.89　拉西奥茶几

2.3.2.4　密斯·凡·德·罗

密斯（Mies Van der Rohe，1886－1969）是一位杰出的建筑设计师，但他在家具设计领域也显示出杰出的才华。他在家具上的处女作是 1926 年制作的钢管悬臂椅——MR 椅（图 2.90）。这件椅子以其文雅娴静的线条、明快欢畅的形体，产生了一种难以仿效的美感；1929 年，为了装饰巴塞

罗那世界博览会的德国馆，他制作了巴塞罗那椅（Barcelona Chair，图2.91），以"人"字形钢条做支撑。1930年，他为捷克的一位富豪吐根哈特（Tugendhat）设计了一座不限造价的住宅，室内布置出自密斯之手的吐根哈特椅（Tugendhat Chair，图2.92）和布鲁诺椅（Bruno Chair，图2.93）获得了完美、协调的效果。

（a）MR椅在室内设计应用　　（b）MR椅实物图

图2.90　钢管悬臂椅——MR椅

图2.91　巴塞罗那椅
该椅采用不锈钢钢架构成了优美的交叉弧线，用牛皮缝制坐垫，造型简洁大方，体现了一种高贵而庄重的气质

图2.92　吐根哈特椅　　　　图2.93　布鲁诺椅

2.3.2.5　勒·柯布西耶

勒·柯布西耶（Le Corbusier，1887—1965）是20世纪最多才多艺的大师：建筑师、规划师、家具设计师、现代派画家、雕塑家等，他毕生充满活力，对当代生活产生了重大的影响。他设计的家具充分考虑到人机工程学的要求，而且造型也十分优美，体现了他的新精神。如1927年设计的角度可自由调节的牧童椅（Cowboy Chair，图2.94），1928年设计的大安逸椅（Grand Confort，图2.95），以及吊椅（Sling

（a）牧童椅　　　　　　（b）牧童椅的三种使用方式

图2.94　牧童椅
此椅可以调节成从垂足而坐到躺卧等各种姿势。它由上下两部分组成，如果去掉下面的部分，可以当成摇椅使用。20世纪初，很多科学家都在试图找到最佳休息的方案。一位名叫让·巴斯科的巴黎医生在1928年发明了一种可手动调节、骨架为铰接金属结构的座椅。勒·柯布西耶、夏洛特·贝里安、皮埃尔·让纳雷三位设计师以这种座椅为灵感，设计出了一把外形殊异的休闲躺椅。人们在入座之前只需要调整一下座面的位置即可，勒·柯布西耶将它称为"用于休息的机器"

Chair，图 2.96）等。这些作品体现了"对功能和美的追求，适合标准化及批量生产的要求"，也体现了"多米诺体系"的基本方针。

(a) 男士大安逸椅　　　(b) 女士大安逸椅

图 2.95　大安逸椅

这是以新材料、新结构来诠释法国古典沙发的设计。简化与暴露的结构是现代设计的典型做法，几块立方体皮被垫被嵌入钢管框架中，以便于清洁和换洗。这种立方体状的沙发椅，看起来如同一座钢铁结构外露的现代派建筑，也可以把它视为一只配有坐垫的铁篮。布面或皮面坐垫的柔软温暖与铁质框架的坚硬冰冷形成了强烈反差。就像为贴合男女不同体态特征的男装与女装，这种舒适的沙发椅也有两个版本：一款是为男性设计的大皮椅；另一款专为女性设计，更宽也更矮。这件作品体现了"对功能和美的追求，适合标准化及批量生产的要求"

2.3.2.6　阿尔瓦·阿尔托

阿尔瓦·阿尔托（Alvar Aalto，1898－1976）于 1898 年生于芬兰中西部小镇库奥塔内，他的少年时代主要在于韦斯屈莱（Jyväskylä）度过。1916－1921 年，他在赫尔辛基工科大学学习建筑。在 1923 年创立自己的工作室之前，他一直参与博览会的设计，并周游欧洲各地，以扩展自己的见识。1924 年，他与建筑师阿诺·玛赛（Aino Marsio）结婚。1925—1933 年，他设计了于韦斯屈莱的工人会馆、帕伊米奥结核病疗养院，还设计了帕米欧 41 号扶手椅（图 2.97）。他先后在 1937 年巴黎国际博览会的芬兰馆和 1939 年纽约世界博览会的芬兰馆，采用弯木技术进行家具开发。他于 1929 年设计了第一件层积胶合板椅子，最初

图 2.96　吊椅
镀铬钢管架，扶手为张力弹簧，坐垫和靠背为小牛皮蒙面材料

还带有木框，是层积弯曲木椅（图 2.98～图 2.100）。1930 年，他创建了阿尔泰克公司，专门生产他自己设计的家具、灯具和其他日用品（图 2.101）。阿尔托的作品明显反映了他受到芬兰环境的影响。从 20 世纪二三十年代起，很多的建筑工程都是他与阿诺·玛赛共同完成的，他们的共同经营以 1949 年阿诺·玛赛的去世而告终。三年后，阿尔托与另一位建筑师艾丽莎·玛琪纳米（Elissa Makiniemi）结婚，两人再次成为公私兼顾的伙伴，从此开始了另一阶段成果同样丰富的设计旅程。作为一位不断采用新构造与新技术的建筑家，阿尔托是 20 世纪的杰出代表，他的作品至今深受芬兰人喜爱。

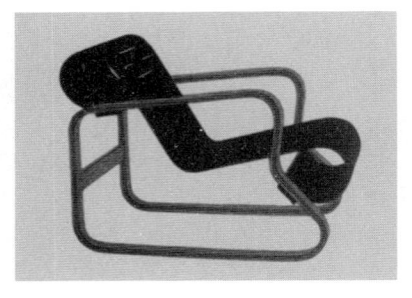

图2.97 钢琴椅/帕米欧41号扶手椅

一些建筑师认为只要亲近自然就能让人通体舒适。从1928年起，阿尔托着手在帕米欧的森林之中建造了一座疗养院。考虑到病人疗养时的舒适体验，他设计了这把纯木座椅。将座面和椅背立柱连接是制作这把椅子的最后一道工序，这种富于弹性的设计能让病人获得最佳疗养的效果。椅背的倾斜角度可以灵活调节，以便更好地享受阳光

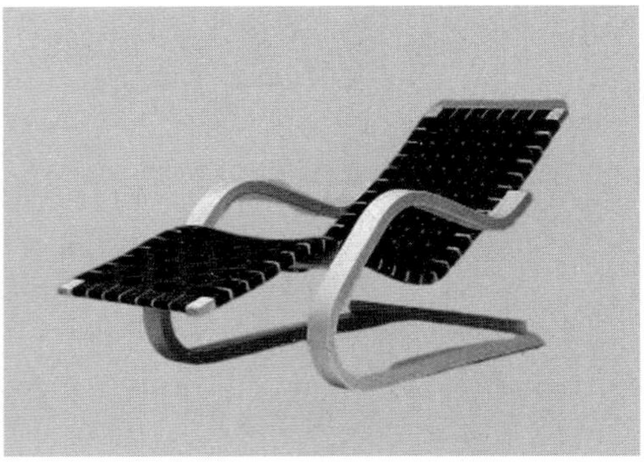

图2.98 弯曲木椅

这把椅子整体造型十分优美，是斯堪的纳维亚半岛所诞生的最具魅力的弯曲木椅。它以人体曲线为造型依据，以胶合模压制成坐靠部分

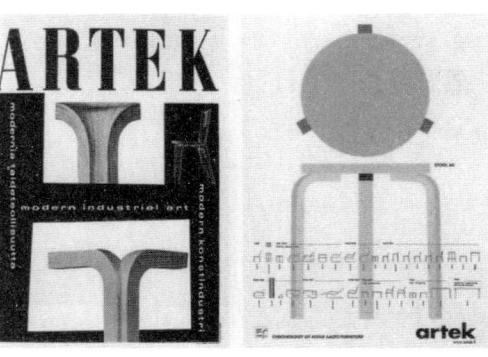

(a) 扇形凳　　　　　　　(b) 扇形椅设计图

图2.99 扇形凳

扇形凳是阿尔托在腿型上的一个杰作。利用90°的弯曲木腿，按图锯成等腰18°，然后将5个同样的弯曲木腿用圆棒榫连接起来，成为一个"扇形腿"。在两个90°弯腿之间各切去一个45°角，然后拼装连接起来，就成了"Y形腿"，这是弯曲木家具的特有腿型

图2.100 叠摞圆椅

通过将圆椅叠摞起来，它们能够形成螺旋轨迹。这种叠置方式并非传统椅子的设计，它并未附加靠背，但依然保持了整体造型的完整性和统一性

图2.101 阿尔泰克家具店

阿尔托夫妇与美术评论家尼尔斯·古斯塔夫·霍尔、芬兰著名赞助者迈雷·古利岑在1930年共同创建了阿尔泰克家具店。阿尔泰克家具店位于赫尔辛基市内繁华大街上，它不仅展示了国内外最新的设计作品和美术作品，还成为了传播先进文化信息的重要基地

2.3.3 现代经典家具设计大师第三阶段（20世纪30—50年代）

第二代家具设计大师主要活动于20世纪30—50年代。与第一代大师相比，他们基本上都是以家具设计和室内设计作为其主要职业领域，对于家具的理解和创作态度以及在对现代设计与生活之间关系的看法上与第一代设计大师有着明显的不同。第二次世界大战后，在重建家园的过程中，第二代设计师开始关注生产与设计之间的关联，认为产品不应作为一种文化的奢侈品，而应该是现实生活中不可或缺的一部分。20世纪30—50年代，新材料和新工艺的不断涌现，促进了北欧家具和美国家具的发展，其中"北欧学派"和"美国学派"成为这一时期家具设计的主要力量（图2.102）。

2.3.3.1 阿纳·雅各布森

阿纳·雅各布森（Arne Jacobsen，1902—1971）被称为北欧现代主义之父，他于1902年出生于哥本哈根，先后在哥本哈根工艺学校、丹麦皇家美术学院学习设计、建筑。1929年，他因作品《未来之家》在设计大赛上获奖而受人瞩目。之后，他相继设计了哥本哈根近郊高级住宅街Bellevue地区的联排住宅（图2.103）、市政厅办公室、牛津大学圣凯瑟琳学院（图2.104）等国内外公共建筑。雅各布森的大多数设计都是为特定的建筑而作的，因而与室内环境浑然一体。在20世纪50年代，他设计了四种经典的椅子，即1952年为诺沃公司设计的蚁形椅（Ant Chair，图2.105）；1955年设计的最为出名的7号椅（Model 3107 Chair，图2.106）；1958年为斯堪的纳维亚航空公司旅馆设计的天鹅椅（Swan Chair，图2.107）和蛋形椅（Egg Chair，图2.108）。这四种椅子均采用当时最新技术——热压胶合板整体成型，具有雕塑般的美感。即使

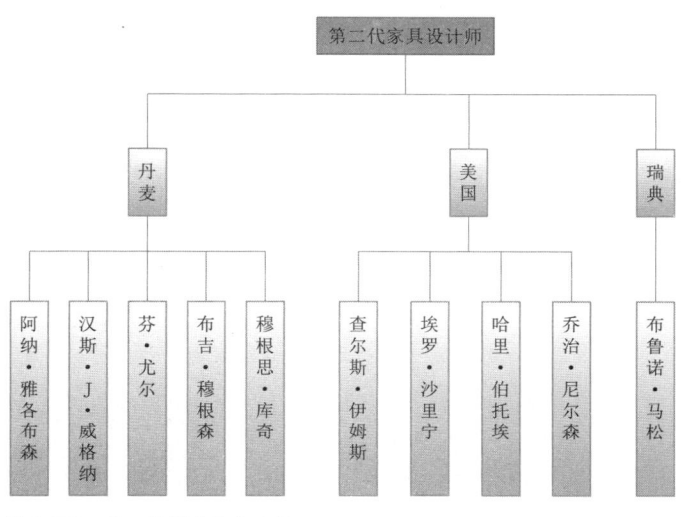

图2.102　第二代家具设计大师

图2.103　哥本哈根Bellevue地区的联排住宅

图2.104　牛津大学圣凯瑟琳学院

是在今天，它们仍是家具设计佳作。雅各布森的设计都重视统一感，无论是物件的内部装饰，还是一个零件，他都事无巨细进行雕琢。他的完美主义设计思想，有时也是非常利己的，他因此很难与其他建筑师合作。

（a）蚁形椅

（b）"蚁形椅"在制药公司的餐厅室内中的运用

图 2.105　蚁形椅
受到查尔斯·伊姆斯夫妇作品的启发，雅各布森为一家制药公司的餐厅设计了这把座面为拱形的胶合板椅子。这把椅子非常轻便且可叠放，既可以选择正常坐姿，也能面朝椅背骑跨在椅子上，更可以随意挪动，悉听尊便。最终，这种形似蚂蚁的只有三条腿的椅子得到了人们的认可

图 2.106　7号椅
据说该椅总共售出了500万把，相当于丹麦全国每人一把

图 2.107　天鹅椅
因其外观宛如一个静态的天鹅而得名。线条流畅而且优美，具有雕塑般的美感

图 2.108　蛋形椅
雅各布森曾在家中的车库中设计出蛋椅。这款椅子是专为哥本哈根皇家酒店的大厅以及接待区而设计的。蛋椅为公共场所开辟了一个不被打扰的空间，特别适合躺着休息或者等待的人们，仿佛置身于家中。蛋椅采用玻璃钢内坯和羊毛绒布或者意大利真皮，坐垫和靠背大小符合人体结构，定型海绵增加了弹性和耐坐性。蛋椅支持360度旋转，并带有倾仰功能。铝合金脚和不锈钢脚均达到镜面效果，加上精心设计的整体椅脑与扶手，两边对称的设计，配上脚踏，更具人性化

2.3.3.2　汉斯·J. 威格纳

汉斯·J. 威格纳（Hans J. Wegner, 1914－2007）于1914年出生于丹麦的日德兰半岛。1931年，他开始学习技术，并掌握了家具制作和木工技术。1936－1939年，他在哥本哈根艺术专科学校学习家具设计。他曾参与雅各布森设计的市政厅办公室建设工程，曾与布吉·穆根森（Borge Mogensen）共同运营设计事务所。1946年，他开始独立设计。威格纳曾说："人的身体永远不会静止、不会安分，好的椅子应该能够允许人们在它上面自由调整姿势，并保持血液的长期流畅。""你最好先将一件家具翻过来看看，如果底部看起来能让人满意，那么其余部分应该是没有问题的。""一张椅子的设计和制造，直到有人坐上它的那一天才算真正完成。"

威格纳根据从 18 世纪中国椅子所获得的灵感而设计制作出的中国椅（China Chair，图 2.109）和 Y 形椅（Y Chair，图 2.110）等作品（图 2.111 和图 2.112），至今仍在全球流行。威格纳认为高个子坐矮椅比矮个子坐高椅要舒适得多，所以他设计的坐具椅面高度总是略低于标准高度。其作品的特色是外形流畅、漂亮，展现了木工匠人精巧的制作技术。1951 年，威格纳获米兰国际家具展最高奖；1959 年获得伦敦皇家艺术协会工业设计荣誉奖；1967 年获得美国室内装饰设计师学会贡献奖；1987 年获丹麦设计委员会年度奖等，他几乎获得了所有授予给设计师的荣誉。

图 2.109 中国椅
有评论说，"凡说到中式传统设计，明椅是一个巅峰，此后至今，本土再无花开，开在丹麦"。的确，很少有人能像丹麦家具设计大师汉斯·威格纳那样，如此成功地赋予中国明式审美以现代的气息。1960 年肯尼迪和尼克松总统竞选期间，历史性地出现了电视辩论。当时电视辩论舞台上的道具布置虽然简单，但椅子作为必不可少的元素，却格外引人注目。这把椅子早在 1950 年就被美国杂志称为"世界上最漂亮的椅子"，此后人们便称它为"The Chair"。威格纳曾经说过，一把好的椅子需要用上 50 年。如果用这句话来检验他的"The Chair"，那么它已经足够证明是一把好椅子了

图 2.110 Y 形椅
The Y Chair 是另外一把与"The Chair"一样经典、一样成功、一样传奇的椅子，由 Carl Hansend 在 1950 年生产，在 Carl Hansen 的代号为 CH24。Wishbone 意为叉骨，形象地描述了其独特的 Y 形靠背设计。Y 形椅之所以流行，一个原因可能是价格策略，它售价 1000 美元左右，在普通消费者来看是很高了，但相较于威格纳的其他设计，这个价格显得相对亲民，因为其他设计折合人民币往往超过 1 万元

图 2.111 三脚贝壳椅
威格纳的另一经典代表作之一就是三脚贝壳椅。它最初于 1963 年设计，当时只制造了一小部分，而后停止。到 1997 年，由于新的工厂和新的技术可以控制生产的成本，这个三脚贝壳椅才再度生产

图 2.112 孔雀椅

孔雀椅的灵感来自 17 世纪出现在英国、18 世纪流行于英美的温莎椅。它是一种细骨靠背椅，由宾夕法尼亚州的州长 Patrick Gordon 于 1726 年引入美国。孔雀椅的细骨条椅背及形成孔雀模样的节点设计，不仅给人带来视觉上的愉悦，同样也提升了良好的人机性

2.3.3.3 芬·尤尔

芬·尤尔（Finn Juhl，1912－1989）于 1912 年生于哥本哈根，在哥本哈根郊外的一个布匹批发商的家庭中长大。1930 年，他在丹麦皇家美术学院学习建筑，1934 年毕业后进入威廉·劳瑞森（Vihelm Lauritzen）设计事务所。1945 年，他建立了自己的工作室。此后，他取得了辉煌的成就，相继着手设计了联合国总部信托投资理事会（Trusfeeship Council Chamber，U N Headquarters）的会议室，多伦多、伦敦的商店以及华盛顿特区的丹麦大使馆的内部装饰等。作为 20 世纪 50－60 年代北欧设计黄金期的代表，他是一位声名显赫的丹麦建筑师。另外，不仅限于建筑，他的设计领域广泛，包括室内装饰、家具、陶器、玻璃器具、电器制品等领域。尤尔是丹麦学派另一位风格独特的人物，以手工艺与现代艺术巧妙结合的方式创造出一种非常耐看的家具。在他的椅子设计中，雕塑般的构件造型、材料的精心选择和搭配，开启了丹麦学派中向有机形式靠拢的新设计理念。他设计的家具受到原始艺术和现代抽象有机雕塑艺术的影响，这些作品被称为"优雅的艺术创造"。虽然尤尔喜欢使用柏木，但随着时间的流逝，他对色彩和光泽的雕琢，以及柔和的弯曲更加引人注目（图 2.113～图 2.116）。

图 2.113 首领椅

图 2.114 诗人沙发

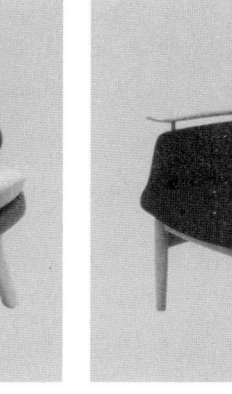

图 2.115　塘鹅椅　　　　　　图 2.116　FJ-53 休闲椅

2.3.3.4　布吉·穆根森

布吉·穆根森（Borge Mongensen，1914—1972）于 1914 年生于丹麦日德兰半岛北部的工商业城市奥尔堡。1934 年开始从事家具制作工作。1936—1938 年在哥本哈根工艺学校学习，1939—1941 年在丹麦皇家美术学院学习建筑。在皇家美术学院，他师从凯尔·柯林特（Kaare Klint），后来担任其助手。1942 年就任丹麦一家公司的首席设计师，1950 年创立个人事务所，代表作是忠实地反映了他受老师凯尔·柯林特和美国沙克家具影响创作的 J 39 沙克椅（作于 1944 年）等。其作品的特色是所有作品均采用皮革或木材等材料，在简约的设计中也灵活运用了木工匠人的技术，塑造出漂亮的外形。他与威格纳并称为丹麦家具的代表设计师。"越简单越好"是穆根森的设计理念，他的家具设计不仅面向普通市民，而且特别符合年轻人的审美趣味（图 2.117～图 2.119）。

图 2.117　西班牙椅　　　　图 2.118　翼状靠背椅　　　　图 2.119　支轴直背椅

2.3.3.5　穆根思·库奇

出生于哥本哈根的穆根思·库奇（Mogens Koch，1898—1993）是柯林特的另一位最有成就的传人。他于 1925 年毕业于丹麦皇家学院建筑系，随后留校担任柯林特的助手多年，这期间，他于 1932 年设计的 MK 折叠椅是他一生中最著名的作品（图 2.120）。除家具设计之外，库奇还配合丹麦教堂建筑改造工程，设计了许多金银器、地毯和其他纺织品。库奇的作品逐渐成为丹麦学派中不可或缺的一部分。他定期参加"丹麦艺术"在美国的巡展，每次都引起极大的轰动。库

图 2.120　MK 折叠椅

奇多年的教学工作对丹麦现代家具设计人才的培养产生了深远的影响,从1950年接任柯林特的教授职位起,直到1968年,库奇一直是母校最主要的教授之一。同时,他也时常外出讲学任教。

库奇的家具设计完全继承了柯林特的设计哲学,他以进化的眼光审视历史上的所有设计,并选择自己喜爱的类型进行深入而系统的研究。库奇的每一件家具设计都是对传统设计的提炼,他以传统形式为基本出发点,结合现代生活的内涵进行再创造。库奇的作品都是非常实用的家居用品,由于他的设计构思建立在已经多年发展的传统设计基础之上,因此在使用上必定符合人们的习惯。这也是丹麦学派中的主流设计哲学。库奇一生中对折叠椅的设计兴趣最大,他选择设计的突破口并非大多数人使用的"中国式折叠",即从使用者坐姿的前后方向进行折叠,而是使用"欧洲式折叠",即从使用者坐姿的左右方向进行折叠。作为后一种折叠的最成功的设计师,库奇对这种折叠方式研究非常投入,他设计出一系列完善的折叠椅、折叠凳以及折叠桌以及折叠床等。库奇的折叠家具都是以木料为构架,帆布或者皮革作为座面和靠背。这些家具不仅在本国和北欧地区受欢迎,还迅速在英国等其他欧洲国家和美洲大陆风行起来。库奇的设计生涯告诉人们一个简单的道理:选择一个合适的设计突破口对设计师而言已成功了一半。

2.3.3.6 查尔斯·伊姆斯

查尔斯·伊姆斯(Charles Eames,1907—1978)是美国最杰出、最有影响的家具与室内设计大师之一。他在克兰布鲁克完成了学业,并在那里结识了埃罗·沙里宁、诺尔、贝尔托亚以及他后来的妻子凯泽。他与埃罗·沙里宁共同致力于从事家具设计的研究。在阿尔托、布劳耶二维成型模压弯曲的基础上,他们最终成功地研究了胶合板三维成型模压壳体结构,并一举夺得1940年纽约现代艺术博物馆主办的"住宅装备的有机设计"椅类的一等奖。他们利用第二次世界大战期间发展起来的胶合板材料,表面蒙上发泡橡胶,并通过一次成型处理,创造出线条流畅、便于工业生产的新型家具,从此开辟了在家具上使用三维成型壳体的道路(图2.121)。

(a) 黑色"壳体"椅子 　　(b) 白色"壳体"椅子

图2.121 "壳体"椅子系列

20世纪50年代,自由职业在美国蓬勃发展,选择这种工作方式的专业人士要面对的是社会大众。适用于他们的家具应帮助其提升职业身份并彰显专业能力,伊姆斯躺椅精准地满足了上述要求(图2.122)。

(a) "伊姆斯躺椅"侧视图 　　(b) 心理医生坐在"伊姆斯躺椅"上给病人看病

图2.122 伊姆斯躺椅

伊姆斯还设计了摇椅系列，采用聚酯树脂模压成型工艺，而这项技术最初被用于制作保护雷达的穹顶。这些座椅既可以放在平直的底座上，也可以搭配弧形支架。无论怎样的搭配方式，都能使人感到舒适（图 2.123）。

(a) 儿童坐在有趣的伊姆斯摇椅上　　(b) 伊姆斯摇椅可变换各种颜色的坐面

图 2.123　伊姆斯摇椅

伊姆斯的设计一切从实际出发，他从不停止对新材料的创新性运用。伊姆斯设计了 DKR 椅（图 2.124），其配有两块真皮软垫，时尚又兼顾舒适。椅座由交替编织的钢丝构成，位于弯钢焊接底架上，这种底架也被称作"埃菲尔铁塔"底架。座椅能够自然贴合人的身体。

1946 年，由伊姆斯设计的 LCM 椅子只有三条腿（图 2.125），因而稳定性方面的问题限制了其大量生产。1957 年开始生产 LCM 椅子，1994 年再次投放到市场上。1999 年被《时间》杂志评选为"百年最佳设计"。

图 2.124　DKR 椅
这一套椅子，伊姆斯放弃了人体形状的创意，运用了焊接金属线复制了 S 形外壳的形状，这足以证明了金属丝轻巧透明，同时又具有高度弹性

图 2.125　LCM 系列椅

2.3.3.7　埃罗·沙里宁

埃罗·沙里宁（Eero Saarinen，1910－1961）有句名言："我和我的设计都属于自己的时代。"他出生于芬兰著名的设计家庭，父亲老沙里宁自不必多说，母亲洛雅·盖塞露斯则是一位雕塑家、纺织品设计师、建筑模型设计师及摄影师。由于老沙里宁的朋友们大都是芬兰、欧洲艺术界和设计界的名流，老沙里宁毕生强烈的竞争进取心也使小沙里宁受到了很深的影响。在环境的影响下，小沙里宁逐渐成长为一位优秀的建筑师。

小沙里宁是一位多产的建筑师，同时也是一位有才的工业设计师。他的家具设计常常体现出"有机"的自由形态，而不是刻板、冰冷的几何形，这标志着现代主义的发展已突破了正统的包豪斯风格而开始走向"软化"。这种"软化"趋势是与斯堪的纳维亚设计联系在一起的，被称为"有机现代主义"。沙里宁的家具设计中除了注重现代材料和现代生产技术、工艺的运用外，其有机设计的表现形式往往借用了现代艺术的语言、注重与整体环境的协调一致，致力于创造一种现代设计与艺术和环境结合的语境。他著名的设计有胎椅（图2.126）和郁金香椅（图2.127）。

(a) 郁金香椅示意图　　(b) 郁金香椅室内运用

图2.126　胎椅
这把椅子可以容许人们采用几种不同的坐姿，而不是僵化的单一坐姿。松软的座位和靠背垫子使得椅子达到了期望的舒适度

图2.127　郁金香椅
郁金香椅的支撑物就是中间的那根细杆，像酒杯的高脚杯一样，造型优美。他对纯粹的有机造型十分热爱。他设计的这款柱形腿椅完全不同于外形突兀无序的传统坐具，颇具美学趣味。实际上，当时他设计了一整个系列的柱形腿桌椅，一经问世，便成为优雅的象征，一种跨越文化的国际风范

2.3.3.8　哈里·伯托埃

哈里·伯托埃（Harry Bertoia，1915—1978）认为，对椅子来说，最主要的是使人坐得舒服，并且椅子的功能种类应该十分明确。他于1957年设计的金刚石椅（Diamond Chair，图2.128）一经问世，就得到了美国及西方国家的广泛赞誉，并广为流传，直到如今仍十分普及。他的设计不仅完美地满足了功能上的要求，而且同他的纯雕塑作品一样，也是对形式和空间的一种探索。

(a) 金刚石椅效果图　　(b) 金刚石椅正面、侧面示意图　　(c) 金刚石椅室内运用

图2.128　金刚石椅

由于工作时间总是少不了客人拜访，意大利裔美籍雕塑家哈里·伯托埃因此设计了一系列专为等候室设计的家具，其中就包括这把座椅。镂空的座面被精心安放在看似纤细的座底上，为我们带来温柔的款待。它同周围环境融为一体，使空间得以贯穿其中，仿佛能将时间悬置，让人暂时忘记等待的烦恼。

2.3.3.9 乔治·尼尔森

乔治·尼尔森（George Nelson，1907－1986）是美国极具影响力的建筑师，也是一位多产的家具设计师和产品设计师。他曾经担任 Herman Miller 家具公司的艺术总监长达 20 年，可以说与 Eames 夫妇一同塑造了美国现代家具的样貌。

尼尔森的椅子和沙发设计极具创意。1955 年，他设计了"椰壳椅"（图 2.129），正如其名称所示，其构思来源于椰子壳的一部分。这件作品看起来很轻便，但由于"椰子壳"为金属材料，所以其重量并不轻。他的另一个著名的家具是"向日葵沙发"（图 2.130），该沙发设计于 1956 年，主体部分被分解成一个个小圆盘，并附上了不同颜色的面料。他使用的色彩明快大胆，造型上运用的几何形式都预示着 20 世纪 60 年代波普艺术的到来。尼尔森对模数的钟爱也体现到他的沙发设计中，其简洁的造型和自由组合的构思多年来一直主宰着家具市场。60 年代，尼尔森设计出的家用椅、酒吧椅等曾引起广泛的关注。

图 2.129 椰壳椅

图 2.130 向日葵沙发
该沙发可以选用不同颜色和大小的沙发软垫进行再组装

2.3.3.10 布鲁诺·马松

瑞典家具设计大师布鲁诺·马松（Bruno Mathsson，1907－1988）出生于瑞典小城瓦那穆（Varnamo）的一个木匠世家。马松从小就在父亲的家具作坊当学徒，并在之后的一生中都在那里工作。马松的设计原则是"遵循功能主义，并将技术的开发与形式相结合"。在椅子设计上，他利用单板模压弯曲技术，独创了一种柔和优美的形式，成为瑞典乃至北欧家具的经典。靠背与座面制成一体，脚架独成一体，这样靠背就容易获得舒适的曲线，脚架可随从靠背背成为稳定的基础，充分体现了胶合弯曲木的曲线美（图 2.131）。

2.3.4 经典家具设计大师第四阶段（20 世纪 60—70 年代）

第三代现代家具设计大师多是 20 世纪 60－70 年代大获成功的设计师。经过第二次世界大战后十几年的恢复、调整和加速发展，他们在设计上所取得的成就在 20 世纪再也没有被超越过。科技的进步成为这一代大师创新的物质基础。他们几乎尝试了所有能想到的材料，包括空气与

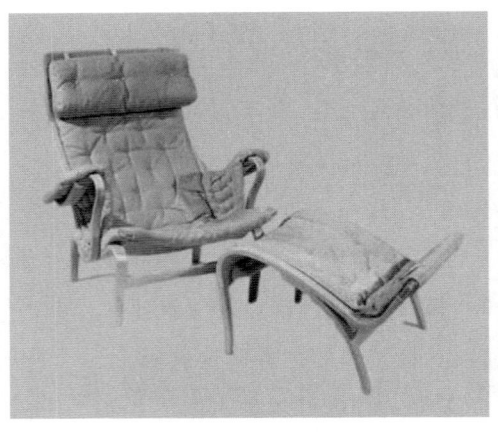

(a)"Eav椅"组合   (b)"Eav椅"单体

图2.131 Eav椅

水,但其中最为突出的是塑料的运用,竟持续了10年之久。同时,模压、一次成型等新工艺技术被广泛采用,大量的实用而大众化的产品设计层出不穷。第三代家具设计师分为北欧学派(丹麦、芬兰)、意大利学派和几位美国设计师(图2.132)。

2.3.4.1 维纳尔·潘顿

维纳尔·潘顿(Verner Panton,1926—1998)于1926年生于丹麦。1947年,他在欧登赛的技术学校学习土木技术,1948—1951年在丹麦皇家美术学院学习建筑。学习期间,他曾于1950—1952年在阿纳·雅各布森(Arne Jacobsen)设计事务所工作。1955年,他在哥本哈根创建了自己的建筑与设计事务所。后来,他将工作和生活重心转移至法国的戛纳(Cannes)和瑞士的巴塞尔(Basel)。1958年,他设计的潘顿椅(Panton Chair,图2.133)是世界上首次成功将塑料一体成型技术应用于椅子设计的杰作。此后,他的设计从椅子、照明等小物件到展览会、饮食店、写字间的内部装饰以及纺织品等各个领域(图2.134)。他所有的实验性技术都受到了世人的瞩目。

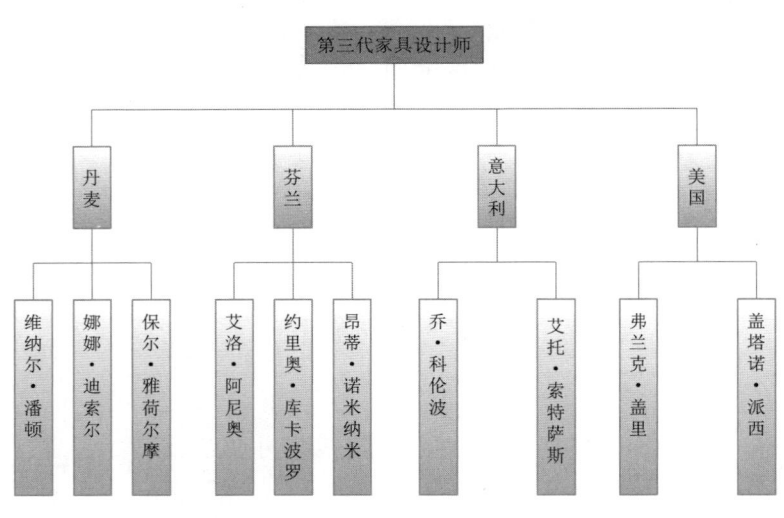

图2.132 第三代家具设计大师

图2.133 潘顿椅
1934年,荷兰设计师利特维尔德制作了"闪电椅",也称为Z字椅。30年后,丹麦人维纳尔·潘顿用多种塑料进行试验,并最终找到了解决难题的方法。他使用单一材料,将其一次模压成型,这种外观呈流线型的坐具便宣告问世。将这把椅子放置于同样出自这位设计师之手的彩色装饰墙板前,它的侧影如同一个人形剪影

2.3.4.2 娜娜·迪索尔

娜娜·迪索尔（Nanna Ditzel, 1923—2005）于1923年生于丹麦，是北欧学派中唯一的一位女性设计师，有"设计贵妇"之称。1942年，她在理查德学校学习家具木工，其后在艺术设计学校和丹麦皇家美术学院学习设计。她于1946年毕业，同年与丈夫琼根·迪索尔（Srgen Ditzel）成立了自己的设计事务所。娜娜擅长木工，琼根则擅长贴布，共同设计制作并发表了吊在天棚上的吊椅（Hanging Chair，图2.135）等令人耳目一新的家具设计。他与琼根共同设计的作品在1951年和1954年获得米兰国际家具展的银奖；1956年获得龙宁奖等设计大奖，获得很高的评价。1961年琼根去世

图2.134 锥形椅和月光灯（1960年）

后，娜娜开始进入个人活动阶段。1968年，她与库尔特·海德（Kurt Heide）结婚后移居伦敦，但不幸的是，Heide后来也离她而去。1986年，她将活动中心重新转回哥本哈根，1989年设计出双人凳子（图2.136）。她在室内、家具、纺织品、首饰等多方面有着不俗的表现。在家具设计中，娜娜对集合要素、圆弧、环状构图、有韵律的色彩排列与重复表现出极大的兴趣。多年来，她对蝴蝶十分着迷，以此产生了一系列"蝴蝶椅"（图2.137），充满了生命感和优雅感。娜娜是典型的"女中豪杰"，能够在半个世纪始终保持充满新鲜感的创意。她的大师气质与女性的敏感相互融合，塑造出20世纪设计宝库中的一种无法替代的珍品。

图2.135 吊椅
此吊椅采用竹藤与金属支架结合的方式，现代感强。椅子上部采用金属链条连接，使得人能在椅子内部自由晃动，使人产生一种很随意感觉

图2.136 双人椅和桌子
长椅的两个曲线型靠背采用了枫木夹合板材料，并用丝网印刷术装饰以一道道同心圆。当椅子腿与休闲桌合并在一起的时候，这个桌子的三角形造型的一边围成了圆形，可以整齐地嵌入长椅中，从而使视觉表现更为完整

图2.137 蝴蝶椅
作品的灵感自于蝴蝶那生动的美丽

2.3.4.3 保尔·雅荷尔摩

保尔·雅荷尔摩（Paul Kjaerholm，1929－1980）的设计以充分体现原材料的特性、追求简朴的造型美为原则，在沉静的造型中，体现出具有丹麦国情的手工艺情趣；在局部结构中，表现原材料的质感。他的代表作为三腿椅（图2.138）、PK系列椅（图2.139）、PK系列桌（图2.140）和1981年展出的遗作——曲木椅等。

图 2.138　三腿椅

图 2.139　PK 系列椅
体现出罕见的设计气质，纯粹的唯美

（a）PK系列桌

（b）PK系列桌设计图

图 2.140　PK 系列桌

2.3.4.4 艾洛·阿尼奥

艾洛·阿尼奥（Eero Aarnio，1932－ ）于1932年生于芬兰首都赫尔辛基。1954－1957年，他在赫尔辛基工艺美术学院（现赫尔辛基艺术大学）学习设计。1962年，他创建了自己的工作室，并随后开展了以工业设计、室内装饰设计等立体作品为中心的设计活动。阿尼奥的第一件家具是他设计的藤条编椅系列，这一系列别称为"蘑菇椅"（图2.141），20世纪50－90年代一直被人们广泛使用。后来，该系列改用玻璃钢做材料，同时配有精美的坐垫。其代表作球椅（Ball，别名Globe，图2.142）和泡泡椅（Bubble，图2.143），在60－70年代多次出现在时尚杂志上。其作品讲究成型和着色灵活，运用了塑料的自由特性。采用了以既存家具设计常识所难以把握的设计技术所设计出来的Pastil椅（图2.144），还有宛如动物摆设般的Pony椅（图2.145）等作品，始终充满了童趣。尽管艾洛·阿尼奥的设计不是典型的芬兰设计，但他仍然是一名代表现代芬兰设计的设计师。"无论什么时候，只做自己喜欢的东西"，阿尼奥如是说。与其说他是设计师，倒不如说是一名雕刻家。

图 2.141　蘑菇椅（1960年）

（a）"球椅"展示

（b）"球椅"室内应用

图 2.142　球椅（1963年）
阿尼奥创造的球椅为人们提供了一个与自己独处的空间。这把椅子是房间的"房间"，置身其中，人们能够感受到一种真正的私密感

图 2.143　泡泡椅（1968 年） 　　　图 2.144　Pastil 椅（1967 年） 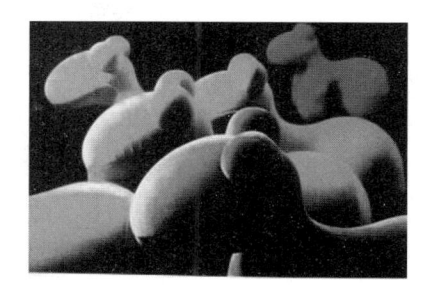　　　图 2.145　Pony 系列（1973 年）

2.3.4.5　约里奥·库卡波罗

约里奥·库卡波罗（Yrjo Kukkapuro, 1933— ）于 1933 年出生于芬兰的维堡（Wyborg）。1954—1958 年，他在赫尔辛基工艺美术学院（现赫尔辛基艺术大学）学习，深受老师伊玛里·塔佩瓦拉（Ilmari Tapiovaala）和奥利·波里（Olli Borg）的影响。1959 年，他设立自己的事务所——库卡波罗工作室。库卡波罗很早就对利用塑料或玻璃纤维制作椅子怀有浓厚的兴趣，1965 年发表了利用塑料成型技术设计的卡路赛利椅（Karuselli，图 2.146）。在北欧设计失势的 20 世纪七八十年代，库卡波罗作为芬兰后现代主义旗手引领设计界。1978 年，他设计制作费依尔椅（图 2.147），以人体工程学为设计基础的办公椅子成为一种趋势。作为芬兰家具公司阿旺特家具公司的骨干设计师，现在仍然从事设计活动，其独特的造型直到今天仍受年轻人的欢迎（图 2.148 和图 2.149）。

图 2.146　卡路塞利椅（1965 年） 　　　图 2.147　费依尔椅（1978 年）

图 2.148　托立特椅（1997 年） 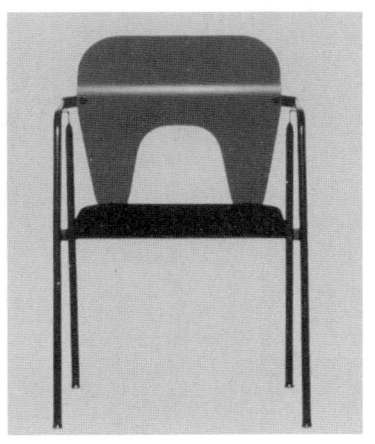　　　图 2.149　快捷椅（1994 年）

2.3.4.6 昂蒂·诺米纳米

昂蒂·诺米纳米（Antti Nurmesniemi，1927—2003）是以多产且样样精美的设计闻名于世。1957年，他设计的一件茶壶（图2.150）是他早年最成功的作品之一，被公认为代表了芬兰工业设计的最新发展方向。他的所有工业设计产品都深受大众欢迎。诺米纳米的家具设计个性非常鲜明，同他的所有工业设计及室内设计一样，简洁明确的流线型设计是他最突出的特征，例如为皇宫酒店设计的桑拿椅（图2.151）。1967年，他以悬挂的形式展出这种单线条躺椅，而在实际使用时则可以直接置于地上，从而强化了这种躺椅的流动感。之后，诺米纳米又在这件单构件躺椅上加足，使其成为稳定的家具。1978年，他重新设计出一种可调节式流线型躺椅，这款躺椅成为诺米纳米的又一成功之作。1980年，同属于"流线系列"的休闲椅（图2.152）问世，最终完善了这一设计构思。

图2.150 茶壶（1957年）

图2.151 桑拿椅
椅子的马蹄形状使它非常实用；湿漉漉的人能够在非常实用的"干燥架"上晾干自己

（a）轻松扶手椅室内应用 　　　　　　　（b）轻松扶手椅效果展示

图2.152 轻松扶手椅（1978年）

2.3.4.7 乔·科伦波

意大利的现代设计被认为是"现代文艺复兴"，它所体现的文化一致性表现在包括家具设计的所有设计领域之中，其根源于意大利悠久而丰富的艺术、历史文化宝库。随着塑料和先进成型技术的发展，乔·科伦波（Joe Colombo，1930—1971）早年就加入了著名的"原子绘画运动"，在其中作为抽象表现主义画家和雕塑家展现出了活跃的身影。他设计的家具充满着对结构和材料的探索。他最早的名作是1963—1964年间研

制的 elda easychair 椅（图 2.153）和可活动休闲椅（图 2.154）。其中，可活动休闲椅以三块层压板相互交叉而形成，这些产品均由可折叠、组合的单元组成，为不同的房间提供了极大的灵活性。1968—1970 年，科伦波设计出著名的多功能套装式"管状椅"（图 2.155）。这件家具可以进行多种方式的组合，通过自由调整管状椅形式，提供弹性极大、适用性极广的休闲姿势范围，由此反映出科伦波对现代设计的初衷——尽可能地提供多用途性能。

图 2.153　elda easychair 椅

图 2.154　可活动休闲椅
科伦波遗作家具，此座椅靠金属支架把其连接起来。可以随意地翻转，使人能用各种坐姿来使用此把椅子。达到真正的多功能

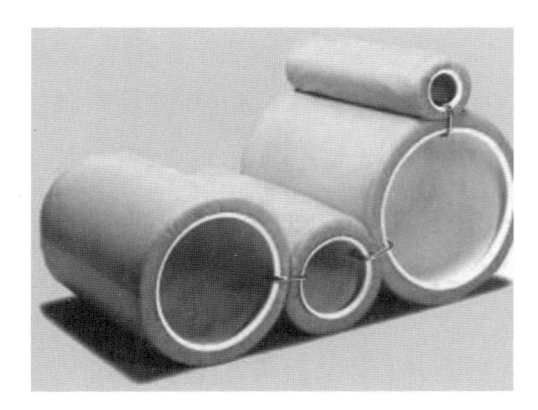

图 2.155　管状椅

2.3.4.8　艾托·索特萨斯

1917 年，艾托·索特萨斯（Ettore Sottsass，1917—2007）出生于奥地利的一个建筑师之家。他曾在都灵工艺学院学习建筑，20 世纪 50 年代末开始与奥利维迪公司长期合作，为该公司设计了大量的办公机器和办公家具。从 60 年代后期起，他的设计从严格的功能主义转变到了更为人性化和更加色彩斑斓的设计，并强调设计的环境效应。这也反映了他勇于探索、求新的精神。

1981 年，以意大利设计师索特萨斯为首的一批设计师在米兰结成了"孟菲斯集团"。作为 20 世纪 80 年代初意大利激进设计运动的领军人物，索特萨斯对当时的室内居住环境产生了重要影响。索特萨斯拒绝被标准化的工业生产所束缚，更倾向于独树一帜，因此创造出了许多眼前一亮的家具。

他们认为，设计不仅要使人们生活得更舒适、快乐，而且设计还是一种反对等级制度的政治宣言。孟菲斯流派的室内设计多大胆使用各类新型材料，不论特性丰富还是单一，甚至创造性地将镀铬金属与鲜亮多彩的多层板材相结合，并以饱和度极高的色彩和富有新意的图案来改造传统，注重室内风景效果。构图上往往打破横平竖直的线条，采用波形曲线，曲面与直线、平面的组合来取得意外效果。他们开诚布公地挑战"好品位"（图 2.156 和图 2.157）。

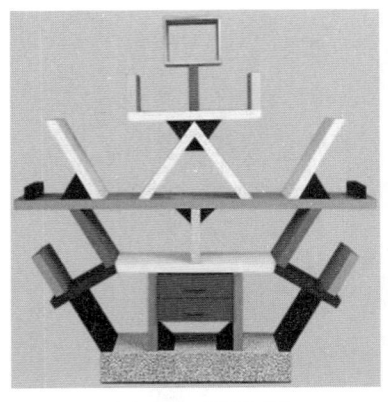

(a) Carition书架展示效果 　　　(b) Carition书架室内设计

图 2.156　Carition 书架

图 2.157　贝佛利台

索特萨斯在20世纪70年代受命为奥利维蒂公司设计一组全球适用办公用具及家具。他将当时人体工程学的最新发明纳入了设计考虑，但更重要的是，索特萨斯致力于让工作变得愉快。通过简洁的造型和明快的色彩，他一洗工作的沉闷，甚至用一把椅子就将办公室变成乐园。坐上合成45号椅（图2.158），你既能够让后背舒适地微微后仰，也可以随心所欲地在地面上滑动。

2.3.4.9　弗兰克·盖里

弗兰克·盖里（Frank Gehry，1929— ）于1929年出生于加拿大多伦多，早年进入南加州大学建筑系学习，1954年毕业后又去哈佛大学设计研究院进修一年。之后，他则开始作为建筑师和规划师在世界各地做了很多建筑项目。盖里被认为是解构主义最有影响力的建筑师之一，20世纪80年代盖里使用纸板作材料，设计了一套"实验边缘"的家具系列，构思极其独特（图2.159）。10年后，盖里又花费了大量时间发展他最新的家具系列，命名为"Powerplay"（图2.160）。这款家具完全由弯曲的薄型胶合板条编织而成，显然是从民间日用编织技术上获得灵感。这款家具无须任何支撑构件，同时还能为使用者提供一定的弹性。

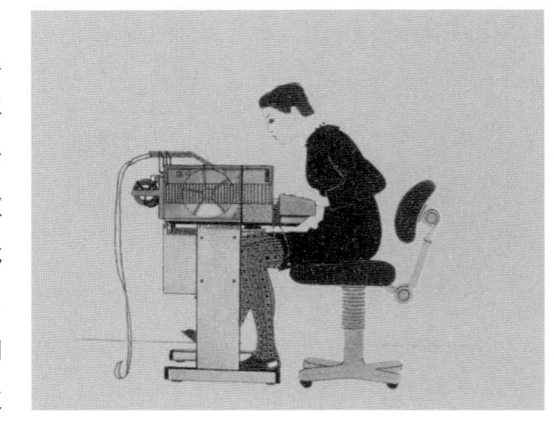

图 2.158　合成 45 号椅

(a) 纸板沙发组合椅 　　　(b) 纸板折叠椅

图 2.159　纸板沙发及椅子系列

图 2.160　Powerplay 椅

2.3.4.10 盖塔诺·派西

盖塔诺·派西（Gaetano Pesce，1939— ）生于意大利，早年在意大利生活，并深受意大利学派的影响。他的作品始终充满了创新的理念。20世纪80年代，派西来到美国，成为美国设计师。

派西的成名作是1969年在意大利设计的UP系列椅（图2.161），该坐具采用的是当时最新研制的泡沫材料，极富有弹性。家具成品压缩后真空装入PVC包装中，消费者买回家后打开包装，它们会迅速膨胀起来。派西称这种家具为"转换家具"。

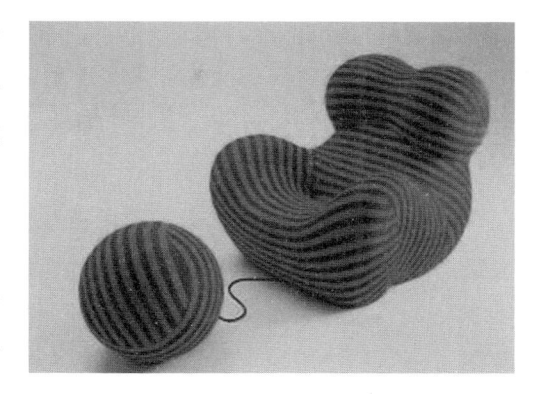

图2.161 UP系列椅

2.3.5 第五阶段（新生代）家具设计代表人物

新生代指的是20世纪40年代以后出生的设计师。

20世纪60年代以后，设计的特征走向了多元化。新生代设计师在追随前辈的基础上，总期望着创新，哪怕这种"创新"在某些情况下是很离奇的。另一些设计师则从传统中汲取经验，或是效仿自然进行家具的设计。此外，随着人们对生态环境的日益重视，设计师更为关注那些以往被视为废弃物的材料，并使这种绿色设计本身成为一种新兴的文化。同时，艺术与设计的观念也趋于融合。

自20世纪60年代中期起，兴起了一系列的新艺术潮流，如"波普艺术""欧普艺术"等。这些艺术思潮在设计界也产生了重大的影响，同时也出现了高技派及后现代主义。然而，这个时代再也不允许只有某几位设计大师风靡全球了，但是其中仍不乏一些知名度颇高的设计师，如法国设计师菲利普·斯塔克、英国的汤姆·迪克森等。

2.3.5.1 菲利普·斯塔克

菲利普·斯塔克（Philippe Starck，1949— ），法国巴黎人，他不满16岁就赢得了家具设计大赛的第一名。他是一个传奇人物，集明星、发明家于一身，是世界上最负盛名的设计师之一。

斯塔克的设计风格很难一言概之，从耗资千万的建筑设计到便宜的牙刷，他都有涉猎。与其他经典设计师相比，他最大的特色就在于可以同时专注于不同领域。除了一些产品设计和家用品是基于大量制造的国际化设计外，斯塔克的设计作品通常是有机型、情感丰富，而且使用相当独特的材质混合（例如有玻璃与石头、塑胶和铝、绒布与铬的组合）。他最知名的家具作品包括1984年为巴黎Costes餐厅设计的"三足椅"以及1994年设计的Lord Yo椅（图2.162）等。他的家具设计异常简洁，基本上将造型简化到了最单纯但又十分典雅的形态，从视觉上和材料的使用上都体现了"少就是多"的原则（图2.163）。

2.3.5.2 汤姆·迪克森

汤姆·迪克森（Tom Dixon，1959— ）于 1959 年生于突尼斯的斯法克斯，成长在英国伦敦。与其他著名设计师不同，他只学过半年的设计基本课程。1980 年从切尔西艺术学校辍学后，他成为电影动画片平面设计师和美术员，勉强糊口度日。此后，他走上了音乐的道路，1981 年加入范卡波力坦乐队，担任低音电吉他手。1982 年，他和乐队录制了一张销量不错的专辑，同时兼职俱乐部推销员和仓库派对组织人。然而，一场车祸终止了他的摇滚音乐人的职业生涯。之后，他开始学习焊接技术，利用回收的金属制作家具，供应给俱乐部，偶尔也出售给私人赞助者。1991—1992 年期间，他为 Cappellini 公司生产制作设计的 S 椅是他的一个代表作（图 2.164）。椅子主要原料是金属和藤草，也可以采用其他材料。椅子采用焊接工艺和编制工艺制作，可用于非正式的场合、休闲随意的场合，甚至可用作餐椅。这个作品被 Capellini 公司批量生产，从此他的事业掀开了新篇章。进入 20 世纪 90 年代后，迪克森的作品进入了新的阶段，其作品减少了手工艺的痕迹，但增加了雕塑感（图 2.165）。

图 2.162　Lord Yo 椅 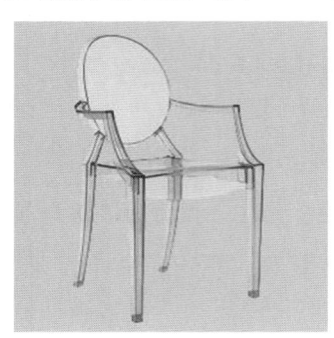　　图 2.163　"空"椅 　　图 2.164　S 椅 　　图 2.165　金属丝系列

2.3.5.3 其他

除了上述设计师外，家具设计界还有一些设计师及其作品，如图 2.166～图 2.173 所示。

图 2.166　阿拉特设计的创意家具茶几 　　图 2.167　座椅  　　图 2.168　弹性合成弹力纤维、搪瓷钢架、皮革座位（设计师：NO PICNIC） 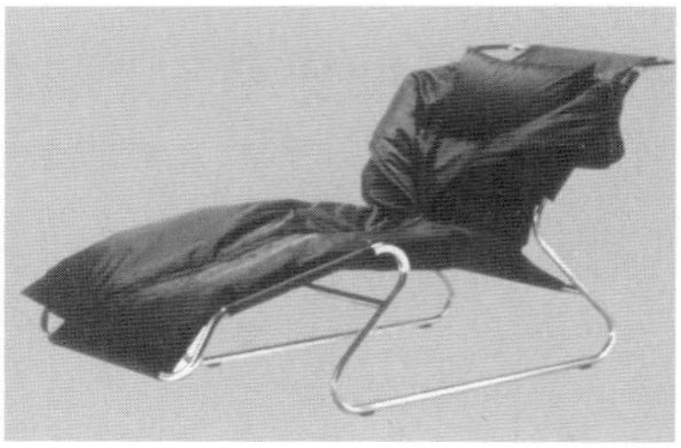　　图 2.169　BD［设计师：比昂·达尔斯特罗姆（2000 年）］

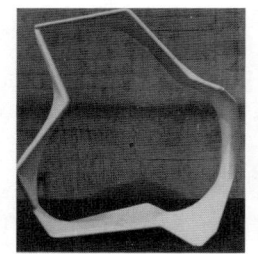

图 2.170　跳舞的椅子（设计师：杰哈特·普欧罗格斯特拉）

图 2.171 Kimono [设计师：托尔皮叶尔恩·安徒生（2001 年）]

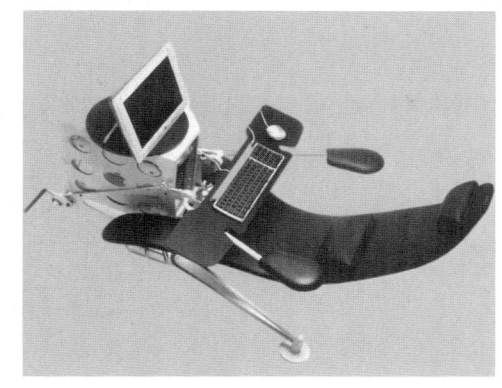

图 2.172 网上冲浪工作站 [设计师：特波·阿斯凯涅与伊尔卡·特尔胡（1995 年）]

图 2.173 盘绕 [设计师：高桥百合子（2001 年）]

作业与思考题

1. 试论述古代、中世纪、近世纪三个阶段的主要风格与流派的古典家具。

2. 简述巴洛克与洛可可家具风格的造型特点。

3. 参观考察当地历史博物馆、古建筑、古民居、古园林，着重了解历代建筑与艺术风格对家具设计风格演变的影响，写一篇图文并茂、有数据支撑的考察报告。

4. 对中外传统家具、现代家具进行速写，或对照书刊临摹，掌握其特点，并将其进行分析，找出值得借鉴的地方。

5. 通过对国外现代家具大师历史经典家具的学习，查找出多位设计大师经典作品相似的地方（例如阿尼奥的"球"椅与小沙立宁的"郁金香"椅等），并进行详细的分析，找出在未来家具设计中值得学习的地方。

第 3 单元　家具造型设计

★学习目标：
1. 家具不只是一种简单的功能器具，也是一种被人们寄予了丰富的精神追求的信息载体和文化形态，能够反映出设计者的审美态度、文化品位、生活态度等。从家具造型的学习中，读者能进一步理解出丰富的内容。
2. 家具的造型也与与时俱进的信息化社会文化环境相关，理解家具造型美的法则，并能用这些原理指导具体的家具设计是我们现在所必须掌握的学习任务。

★学习重点：
1. 理解家具设计造型的基本概念，通过了解家具理性与感性设计思维设计方法和传统设计方法，并运用这些基本原理指导具体家具设计实例。
2. 通过研究理解家具造型美的形式法则，拓展家具设计的创新思维。

3.1　家具造型设计的基本概念

家具的造型设计，是指在家具产品研究与开发、设计与制造的环节中运用一定的手段，对家具的外观形态、材质肌理、色彩装饰、空间形体等造型要素进行综合分析与研究，并创造性地构成新、美、奇、特而又结构功能合理的家具形象。家具造型设计是建立在功能、材料、结构和工艺技术基础上的艺术创作，是设计者对家具艺术形象主观看法的外在表现，需要具有独特的个性，以及创新、探索和想象。设计者要获得既符合现代人的生活方式，又迎合现代审美需求的家具造型，就必须依据中外家具的演变历史，深入理解传统家具的文化内涵，运用现代美学原理，把握时代的流行趋势。同时，又需要综合家具功能要求，以及材料结构工艺的发展，进行创造性的造型设计。用新的家具样式不断开拓家具市场，实现供给侧结构性改革，推动我国经济实力实现历史性跃升。

家具造型设计是家具产品研究与开发、设计与制造的重要环节。随着科技与时代的迅速发展，特别是新时代科技强国与文化强国的目标实践，现代家具的设计早已超越单纯的实用价值，形成了更多新的构成形式，也更加贴合人性、蕴含人文精神。随着更多智能化家具的产生，家具设计师也更多地把焦点集中在家具造型的创新概念设计上，尽可能使家具的造型具有前卫性和时代感，更加注重造型的线条构成及结构，大胆运用颜色，综合运用材料，使家具造型千变万化（图 3.1～图 3.3）。

家具的造型设计是在特定使用要求下，自由且富于变化的创造性造物手法，在实际设计过程中没有固定的模式。一般地，根据现代美学原理及传统家具风格，把家具造型分为抽象理性造型、有机感性造型和传统古典造型三大类。

图 3.1　玻璃钢家具　　　　图 3.2　"Anemone" 椅子　　　　图 3.3　浮生系列·二号

3.1.1　抽象理性造型

抽象理性造型是以现代美学为出发点，采用纯粹抽象几何形为主的家具造型构成手法。装饰部位可以根据需要自由采用不同的几何形态。同一空间或同一组家具造型均采用相同或相类似的几何形做反复处理时，成套家具就会取得完整融洽的统一效果，而在统一中采用适当的变化又可以打破可能产生的单调感。

从时代的特点来看，抽象理性造型手法是现代家具造型的主流，它不仅可以利于大工业标准化批量生产，带来经济效益，具有实用价值，而且在视觉美感上也表现出理性的现代精神。抽象理性造型是从包豪斯学派后开始流行的国际主义风格，并发展到现今的主要家具造型手法之一（图 3.4）。

3.1.2　有机感性造型

有机感性造型是以具有优美曲线的生物形态为依据，采用自由而富于感性意念的三维形体为主的家具造型设计手法。这种造型方法的构思由浮现在意识中的影像所孕育，而影像是由敏锐的造型感觉带来的，属于非理智的范畴，是即兴偶然的产物。造型的创意构思往往也可以从优美的生物形态风格和现代雕塑形式汲取灵感。有机感性造型的家具应运而生，它将塑料、橡胶和热压胶合板等新兴材料与壳体结构相结合。同时，它涵盖了非常广泛的领域，突破了自由曲线或直线所组成形体的狭窄单调的范围，超越了抽象表现的范围，将抽象造型作为造型设计的媒介，运用现代造型手法和创造工艺，在满足功能的前提下，灵活地应用于现代家具造型中，对于环境风格表现将有着不同寻常的趣味效果和商业价值（图 3.5）。

(a) 可隐藏的桌椅　　　　　　　　　　　(b) 依据几何形体的柜身和椅脚的变化，丰富室内墙角空间

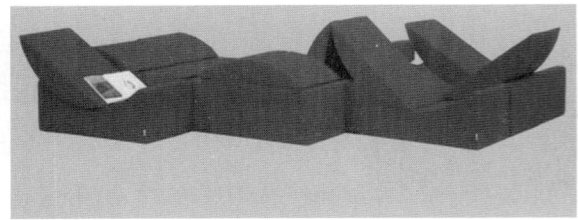

(c) 运用几何图形模块化的改变，改变着家具沙发的功能

图 3.4　可变化的抽象理性造型家具一组

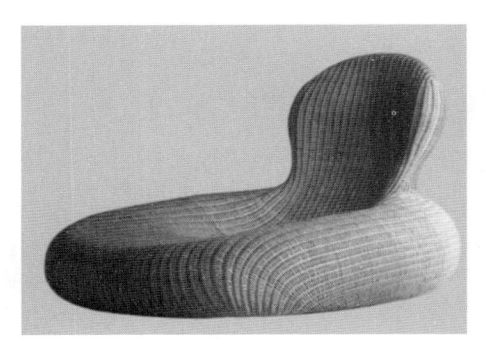

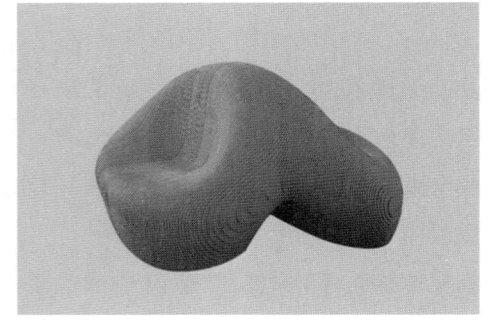

(a) 曲面编织椅　　　　　　　　　　　(b) 曲面编织双面椅

就曲面而言，其内部的凹面非常吻合人的坐姿形态，满足了椅子的功能需求

Saxum 是一款双面椅，是艺术形式、创意概念和技术诀窍的巧妙结合

图 3.5　纯粹以有机曲面作为编织对象的两组家具

3.1.3　传统古典造型

中外历代传统家具的优秀造型手法和流行风格是全世界各国家具设计的源泉。"古为今用，洋为中用"，通过研究、欣赏、借鉴中外历代优秀古典家具，可以清晰地了解家具造型发展演变的脉络，从中得到新的灵感启发，为今天的家具造型设计所用。在家具设计中，应积极发展社会主义先进文化，传承中华优秀传统文化，满足人们日益增长的精神文化需求，巩固全国各族人民团结奋斗的共同思想基础，不断提升文化软实力和中华文化影响。

中国的传统古典造型手法不单单指对中国传统家具的改良，更指的是在保留中国传统家具基调的前提下，在现在和未来的环境里去创新和创造，其根为"中"，其形为"新"。在外来家具文化肆意渗透的现代，我们需要的正是"新"家具，这个"新"不是制造噱头和风口，对传统家具进行表面上的、无实质改进的反复改造。我们需要的这个"新"，是生活在数字、网络和科技的时代，我们还能让5000年的历史发出声音，让地下的文字开始震动，让历史不再拘泥，让传统变得日常，虽然遥远却依然声声呼应，这就是华夏的"新"家具。

通过家具传统造型的启发，全面汲取学习古今中外的所有优秀家具文化的营养，可以提高人们对家具造型的感受力度，从而找出现代家具造型表现的一些方法和未来发展的动向，并通过观察造型的发展潮流，从中领悟出现代家具流行的新趋势，最终设计创造出具有中国风格和特色的现代中国家具（图3.6~图3.8）。

图3.6 仿明式灯挂椅
不锈钢方管与实木板的抽插结构组合，成套家具尽显明清灯挂椅的风范

图3.7 现代中国圈椅及茶几

图3.8 图腾椅

3.2 家具造型的基本要素

现代家具不仅是一种具有物质实用功能与精神审美功能的工业产品，更重要的是，它必须通过市场进行流通，作为一种商品存在。家具的实用功能与外观造型直接影响着人们的购买行为，其中，外观造型式样作为最迅速传递美的信息的方式，通过视觉、触觉、嗅觉等知觉要素，能够激发人们的愉快的情感，使人们在使用中得到美的感受与舒适的体验，从而产生购买欲望。因此，家具造型设计在现代市场竞争中成为一个重要的因素。一件好家具，应该是在造型设计的引领下，将使用功能、材料与结构完美统一的结果。

形态、色彩、肌理是造型的三个要素，在这三者中，形态是最核心的问题，色彩和肌理是依附于形态而产生的，以下将主要探讨与形态相关的问题。

微课视频

家具造型的基本要素

在我们居住的生活环境中，除了天空、大地、树木等自然景观形态外，更多的是人工制造的形态，如建筑、家具、道路、桥梁、车辆及电器等，我们每日每时都在亲身体验这个由人类"设计"制造出来的物质世界。那么，整个物质世界是如何演变成现今形态的呢？为何某个家具的形态是这个样子而不是另一种样式？同样功能的家具，在不同的文化背景下为何有不同的造型形态呢？例如，欧洲的巴洛克与洛可可风格的家具和中国明清家具的形态有着截然不同的造型形态。因此，在进行家具设计时，必须深入地了解形态的概念。所谓"形"，就是人们所能感受到的物体的样子，是型的具体展现。

造型形态的基本分类如图3.9所示。

总的来说，最为重要的是现实形态和概念形态。其中现实形态又被分为自然形态和人为形态❶，自然形态包括有机形态❷和无机形态❸。现实形态是人们可以直接知觉的，看得见也摸得着的，也称为具象形态。

概念形态是人们不能直接知觉的，只存在于人们的观念之中，必须依靠人们的思想，才能被感知，也称为抽象形态或纯粹形态。由于概念形态是抽象的、非现实的，因此常常以形象化的图形或符号来表示它，例如我们所用的几何图形和文字等。

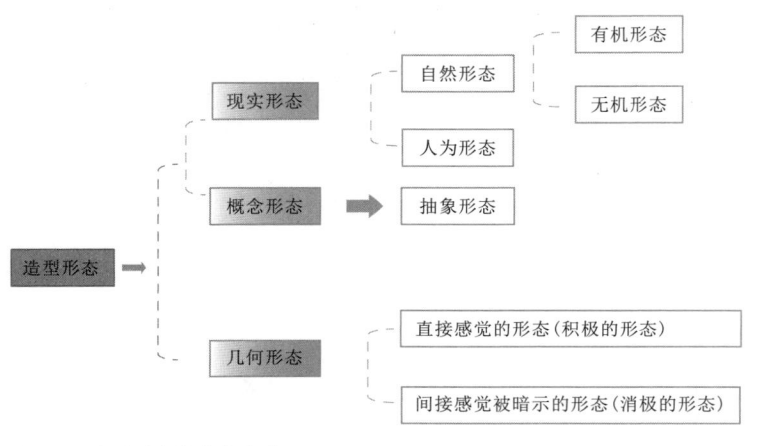

图3.9 造型形态的基本分类

要设计出完美的家具造型形象，就需要我们了解和掌握一些造型的基本要素、构成方法，它包括点、线、面、体、色彩、材质、肌理、光与装饰等基本要素，并按照一定的形式美法则去构成美的家具造型形象。下面把家具造型设计的基本要素结合在家具造型设计中的具体应用分别加以论述。

3.2.1 点

"点"是形态构成中最基本的构成单位。点不仅具备一定的形态，同时也具有一定的体积，即体量。点是具有相对性的，直径为1cm的圆单独存在时具有面的性质，但当它与周围其他造型因素相对比时，就具有点的性质。点不仅有"圆"点，还有其他形状的点。相对越小的点，点的感觉越强，而即使是不大的点，如果排列得当，形成一定的"场"，同样会具有强烈的空间和力量感。这正如一艘巨轮停泊在岸边，它本身是一个巨大的体面，但当它在大海中航行时，却成为海面上的一个点。当大小相同的点群化时，其所产生的面有严肃和大方的性格特质，并有均衡、整齐的美；大小不同的点群化时，则产生动感，由于点的大小产生了透视关系，从而形成了空间的层次，这种情况常具有活泼、跳动的表情，富于变化美。因此，点与线、点与面、点与体的区分没有具体的标准，只能靠不同造型元素相互对比所产生的视觉效果而定。在具体设计中，就要深入体现它们的独特魅力（表3.1）。

---

❶ 人为形态，是指人类为了某种目的，使用某种材料、应用某种技术加工制造出来的形态。
❷ 有机形态，通常情况下是指区别于棱角分明的人造物的形态，主要以曲线为主。
❸ 无机形态，是指相对静止、不具备生长机能的形态，无机形态原本就存在于世界，但不继续生长、演进，如山川、岩石、河流。

表 3.1　　　　　　　　　　　　　　点、线、面、体的基本形态

造型要素	点	线	面	体
动的定义	只有位置,没有大小	点移动的轨迹	线移动的轨迹	面移动的轨迹
静的定义	线的界限或交叉	面的界限或交叉	立体界限或边界	物体占有的空间

在家具造型中,点的应用非常广泛,它不仅是功能结构的需要,而且也是装饰构成的一部分。如柜门、抽屉上的拉手(图 3.10)、门把手、锁型(图 3.11),软体家具上的包扣与泡钉(图 3.12),以及家具的装饰配件(图 3.13)等,相对于整体家具而言,它们都以"点"的形态特征呈现,是家具造型设计中常用的功能性附件。在家具造型设计中,借助于点的各种表现特征,加以适当地运用,能取得很好的效果(图 3.14 和图 3.15)。

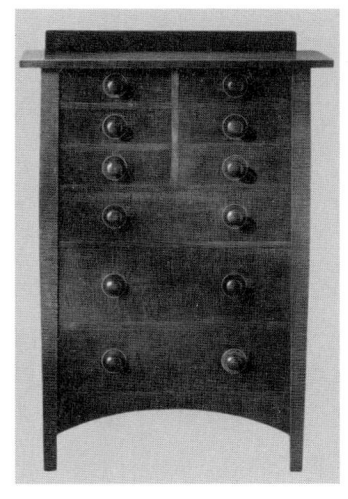

图 3.10　抽屉柜
在延展至框架和支架的垂直线条当中,突出的点状把手和逐渐变化的抽屉尺寸就是这件家具的独特之处

图 3.11　公主魔柜
设计于 1900 年,门在关闭时可以看到 6 滴不对称的玻璃水滴。点状出现的金属锁盘上风格突出,刻有鱼和水泡图案,仍然延续着"水"的主题。柜身由三角面组成,下面安装了 3 个板块式的金属柜脚、其上装饰着羊驼毛

图 3.12　软体家具上的包扣与泡钉

图 3.13　Group Kombinat 休闲椅
以小体块和面片作为构成元素,黑色、具有量感的点、块、面整齐地沿着金属曲面排列。从功能上讲,弹性的点体块能够满足人们舒适坐姿的需求,提供柔软的界面,又能够通过点体块间的缝隙提供透气的可能性

图 3.14 点元素椅子
同样以点作为元素，多彩的球体紧密排列其间，缤纷的色彩活跃了产品的气氛。从功能上讲，点作为人与椅子接触的界面，能够满足人们的舒适性要求。从形式上讲，五颜六色的色彩跳动，形成年轻活泼的视觉形象

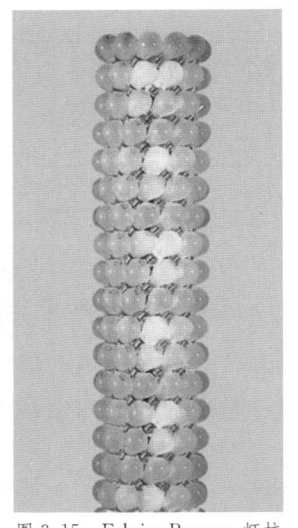

图 3.15 Fabrice Berreux 灯柱
瓦特柱，上漆金属底座，灯泡 9×25W，灯泡高 190cm，直径为 28cm，底座尺寸为 30cm×30cm

3.2.2 线

在几何学的定义中，线是点移动的轨迹，它决定了形体的方向性。虽然在理论上，线不具有宽度和深度的扩张性，但实际上，线却含有相对的面积或体积的成分。并且根据粗细、形态的不同，线呈现出或重或轻的视觉效果。线在外部造型上具有重要作用，它比点更能表现出自然界的特征。封闭的线构成形，决定面的轮廓，自然界所含的面及立体都可以通过线来表现，所以线是具有视觉性质的重要的要素，具有不可替代的地位。因此，要使线在家具造型设计中发挥出强有力的作用，更好地为家具造型服务，就要深刻地了解并掌握它。

从线型上它一般分为直线与曲线。相对而言，线的情感各不相同，直线一般具有刚性、硬朗的气质；而曲线则较为柔和，更富动感。另外，不同的线型也可呈现出不同的速度感。

3.2.2.1 直线

线的第一性质是长度，长度是点的移动量，依靠点移动速度和方向的不同，能赋予其各种各样的性格（图 3.16）。

垂直线具有上升、下落、肃穆、高耸、端正及支持感。在家具设计中，着力强调的垂直线条能产生进取、庄重、超越感（图 3.17）。

水平线具有左右扩展、开阔、平稳、安定感。因此，可以说水平线是一切造型的基础线。在家具造型设计中，常利用水平线划分立面，并强调家具与大地之间的关系（图 3.18）。

图 3.16 W Chairs
线性的椅背颠覆传统的家具概念，探索自然形式和人造形式之间的关系

斜线具有飞跃、突破、活动、变化及不安定感，在家具设计中合理应用，可起到静中有动、变化而又统一的效果（图3.19）。

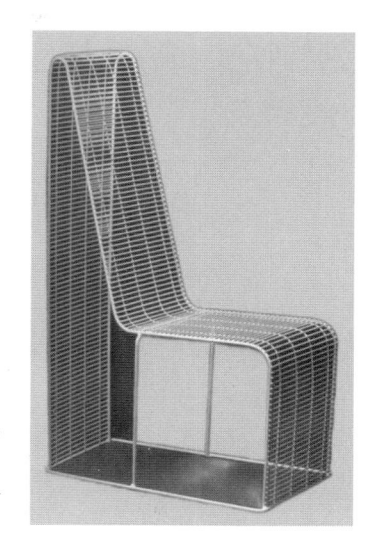

图3.17 座椅
以线作为构成元素，轻盈而纤细的金属线材重复排列其间。从功能上讲，众多排列的线条能够提供良好的支撑功能，同时又保持人使用时椅面很好的透气性。从形式上讲，产品正面以密集的线段排列，而侧面则显出很多空白之处，让作品在整体上层次拉得很开，疏密关系很清晰，充满现代意味

(a) CD架正面　　(b) CD架侧面

图3.18 曲折CD架
材料为木、钢，高100cm，宽150cm，深50cm

图3.19 竖琴椅
所有织线呈斜线状逐渐向顶端汇拢，创造出极强的光学效果，并巧妙地运用了透视效果

3.2.2.2 曲线

与直线相比，曲线更加灵活生动，极具美学价值（图3.20）。曲线由于其长度、粗细、形态的不同而给人以不同的感觉。曲线通常具有优雅、愉悦、柔和而富有变化的感觉，象征女性丰满、圆润的特点，也象征着自然界美丽的春风、流水、彩云。从古至今被大量应用在家具装饰或局部造型上，深受人们的喜爱。

曲线的形成可看作是由以下三种方式形成的：①描绘移动的点连续变相的轨迹，或描绘其轨迹上一系列连续点的集合，便能得出曲线［图3.21 (a)］；②曲面与曲面或曲面与

图3.20 5+5M CONVERSATION
由两把椅子组成，它们相互连接但位置相对，犹如对话一般，单线的设计融合10次弯曲曲线，独特且奇妙

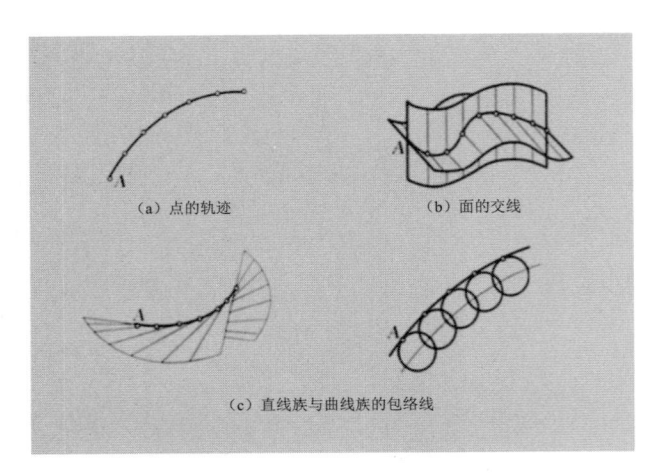

图3.21 曲线的形成

(a) 点的轨迹
(b) 面的交线
(c) 直线族与曲线族的包络线

平面，在相交后的交线便是曲线[图3.21(b)]；③一条线（直线与曲线）运动过程中的包络线（直线族与曲线族的包络线）中，线族的每一条线都与包络线相切后产生的线就是曲线[图3.21(c)]。

不同曲线造型的家具给人的感觉也不同，代表性的有下列几种：

(1) 几何曲线给人以理智、明快之感（图3.22）。

(2) 圆弧线有充实饱满之感，而椭圆体则有柔软之感（图3.23）。

(3) 抛物线有流线型的速度之感（图3.24）。

(4) 双曲线有对称美的平衡的流动感（图3.25）。

图3.22 ORIZURU Chair
运用几何曲线造型的椅子

图3.23 弧线造型吊床

图3.24 "奇特"流线型复合板玻璃茶几
其流畅的波状起伏线和不对称的孔洞全方位吸引了人们的注意力。像随时都会伸直的弹簧一般的张力被两片铜扣件固定的平置玻璃板钳制住

图3.25 "巴蒂·迪夫萨"扶手椅
夹合板里面采用了桃花心木，而双曲线的扶手变成了椅子腿。这把椅子不需要任何装饰，其造型本身就体现了一切

(5) 螺旋曲线是一种特殊的结构，它由外向内旋转，可以引导人的视线从外向内移动。螺旋曲线包括等差和等比两种类型，它是最富于美感和趣味的曲线，具有渐变的韵律感（图3.26）。大自然中最美的天工造化之物鹦鹉螺，就是由渐变的螺旋曲线与涡形曲线结合构造而成的。

(6) 自由曲线有奔放、自由、丰富、华丽之感（图3.27）。

图3.26　螺旋曲线钻椅

图3.27　雕塑椅
这种名为RD4的椅子有着独特的、雕塑般的自由线形的外形。设计师将家用塑料垃圾溶化后直接挤到模具上

3.2.3　面

面是由点的扩大、线的移动而形成的，它也是点、线与体之间转化的重要桥梁。虽然面比线明确，但与体相比却显得虚弱。面可以有多种不同的形式，无论是几何形状还是有机形态，无论是直面还是曲面，不同的面情感也各不相同（表3.2）。

表3.2　　　　　　　　　　　　家　具　面　的　形　体　特　点

图形	特点	案例
正方形	正方形是最单纯的一种外形，在家具造型中适用于餐桌、方桌、茶几等，但方形由于缺少变化而稍显单调。因此，可以在家具造型的局部加入一些曲线，既打破了正方形的单调，也丰富了方形造型的内涵	
三角形	三角形一般会产生安定和冷的感觉，三角形在家具造型设计中的应用可使家具产生生动、灵巧之感	
多角形	多角形有一种丰富的感觉，具有刺激感，鲜明、醒目。但它的边越多就越接近于曲线的性质，具有端正、严谨的艺术特点	

续表

图形	特点	案例
菱形	菱形具有安定和轻快感，但不满足家具功能的要求，只能用于某些局部装饰，应用于以方形为主导造型的家具中，具有活泼而又生动的效果	
梯形	梯形上小下大，能够表现出一种重量感和支持感，以梯形为主的家具造型具有轻快、优雅的视觉效果，能够获得良好的平静、均衡感	
圆形	圆形具有单纯和圆满的感觉，富有动感。椭圆形明快并富于变化，于整齐中体现自由，在家具造型中运用圆及椭圆形能够获得流畅、柔和、文雅的感觉	
曲面形	曲面形具有温和、柔软、亲切和动感的特征，软体家具、壳体家具多用曲面线	
有机形	有机形具有轻松活泼、富有动感的特征；不规则形彰显个性化、形象丰富、性格突出的特征	

面是家具造型设计中的重要构成因素，所有的人造板材都是面的形态。正是有了面，家具才具有实用的功能并构成形体。在家具造型设计中，我们可以灵活恰当运用各种不同形状和不同方向面的组合，以构成不同风格、不同样式的丰富多彩的家具造型（图3.28～图3.36）。

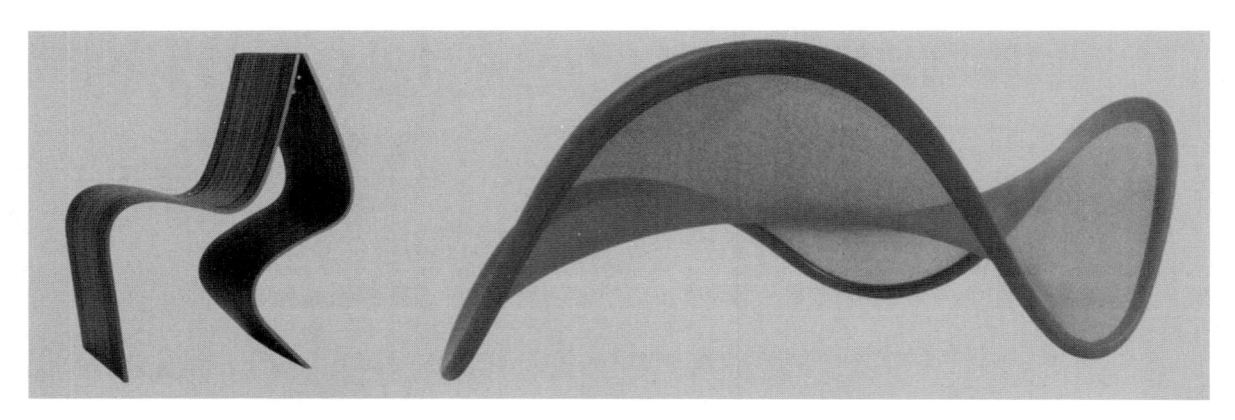

图3.28 二维面状椅子　　图3.29 三维面状椅子

除形状外，平面状的形还受到各种材质的表面、颜色、质地和花纹等不可忽视的特性影响。这些视觉特点在下列诸方面影响着面的性质：①视觉上的重量和坚实感；②所见到的大小、比例以及在空中的位置；③反光的程度；④触觉与手感；⑤声学特性。

图 3.30 面状整体组合家具

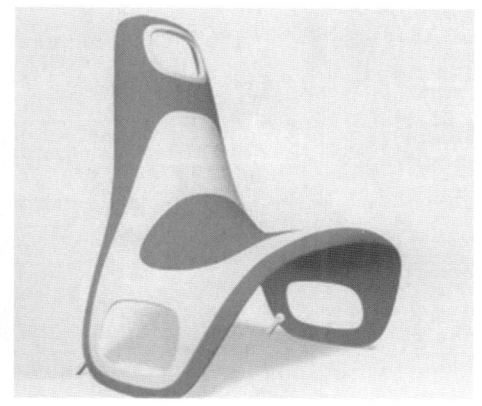

图 3.31 壳体形态语义学椅子
以壳体作为基本骨架，形态完整而大气。从结构上讲，壳体较能承受压力，很好地满足了产品的功能。从形式上讲，产品用年轻时尚的线条与色彩对曲面作分割，这些分割不仅按照椅子使用区域作划分，而且一层层的曲面极大地增强了壳体曲面的张力，充满力量

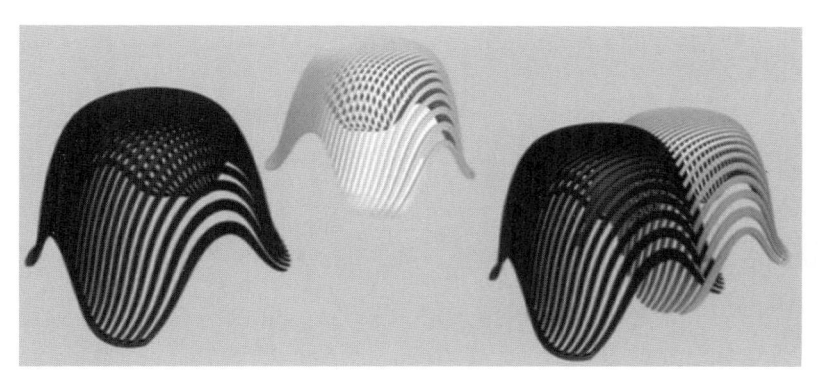

图 3.32 斑马情侣椅

图 3.33 Rocky 书架（La Chance 出品，Charles Kalpakian 设计）

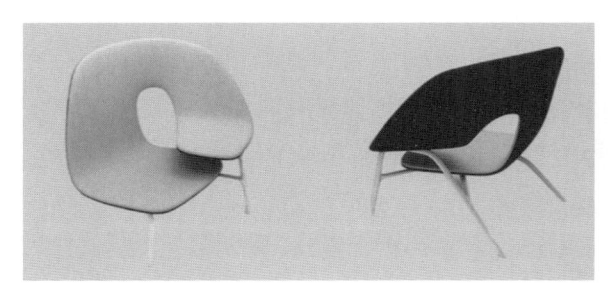

图 3.34 HUG

图 3.35 Kautsch 沙发

图 3.36　Wormhole Folding 椅

3.2.4　体

按几何学定义，体是面移动的轨迹。在造型设计中，体是由面围合起来所构成的三维空间（具有高度、深度及宽度）。

"体"有几何体和非几何体两大类：

(1) 几何体。几何体包括正方体、长方体、圆柱体、圆锥体、三棱锥体、球形等形态。

(2) 非几何体。非几何体一般指一切不规则的形体。

在家具造型设计中，正方体和长方体是应用得最广的形态，如桌、椅、凳、柜等。在家具形体造型中，可以将其分为实体和虚体，它们在心理上给人的感受是不同的。

由块立体构成或由面包围而成的体称为实体。在家具设计上，实体表现为封闭式的家具，即家具造型的轮廓线内全部为实体，整个家具为一个整体坐落在地面上，如箱体、软垫沙发等，它们大多体形简洁、整体性强，从视觉角度来看，实体家具是一种"力"的象征。

由线构成或由面、线结合构成，以及由具有开放空间的面构成的体称为虚体。在家具设计上，虚体一般表现为开放式家具，这类家具的造型轮廓线中除了有实体之外，还有一定的虚的空间，例如桌、椅等大量家具都属于开放式家具。由于视线可通过空隙看到其他地方，因此虚体家具常使人感到通透、轻快、空灵，具透明感。在家具设计中，要充分注意体块的虚、实处理给造型设计带来的丰富变化。同时，在家具造型中多采用各种不同形状的立体组合来构成复合形体。在立体造型中凹凸、虚实、光影、开合等手法的综合应用，可以搭配出千变万化、如魔法般的家具造型。

体是设计、塑造家具造型最基本的手法，在设计中掌握和运用立体形态的基本要素，同时结合不同的材质肌理、色彩，以确定表现家具造型。与室内环境进行结合，组成一个有机的整体，家具才能充分地表现出"体"的价值（图 3.37 和图 3.38）。

图 3.37　虚体书柜　　　　图 3.38　汇流沙发

3.3　家具造型的形式美法则

在现代社会中，家具已经成为艺术与技术结合的产物，家具与纯造型艺术的界线正在逐渐模糊。建筑、绘画、雕塑、室内设计和家具设计等艺术与设计的各个领域在美感的追求和美的物化等方面并无本质的区别，而且在形式美的构成要素上有着一系列通用的法则。这些是人类在长期的生产与艺术实践中，从自然美和艺术美中概括提炼出来的艺术处理，并适用于所有艺术创作手法。家具造型设计的形式美法则是在几千年的家具发展历史中由无数前人和大师在长期的设计实践中总结出来的，是分析、判断和创造美的对象的基本原则。通过对这些原则的学习、理解和灵活运用，将形式美法则与家具产品的功能效用和技术性能统一到家具造型设计中，对产品质量的全面提高起着重要的作用。家具造型的形式美法则和其他造型艺术一样，仍具有民族性、地域性、社会性和科技性。同时，家具造型又具有自己鲜明的个性特点，每个设计师都要按照自己的体验、感受创造性地灵活应用。家具设计师这个职业正是引导我们发现日常生活中的新问题，用不露痕迹的高明设计手法为人们创造出更新、更加美好、更高品质、更加合理的生活方式。

家具造型设计的形式美法则包括统一与变化、对称与均衡、节奏与韵律、比例与尺度、模拟与仿生等。这些法则在构建形式上的优势互补，推动家具设计高质量发展，维护家具形态的和谐方面发挥着重要作用。

3.3.1　统一与变化

统一与变化是适用于各种艺术创作的一个普遍法则，同时也是自然界客观存在的一个普遍规律。在自然界中，一切事物都有统一与变化的规律。宇宙中的星系与轨道，树的枝干与果叶，一切都是条理分明、井然有序的。自然界中的统一与变化的本质，反映在人的大脑中，形成美的观念，并支配着人类的一切物质活动。

统一与变化是矛盾的两个方面，它们既相互排斥又相互依存。统一是在家具实例设计中追求整体和谐、条理分明，形成主要基调与风格的过程。变化是在整体造型元素中寻找差异性，使家具造型更加生动、鲜明、富有趣味性。统一是前提，变化是在统一中求变化。

3.3.1.1 统一

统一是把各有差异的部分有机地结合在一起，使造型达到完整一致的效果。在家具造型设计中，主要运用线的协调、形的协调、色彩的协调以及家具中次要部位对主要部位的从属关系来实现，从而烘托主要部分、突出主体，形成统一感。它是寻求同一因素中不同程度的共性，以达到相互联系、彼此和谐的目的。统一是产生次序的手法之一，但过分统一也会造成作品的单调、呆板，缺少生气。因此，在追求统一的同时，还必须考虑变化的问题。

3.3.1.2 变化

变化是在不破坏统一的基础上，把同一因素中不同差别程度的部分组织在一起，产生对照和比较，突出产品某个局部形式的特殊个性，使其在整体中表现出明显的差别，以实现和加强家具外形的感染力。家具在空间、形状、线条、色彩、材质等各方面都存在差异，在造型设计中，恰当地利用这些差异，就能在整体风格的统一中求变化。变化是家具造型设计中的重要法则之一，在家具造型设计中的具体应用主要体现在对比方面，几乎所有的造型要素都存在着对比因素。如：

（1）线条。长与短、曲与直、粗与细、横与竖。在同一造型上，不同类型的线条会使造型富于变化。

（2）形状。大与小、方与圆、宽与窄、凹与凸。形状使造型主次关系分明，式样特点突出。变化不明显，达不到生动的效果；变化太强烈，又会失去统一感。

（3）色彩。冷与暖、明与暗、灰与纯。通过使用同色相的中、低明度及中、低纯度的色彩来取得统一，同时设置少量的对比变化。

（4）肌理。光滑与粗糙、透明与不透明、软与硬。以同质取得统一，有时以少量不同质感作为衬托。

（5）形体。开与闭、疏与密、虚与实、大与小、轻与重。以直线形态为主要形式取得统一，设少量曲线形态以丰富造型；主体形态种类以少为佳，力求统一；加体量小的异样形态求变化。

（6）方向。高与低、垂直与水平、垂直与倾斜。直线、矩形、纹理主要安排为统一方向，设少量反方向对比。

一个好的家具造型设计，处处都会体现着造型上的对比与和谐的手法。在具体设计中，许多要素是组合在一起综合应用的，以取得完美的造型效果（图3.39～图3.41）。

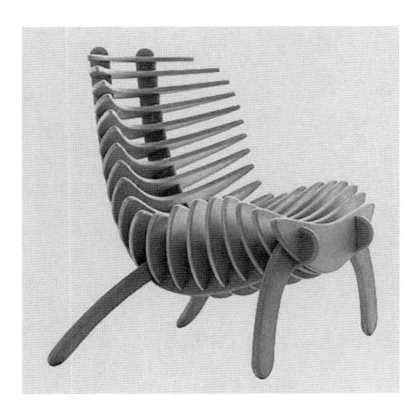

图3.39 手工制作的鱼骨椅
这款椅子是最纯粹的生态产品，它没有使用胶水或螺丝，而是以最友好的形式呈现给人们。它完全是由木头制成的。在造型上统一中有变化，构造上重复中有区别

图3.40 ENA Chair
注塑成型的ENA Chair是一个整体件，通过利用塑料的轻盈和强度展现出引人注目的悬臂。它由注塑成型的聚丙烯（涂漆或哑光）或注塑成型的聚碳酸酯制成。这些材料以及多功能的单一形式，使这款舒适的椅子既适合室内也适合室外使用，为现代设计空间增添了动态和有趣的元素

(a) 靠背两个版本的超自然椅子　　　　　　　(b) 可以叠摞的超自然椅子

图 3.41　超自然椅
这款椅子结合了人体解剖美学和先进的制造技术，采用两层的玻璃纤维增强的 PM 聚胺来调和内部结构框架和外表美学要求。椅子共有两个版本，穿孔的当阳光照射过的时候，光影效果增强了环境的空间美感，每个小孔都经过设计，大小在统一中呈现出变化

3.3.2　对称与均衡

对称与均衡是自然现象的美学原则。人体、动物、植物形态都呈现对称均衡的原则。家具的造型也必须遵循这一原则，以适应人们视觉心理的需求。对称与均衡作为形式美的法则，是动力与重心两者矛盾统一所产生的形态。它们通常以等形等量或等量不等形的状态呈现，依据中轴或支点来展现。对称具有端庄、严肃、稳定、统一的效果；均衡具有生动、活泼且富有变化的效果。在对称中形成均衡，在均衡中体现对称。

早在人类文明发展的初期，人类在造物的过程中就具有对称的概念，并按照对称的法则创造建筑、家具、工具等。先民们在造物过程中对对称的应用，不仅是实用功能的要求，也是人类对美的要求。对称与均衡是家具造型中最普遍的构图形式，它决定着家具的功能特点、结构特点以及形式布局。在很多情况下，对称的构图取决于家具类型的功能特点。如坐用家具，因为与人体有着直接的关系，而人体的正面是绝对对称的，所以决定了单件座椅的正面必然是对称的，而侧立面是均衡的。但有些家具的功能使用要求与人体的要求并不十分严格，如写字台、各类橱柜等，在满足功能使用的前提下，可设计成对称式或均衡式，式样的选择要和室内环境、气氛相结合。在家具的造型设计中多以正面来考虑家具的均衡问题。

在家具造型上最普通的手法就是以对称的形式排列形体。对称的形式很多，家具造型常用的有以下几类。

3.3.2.1　镜面

镜面是最简单的对称形式，它是基于几何图形两半相互反照的对称。同形、同量、同色，就像物品在镜子中的形象一样，这样的对称称为绝对对称。如传统风格的家具多以绝对对称的形式来安排其形体（图 3.42）。

3.3.2.2 相对对称

相对对称是指对称轴线两侧物体外形、尺寸相同，但内部分割、色彩、材质肌理有所不同。相对对称有时没有明显的对称轴线，可以营造出活泼、轻巧、生动的效果。现代家具多是以相对对称的方法来处理其形式，更能体现出现代家具的时代感、运动感以及整体的协调感（图 3.43）。

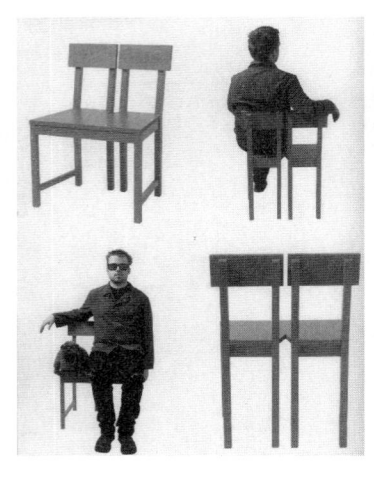

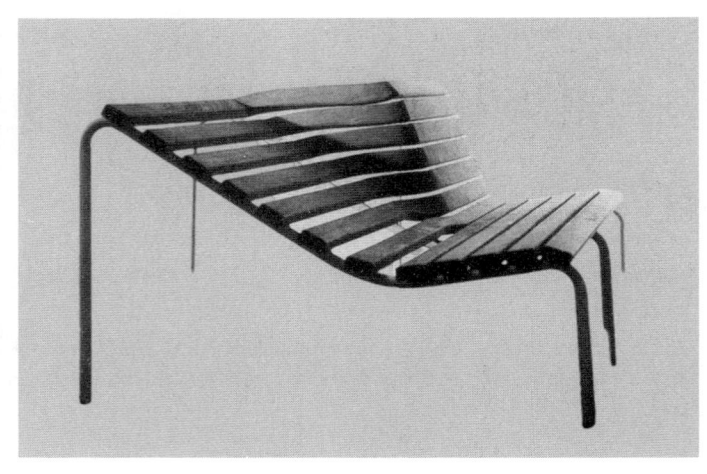

图 3.42　椅子镜面对称　　　　图 3.43　椅子相对对称

3.3.2.3 轴对称

轴对称是围绕相应的对称轴用旋转图形的方法取得的。它可以使三条、四条、五条、六条等多条中轴线相接于一个中心点，作多面均齐式对称，图形围绕着对称轴旋转，并能自相重合（图 3.44）。

图 3.44　转动座椅（设计：杨艳）
以"风车"为创意点。造型以中轴对称为设计方式，灵活的转动座椅可满足不同环境人群的需求，可以作为公共场所的小品家具，还可以作为展示家具。椅子转动的不同状态，提供不同状态坐姿的趣味性，适合不同的年龄阶层。将此座椅合并，可有效节省空间

由于家具的功能多样，在造型上无法全都用对称的手法来表现，所以，均衡也是家具造型的常用手法。所谓均衡是指物体左、右、前、后之间的轻重关系，中心轴的两侧形式在外形、尺寸不同，但它们在视觉心理上感觉均衡。

均衡有两大类型，即静态均衡与动态均衡。静态均衡是沿中心轴左右构成的对称形态，是等质等量的均衡，具有端守、严肃、安稳的效果；动态均衡是不等质、不等量、非对称的平衡形态，具有生动、活泼、轻快的效果。

采用均衡的设计手法，可以使家具的造型具有更多的可变性与灵活性（图 3.45）。同时，需要注意的是，除了家具本身形体的均衡外，由于家具存在于特定的建筑环境空间中，家具与灯具、书画、绿化、陈设等的配置，也是取得整体视觉均衡效果的重要手法。

3.3.3 节奏与韵律

节奏与韵律是自然事物的自然现象和美的规律。法国著名美学家德卢西奥·迈耶在他所著的《视觉美学》一书中提到"艺术中节奏是一些形式因素的组合，例如，在建筑、绘画、雕塑；在工业设计中，便是基本单元的排列。节奏也可以是一种材料的积聚和复合使用，以产生某种不完全是装饰性的有节奏的运动。"节奏与韵律，是人们在艺术创作实践中广泛应用的形式美法则。节奏、韵律与和声一起构成音乐上的三大要素。同样，节奏、韵律也是构成家具造型的主要形式美法则。

图 3.45 均衡的椅子

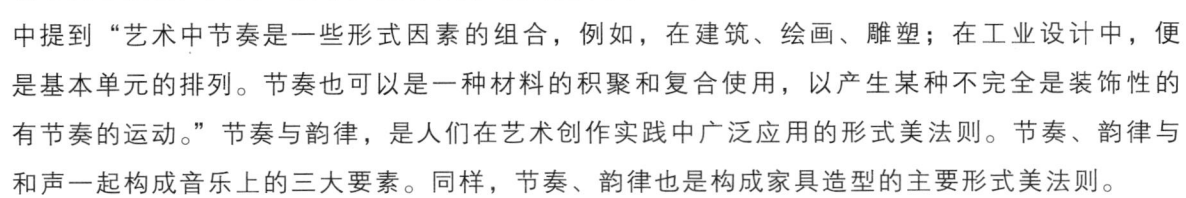

在艺术设计中，节奏是指某种形式有条理、有重复的连续性变化，是由一个或一组要素为单位进行反复、连续、有次序的排列，形成复杂的重复。节奏是将家具的体、形、线等这些富有曲直、起伏或大小变化的特性，在设计上做缓急的变化或连续的排列，使某些特点不断呈现。在家具造型设计中，常用产品本身的形体结构、零部件的排列组合、颜色的搭配与分割等因素做有规律的重复，创造出具有节奏感的艺术效果。节奏的合理运用，可使产品的外部形式产生有机的美感，并在构件的排列和使用功能及内部体积的处理中，构成贯通家具式样的体系和形式，有助于形成环境气氛的高潮，并使高潮本身的效果更为突出。

把握家具节奏韵律的重点，是抓住设计关键所在。韵律是在节奏基础上的深化，具有韵律的形式不仅表现出有规律的重复和交替，而且表现出运动方向的连续变化，给人以韵味无穷的律动感。家具造型设计基于空间与时间要素的重复，韵律可借助于形状、颜色、线条或细部装饰而获取。在家具构图中，当出现各种重复现象的情况时，巧妙地加以组织，进行变化处理是十分重要的。韵律的形式有连续韵律、渐变韵律、起伏韵律和交错韵律。节奏和韵律之间的关系是：节奏是韵律的条件，韵律是节奏的深化。

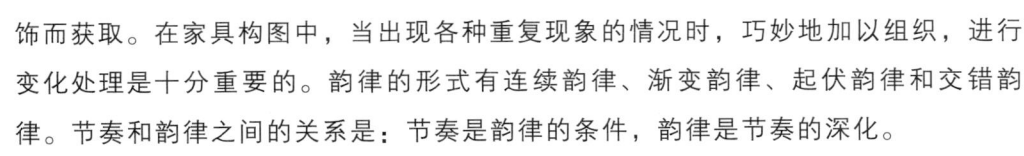

3.3.3.1 连续韵律

连续韵律是由一个或几个单位，按一定距离连续重复排列而生。运用同一种形式重复排列，可以取得一种简单的连续韵律；运用两种以上形态交替重复排序，可以获得轻快、活泼的效果。在家具设计中可以利用构件的排列取得连续的韵律感，如椅子的靠背、橱柜的拉手、家具的格栅等（图 3.46 和图 3.47）。

3.3.3.2 渐变韵律

在连续重复排列中，对该元素的形态做有规则地逐渐增长或减少、变宽或变窄、增大或缩小等，这样就产生了渐变韵律。如在家具造型设计中常见的成组套几，有渐变序列的橱柜或逐渐增加或减少的灯具（图 3.48 和图 3.49）。

图 3.46 连续韵律 CD 架

图 3.47　X Plus

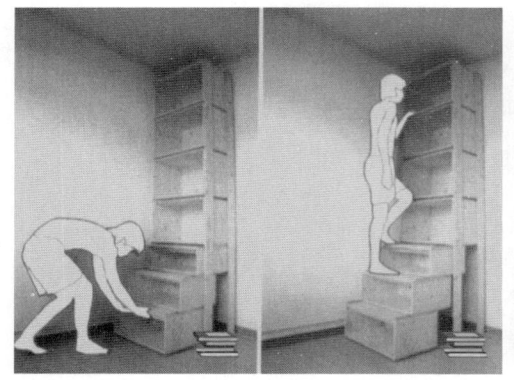

图 3.48　阶梯储物箱，渐变的韵律
这款阶梯储物架将下面的三个储物格设计成了可拉伸式的，可以像抽屉一样随意抽拉

图 3.49　渐变韵律的灯

3.3.3.3　起伏韵律

将渐变的韵律按照一定的规律时而增加或缩小，加以高低起伏的重复，则能形成有波浪式起伏的韵律，产生较强的节奏感。在家具造型中，壳体家具的有机造型起伏变化、高低错列的家具排列、热压胶合板的起伏造型都是起伏韵律手法的应用（图 3.50～图 3.52）。

图 3.50　钉子座面的椅子
依据人形结构的特征做起伏韵律的排列设计

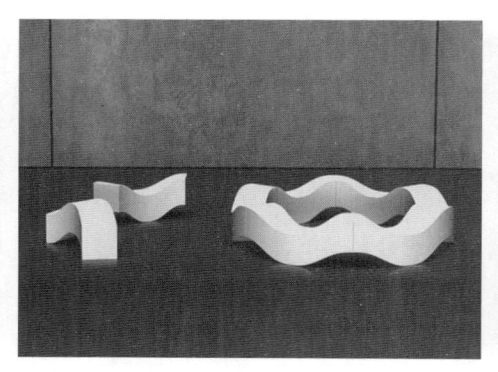

图 3.51　Onda 椅
这个公共座椅单元的未来主义设计赋予它几乎雕塑般的特征，凭借其起伏韵律模块化的概念，生动地用每一个新的组合来展示它。模块的灵活组合有利于不同形式的人际互动

图 3.52　起伏韵律造型的茶几

3.3.3.4 交错韵律

交错韵律指各组成部分连续重复的元素按一定规律相互穿插或交错排列所产生的一种韵律，是一种比较复杂的韵律形式。在传统家具造型中，中国传统家具的博古架、竹藤家具中的编织花纹及木纹拼花和地板排列等，都是交错韵律的体现。在现代家具造型中，由于标准化部件生产和系列化组合的工艺，这种单元构件有规律地重复、循环和连续的应用，成为了展现现代家具节奏与韵律美的重要方式（图3.53和图3.54）。

图3.53 Scape内充式变形沙发
只要移动这些柱子，就可以任意改变沙发的形状。这样的座位可以坐四个人，也可以同时承受50个人；既可以放在很大的空间里，也适合比较私密的聚会

图3.54 交错韵律展示架

这几种韵律虽然表现形式各有不同，但它们之间存在着很多共同的特征：重复和变化。重复是获得韵律的必要条件，在造型设计中如果没有一定数量上的重复，便不能产生韵律。但只有重复而缺乏有规律的变化，则会造成枯燥和单调。因此，在家具造型中如有大量重复构件出现，则应遵循韵律的原则加以恰当的处理，使其既有组织、有规律又富有生动的变化。

3.3.4 比例与尺度

比例与尺度是与数学相关的构成物体完美和谐的数理美感的规律。在所有的造型艺术中，无论是二维还是三维，都涉及比例与尺度的度量。这些度量决定了物体的大小和形状的美观与否。在家具设计中，我们将家具各方向度量之间的关系及家具的局部与整体之间形式美的关系称为比例。同时，家具造型设计还需要考虑家具与人体尺度，家具与建筑空间尺度，家具整体与部件、部件与部件等所形成的特定的尺寸关系。因此，合理的比例与正确的尺度是家具造型在形式上达到完美和谐的基本条件。

3.3.4.1 比例

家具造型的比例[1]包含两方面的内容：一是人与家具、家具与家具之间的比例，它需要注意建筑空间中家具整体比例的长、宽、高之间的尺寸关系，体现出整体协调高低参差、错落有序的视觉效果；二是家具整体与局部、局部与部件的比例，它需要注意家具本身的比例关系和彼

---

[1] 王世襄先生在明式家具研究中提出的家具比例协调的十六品是简练、淳朴、厚拙、凝重、雄伟、圆浑、沉穆、浓华、文绮、妍秀、劲挺、柔婉、空灵、玲珑、典雅、清新；八病是烦琐、赘复、臃肿、滞郁、纤巧、悖谬、失位、俚俗。

此之间的尺寸关系。比例匀称的造型能使优美的视觉效果与完善的功能相统一,是家具形式美的关键因素之一。

在文艺复兴时期,艺术家找到两个基本形(方和圆),并将其视为终极和谐的象征。因为方的比例是1∶1,而圆则是由单一尺寸(半径)所形成的。这个观念与我国宋朝思想家对太极与无极的理解有着异曲同工之妙,都蕴含了某种单一尺度的意义,所以太极图中的圆形被用来象征无极(图3.55)。

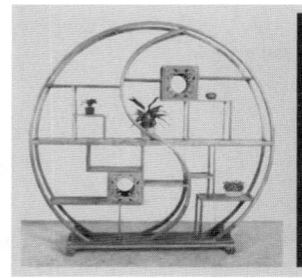

(a)太极形态展示柜　　　　(b)太极形态座椅　　　　(c)太极形态陈设

图3.55　太极形态的家具

比例在家具造型设计中应用广泛,特别是对那些外形按"矩形原则"构成的产品,采用比例分割的艺术处理方法使家具外形给人以肯定、协调、次序、和谐的美感。在家具造型设计中应用比例形式法则时,要从以下两个方面内容进行分析:

(1)家具造型比例必须和人体尺寸联系起来,设计家具的最终目的是为"人"服务的。因此,在进行家具的比例设计时,除了和使用方式、存放物品的种类与大小有关外,更重要的是和人体尺寸有密切的联系。家具比例的确定是根据人的使用要求而定的,并根据不同的使用者而有所变化(图3.56)。

图3.56　休闲椅
不同类型的休闲椅,正如男装与女装的设计差异,为了贴合男女不同体态特征,被设计成两个版本:一款是专为男性设计的皮质单椅,强调质感与耐用;另一款是专为女性打造的绒布坐椅,更舒适、更柔软。这样的设计不仅体现了对功能和美的追求,同时还满足了标准化及批量生产的要求。

(2)家具本身的比例关系是决定造型式样美的一个非常重要的因素,家具本身的比例关系就是指家具整体与局部之间的协调。根据家具总体与局部的材料、结构、所处部位、场合与功能的不同,比例也应有所不同。因此,在选取比例时应与这些因素相协调,以获得美感。

为了获得家具整体的比例协调，应强调重要部位的比例，使其支配其他次要部分。也就是说，在群体家具设计中，总要有一些占主导地位的要素，它的尺寸必须比其他尺寸更为突出，使那些看上去是中等尺寸的部位与小尺寸的部位统一起来。

3.3.4.2 尺度

尺度是指尺寸与度量的关系，与比例密不可分。在造型设计中，单纯的形式本身不存在尺度，整体的结构以及纯几何形状也不能体现尺度单位，只有在导入某种尺度单位或在与其他因素发生关系的情况下，才能产生尺度的感觉。因此，家具的尺度必须引入可比较的度量单位，或者考虑其在家居空间中的陈设位置，以及与其他物体的相互关系。最好的度量单位是人体尺度，因为家具是以人为本、为人所用，其尺度必须以人体尺度为准。因此，尺度是用一般人体处于相对静止或运动状态时的大小作为度量单位去衡量事物的形体大小是否合乎逻辑的度量概念。

此外，心理方面的度量方式也很重要，如家具整体与局部、单体家具之间、家具与室内环境相衬托时所获得的舒畅、开阔、拥挤、沉闷等心理感觉，这种感觉称为尺度感。尺度感是获得家具视觉美的关键，因此，在进行家具设计时，尺度感的获得也是设计师应予以关注的。

除了人体尺度外，建筑环境与家具的关系也是家具尺度感的因素之一，要从整体上全面认识与分析人与家具、家具与建筑、家具与环境之间整体和谐的比例关系。在造型设计中，创造性地辩证并解决好比例与尺度的关系，既满足功能的要求，又符合美学法则，从而不断推动设计的创新和突破。

3.3.5 模拟与仿生

大自然永远是设计师取之不尽、用之不竭的设计创造源泉。从艺术的起源来看，人类早期的艺术造型活动都来源于对自然形态的模仿和提炼。大自然中任何一种动物和植物，无论造型、结构还是色彩及纹理都呈现出一种天然、和谐的美，大自然的创造力及生命力令人叹为观止。在几乎所有的设计中，大自然赋予了人类最强有力的信息。

因此，现代家具造型设计在遵循人体工学原则的前提下，尊重自然、顺应自然、保护自然，运用仿生与模拟的手法，借助于自然界的某种形体或生物、动物、植物的某些原理和特征，结合家具的具体造型与功能，创造性地设计与提炼，使家具造型样式体现出一定的情感与趣味，更加具有生动的形象与鲜明的个性特征，特别是让人在观赏与使用中产生美好的联想与情感的共鸣。

现代仿生学[1]的介入为现代设计开拓了新的思路。通过仿生设计去研究自然界生物系统的优异功能、美好形态、独特结构及色彩肌理等特征，并且有选择地运用这些特征原理，设计制造出美的产品。在建筑与家具设计上，许多现代经典设计都是仿生造型设计。这种设计理念使家具设计逐渐向绿色发展方式转型，以适应现代人追求全面绿色低碳的生产生活方式。

---

[1] 人们研究生物体的结构与功能工作的原理，并根据这些原理发明出新的设备、工具和科技，创造出适用于生产、学习和生活的先进技术。

3.3.5.1 模拟

模拟是较为直接地模仿自然形象来进行家具的造型设计手法，是一种比喻和比拟，是事物意象之间的折射、寄寓、暗示与模仿，并与一定自然形态的美好形象联想有关。在家具造型设计中，常见的模拟与联想的造型手法有以下三种：

(1) 局部造型的模拟，主要体现在家具造型的某些功能构件上，通常可以采用利用、借用、引用、移植或替代等方法进行具象的模拟，也可以对生物特征进行概括、提炼，然后用抽象的几何形态通过不同的家具和家具构成要素，直接再现生物的个性特征，如脚架、扶手、靠板等（图 3.57～图 3.60）。

图 3.57 模拟树枝的造型衣架　　图 3.58 仙人掌椅子
(a) 仙人掌造型靠背的椅子　　(b) 坐在仙人掌造型靠背的椅子上

图 3.59 花朵椅

图 3.60 珊瑚椅
由四个独立的座椅/斜倚单元组成，可以安排在各种配置或以各种方式单独使用。它们紧凑的尺寸使其易于移动，以用于不同的目的。座椅由聚氨酯泡沫组成，覆盖有莱卡织物。珊瑚具有柔软的质地和流畅的曲线，鲜艳的色彩增强了家具的装饰功能

(2) 整体造型的模拟，即把家具的外形模拟塑造为某一自然形象，分为写实模拟和抽象模拟的手法，或介于二者之间。一般来说，由于受到家具功能、材料、工艺的限制，抽象模拟是主要手法，重神拟，不求形拟，耐人寻味并产生联想，尽可能从外而内，从局部、细节到整体都能够很好地有机结合、协调统一，避免造成设计的盲目性和单纯追求形式上的逼真和近似（图 3.61～图 3.63）。

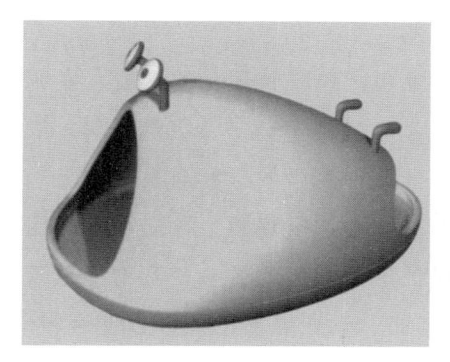

(a) 可爱的儿童家具　　　　　　　　　(b) 儿童椅

图 3.61　自然动物的模拟

图 3.62　瓢虫椅
把不倒翁摇晃不定的原理，赋予了一张形似瓢虫的坐具，使用者坐在上面可享受到随意旋转和摇摆晃动的乐趣

图 3.63　儿童纸椅，小画家专用椅
500 米的纸足以培养一个小画家。如果有两个孩子，那刚好两个小画家，大的坐高的一边，小的坐矮的一边

（3）在家具的表面装饰图案中用自然形象作装饰。这种形式多用于娱乐家具和儿童家具 (图 3.64～图 3.66)。

图 3.64　运用字符模拟制作的时尚字符躺椅
这款休闲躺椅最大的亮点就是它的座位被做成了字符。这些字符可以按要求生产，也就是说，你可以把你想要表达的东西做成一张椅子。这张椅子就是你专属的椅子

图 3.65　字母表抽屉
这款字母表抽屉的设计灵感来源于印刷机上的字母模块，其中每一个字母都对应着一个抽屉，可以考虑利用抽屉上的字母对收纳物进行分类

图 3.66　运用表面装饰图案制作的衣柜

3.3.5.2 仿生

相传古希腊神话中的全才发明家第达罗斯（Daedalus）[1]，受鱼的脊骨和蛇的腭骨形状的启发，发明了锯。这种将生物界中的原型运用到技术构造物体上的方式，称为仿生学。仿生学是一门边缘学科，是生命科学与工程技术科学互相渗透，彼此结合的一门新兴学科。仿生设计是仿生学的延续与发展，是从生物学的现存形态受到启发，在原理方面进行深入研究，然后在理解的基础上进行联想，并应用于产品设计的结构与形态中，这是一种人类社会与大自然相协调、相吻合的设计理论的设计方法，开创了现代设计的新领域。例如：壳体家具[2]、壳体建筑等，并且自20世纪60年代来，设计制造了许多造型奇特、形式多样的壳体家具和建筑。现代层压板家具、玻璃钢成型家具、塑料压模家具都是仿生壳体结构在现代家具上的广泛应用（图3.67～图3.69）。

（a）可开合办公桌椅 　　（b）可开合办公桌椅使用场景

图3.67　仿生造型现代办公设备

图3.68　现代层压板家具仿生造型

（a）乐山居沙发 　　（b）乐山居沙发细节

图3.69　曲美家居"乐山居沙发"

"仁者乐山，智者乐水"，在中国传统文化中，将"山水"寓意为一种人生境界，所谓"乐山"或"乐水"，正代表了人们对自身修养的一种高追求。曲美家居将"山水"的元素运用在家具的设计上，不仅外观有型，内涵更具深意。将古典元素融入现代家具中达成了两者的有机结合，有机形态与装饰布料的沙发带来雅致自然的色调，形式大气

达·芬奇曾说"人类的灵性将会创设出多样的发明，但是它并不能使得这些发明更美妙、更简洁、更明朗，因为自然的产物都是恰到好处的"。正是因为大自然是人类造物模仿的参照与尺度，在家具设

---

[1] 第达罗斯曾在克里特为国王迈诺斯（Minos）建造迷宫。后来他用为自己和伊卡洛斯（Icarus）制造的翅膀逃往西西里，在那造出黄金蜂巢，保存在厄律克斯山上。一切古代技艺精品均被归在他的名下，因而成为古希腊工匠的守护神。
[2] 设计师应用龟壳、贝壳、蛋壳造型的原理的现代制造技术，展现了现代材料工艺的新设计。

计中，具象模仿和抽象提炼就是仿生设计的主要手法。它通过对自然生态规律的探寻，参照自然生物的内在功能和外表形态，进行创造性的模拟设计，为家具带来更多独具创意的设计，使我们的生活更加美好。

模拟与仿生的造型手法，应该是取其意象，而不应过分追求形式，并且不能滥用，要求在符合家具的概念、功能、材料及人机操作等构成要素需求的同时，还要在家具最终的整体形态上具有生物形态特征。不是具体的某个生物概念的特征，而是具有植物、动物或其他生物的生命感、生长感等自然特征。从生理和心理的认知上并不能判断其所仿生的生物的概念，但却能感受到家具形态所表现的形式、结构、功能或意象的生命活力。因此，需要设计师对生物特性有敏锐、透彻的观察力和感知力，对生命特征有本质理解和较强的抽象思维能力，以及较高的形态创造、表现和整体把握能力，使仿生设计的家具与生物在生命意义上达到从形式到内容的和谐统一。根据功能、材料工艺及环境等要求，恰当地运用，最终目标是创造一件功能合理、造型优美的家具产品。"一切现象皆因缘和合"，仿生家具的形缘之美离不开材质、结构与工艺的科学选用与精心设计，需要设计师、匠人们投入巨大的心血才能进行创造。

3.4 家具造型的装饰

家具造型装饰是对家具进行美化处理的重要内容。在家具整体风格与形态基本确定后，利用各种技术手段，对家具表面进行一定的装饰修饰，能够非常好地凸显家具的个性特征，进一步完善整体家具的和谐与美感。对家具进行装饰主要有色彩装饰、艺术性装饰等常见手法。以下重点讲解色彩装饰和艺术装饰在家具造型中的作用，具体材质分类将在第5单元作具体讲解。

3.4.1 色彩装饰

色彩与材质是家具造型设计的构成要素之一。一件家具给人的第一印象首先是色彩，其次是形态，最后是材质。色彩与材质具有极强的表现力，在视觉和触觉上给人以心理与生理上的感受与联想。

色彩在家具中不能独立存在，必须依附材料和造型，在光的作用下才能呈现。如各种木材丰富的天然本色与木肌理，鲜艳的塑料、透明的玻璃、闪光的金属、染色的皮革、染织的布艺、多彩的油漆等。从一件完美的家具来看，通过艺术造型、材质肌理、色彩装饰的综合构成，传递视觉与触觉的美感信息。色彩也是一门独立的科学与艺术知识，它涉及色彩本身求成的理化科学，人眼接受色彩的视觉生理科学及人脑接受色彩产生情感的心理科学，美术上研究色彩的色相（H）、明度（V）、纯度（C）三要素的色彩艺术学。家具色彩主要体现在木材的固有色，家具表面涂饰的油漆色，金属、塑料、陶瓷、玻璃的现代工业色及软体家具的皮革、布艺色等。

3.4.1.1 木材固有色

木材仍然是现代家具的主要用材。木材作为一种天然材料，它的固有色成为体现天然材质

微课视频

家具造型的
装饰设计

肌理的最好媒介。木材种类繁多，其固有色也十分丰富，有淡雅细腻也有深沉粗犷，但总体上是呈现温馨宜人的暖色调。在家具应用上，常用透明的涂饰以保护木材固有色和天然的纹理。木材固有色具有与人类环境自然和谐统一的氛围，给人以亲切、温柔、高雅的情调，是家具恒久不变的主要色彩，受到人们的喜爱（图3.70）。

(a) 木纹肌理椅子　　　　　　(b) 木纹肌理可变换椅凳　　　　　　(c) 木纹肌理书架

图3.70　木纹肌理家具系列

3.4.1.2　家具表面油漆色

家具大多需要进行表面深涂油漆，一方面是保护家具以免受大气光照影响，延长其使用寿命；另一方面，家具油漆在色彩上起着重要的美化装饰作用。家具深饰油漆分两类：一类是透明涂饰；另一类是不透明涂饰。同时，深饰油漆又分有高光和哑光之分。

透明涂饰是用透明涂料涂饰木材表面。进行透明涂饰的，不仅要保留木材的天然纹理和颜色，而且还需要通过某些特定的工序使其纹理更加明显，木质感更强，色彩更为鲜明。透明涂饰多用于高档珍贵优质阔叶树❶材制成的家具等，现在也有用于优质针叶树材（针叶树是树叶细长如针，多为常绿树，材质一般较软，有的含树脂，故又称软材）制品的透明涂饰工艺。工艺大体可分为三个阶段：木材表面处理（表面准备）、涂饰涂料（包括涂层干燥）、漆膜修复。按照涂饰质量要求、基材情况和涂料品种的不同，每个阶段可以包括一次或几次工序❷，有的工序需要重复多次，某些工序的顺序也可以调整（图3.71）。

不透明涂饰是用含有颜料的不透明涂料（如调和漆、硝基色漆等）涂饰家具，涂层能完全遮盖木材的纹理和颜色，制品的颜色即漆膜的颜色，故又称色漆涂饰。油漆色彩的冷暖、明度、彩度、色相极其丰富，可以根据设计需要任意选择和调色。不透明涂装常用于涂饰针叶材、纹理和颜色较差的散孔材和刨花板、中密度纤维板等制成的家具。一般金属家具、人造板材家具使用较多。由于针叶材的早材吸收涂料中的液态组织成分（干性油、树脂液等）比晚材多，涂层干燥后，漆膜表面的颜色和光泽都很不均匀，所以要合理使用涂料。不透明涂饰需要经过多道工序，使用几种相应的涂料，相互配套进行涂饰，才能达到一定的质量要求。不透明涂饰的主要工序有表面清净、去树脂、嵌补、填平、涂底漆、涂面漆、磨光、抛光，等等（图3.72）。

3.4.1.3　金属、塑料、陶瓷、玻璃的现代工业色

现代大工业标准化批量生产的金属、塑料、陶瓷、玻璃家具充分体现了现代家具技术发展进步的时代色彩。金属的电镀工艺、不锈钢的抛光工艺、铝合金静电喷涂工艺所产生的独特的金属光泽，塑料的鲜艳色彩，玻璃

---

❶ 阔叶树一般指双子叶植物类的树木，扁平，叶脉呈网状，叶常绿或落叶，一般叶面宽阔，叶形随树种不同而有多种形状的多年生木本植物。阔叶树的经济价值大，不少为重要用材树种，其中有些为名贵木材，如樟树、楠木等。

❷ 透明涂饰工序顺序为表面清净、去树脂、漂白、嵌补、染色、填孔、涂底漆、涂面漆、研磨、抛光等。

的晶莹透明，陶瓷的光洁，这几类现代工业材料已经成为现代家具制造中不可缺少的部件和色彩。随着现代家具的部件化、标准化生产，越来越多的现代家具是木材、金属、塑料、陶瓷、玻璃等不同材料配件的组合，在材质肌理中装饰色彩显露出相互衬托，交映生辉的艺术效果（图3.73～图3.76）。

图3.71 双排座椅

图3.72 透明涂饰和不透明涂饰家具一组

图3.73 SCRIBBLE家具
由金属锻造，如书法柔和的曲线。其目的是使金属的硬朗线条发生转变，这些符号就像舞者一样相互追逐，变成了家居生活中的一部分，神秘而充满魅力

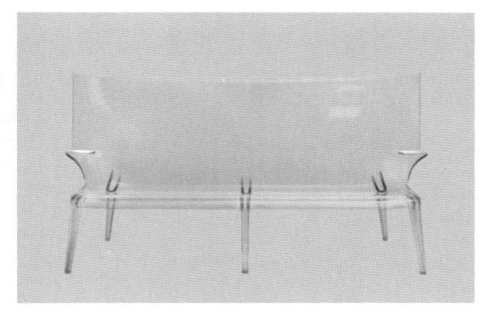

（a）玻璃材质的长椅 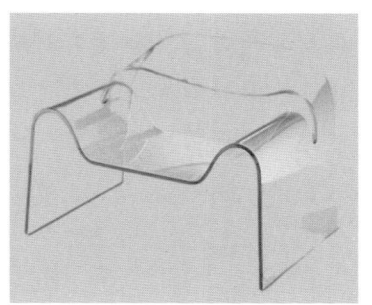　　　　　　（b）玻璃材质的靠椅

图3.74 玻璃家具的材质肌理

图3.75 陶瓷家具的材质肌理 　　图3.76 塑料家具的材质肌理

3.4.1.4 软体家具的皮革、布艺色

软体家具中的沙发、靠垫、床垫在现代室内空间中占有较大面积,因此,软体家具的皮革、布艺等覆面材料的色彩图案在家具与室内环境中起到了非常重要的作用。特别是随着布艺家具在室内空间中使用的逐步流行,由于现代纺织工业所生产的布艺种类及色彩极其丰富多彩,为现代软体家具增加了越来越多的时尚流行色彩,是现代家具设计师非常需要注意和选配的装饰色彩和用料(图 3.77 和图 3.78)。

(a) 多功能布艺沙发　　　　(b) 渐变布艺沙发

图 3.77　皮革家具的材质肌理

图 3.78　布艺沙发家具的材质肌理
各种组件可以结合起来,让计划自由支配。朴实无华的设计以精致的细节着迷

除了上述家具的色彩应用外,家具的色彩设计还必须考虑家具与室内环境的因素。家具的色彩不是孤立的一件或一组家具,家具与室内空间环境是一个整体的空间,所以家具色彩应与室内整体的环境色调和谐统一。家具与墙面,家具与地面、地毯,家具与窗帘、布艺,家具与空间环境(办公、家居、餐饮、旅馆、商业等)都有密不可分的关系,设计单体或成套家具的色彩时必须把家具所处的建筑空间环境的色调一起综合设计。总之,家具的色彩设计必须和室内环境及其使用功能做整体统一考虑。

3.4.2　艺术性装饰

家具艺术性装饰,其作用是使被装饰主体在符合实际功用的基础上更具有美感,它是依附于家具主体之上的,较为常见的家具艺术性装饰方法有线型装饰、木雕装饰、灯光装饰。

3.4.2.1　线型装饰

线不仅是塑性的必要手段,也是美化家具形体不可或缺的重要方法之一。为了丰富家具的外观形象而把家具的面板、顶板、旁板等部件的可见边缘部分设计成线型面,这就是线型装饰(图 3.79)。它在家具的装饰上起着不可替代的作用,线型的装饰要与家具的风格特征、结构特点相结合。家具中所处不同部件对装饰线型的要求也各异,顶板、面板的顶面线及旁板的旁脚线,处于外观的显要部位,所以对线型的要求应讲究些。有时为使顶部、面板显得厚重,可加贴实木条使线型加宽。底板的底脚线可以简单些,以便于加工。家具的线型一般是在铣床上加工。

线型装饰要重点注重家具的线脚细节处理。家具的线脚是一种在门面上用对称的封闭线条构成图案达到美化家具的装饰方法。线脚一般以直线为主,在转角处配以曲线,通过线脚的变化与家具外形相互衬托,使家具富有艺术感。常见的制作工艺方法有雕刻或镂铣,镶嵌木线、镀金线或金花线,局部贴胶合板等(图 3.80)。

精心设计的线型装饰是确定家具风格、美化家具形体、体现家具时尚的必要手段。

图 3.79　美式乡村餐边斗柜　　　　　图 3.80　欧式实木雕花洽谈椅

3.4.2.2　木雕装饰

木雕工艺在我国历史悠久，其最大的特点是将科学性与艺术性高度统一。木雕装饰是以小面积的精致浮雕和镂雕点缀在适当的部位，与大面积的素面形成鲜明的对比。

木雕装饰的表现形式多种多样，具体可分为浮雕、圆雕、透雕等。

1. 浮雕

浮雕也称凸雕，是在木材表面雕刻凸起的图形，好像浮起的形状。浮雕又因为在木材表面雕刻深度的不同可分为浅浮雕、中浮雕和深浮雕三种层次。浅浮雕是在木面上仅仅浮出一层极薄的物象，一般画面深 2～5mm，物体的形象还要借助于抽象的线条等来表现的一种浮雕。它具有使用工具少、操作方便、表现题材广泛、内容丰富、图案不受规格制约等特点，常用来装饰门窗、屏风、挂屏、橱柜门板等。中浮雕是介于浅浮雕与深浮雕之间的一种技法。深浮雕又称为镂空雕，雕刻出的物象在平板上浮出较高，略近于实物，主要用于壁挂、案几等高档产品（图 3.81）。

2. 圆雕

圆雕是一种立体状的实物雕刻形式，常见于宝座、衣架搭脑两端，刻成各种立体纹饰，可供四面观赏，是雕刻工艺中最难的一种。这种雕刻应用较广，人物、动植物和神像等都可以表现，家具上往往利用它作为装饰件，尤其是作为支架零件（图 3.82）。

图 3.81　浮雕
清早期黄花梨木浮雕夔龙纹官皮箱

图 3.82　圆雕

3. 透雕

透雕是将木材雕透而呈现图案的一种技法。透雕在古建筑装饰中，具有独特的艺术效果。它是木雕艺术特有的表现形式，一般要经过绘图、镂空、凿粗模、修光、细润等一系列操作工序完成，极富装饰感。透雕是将浮雕纹饰以外的部分凿空，以虚间实，衬托出主题，有更好的展示效果。透雕又有一面做、两面做和整挖之分。一面做顾名思义就是正面雕花，背面不雕；两面做就是正面和背面都雕有纹饰；整挖是北京家具匠师的称呼，一般指厚达二三寸的原材，透雕纹饰，不仅正反两面都要雕，透空的纵深部分也要雕刻（图3.83）。

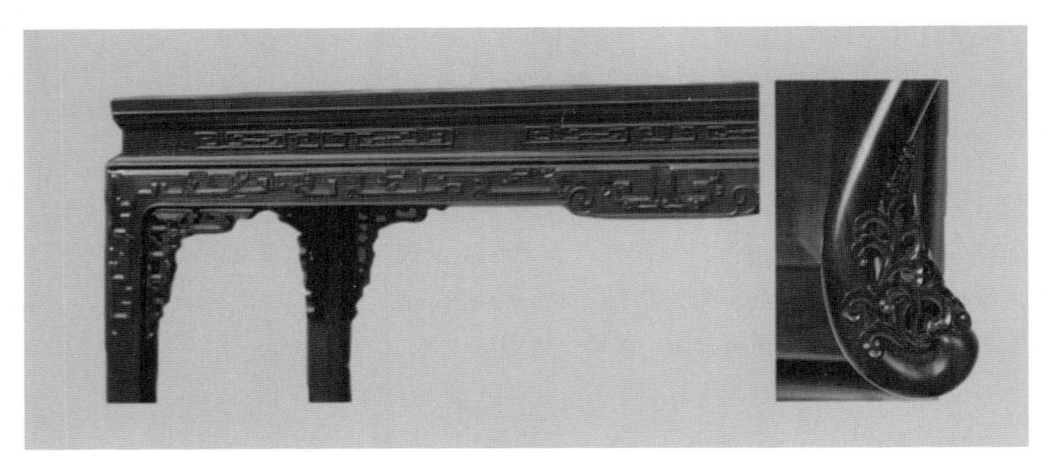

图3.83 透雕

3.4.2.3 灯光装饰

在家具内安装灯具，既有照明作用，也有装饰效果。现代家具中，如组合床的床头箱内，组合柜的写字台上方，酒柜、陈列柜等内部，都可用灯光进行装饰。现代家具设计与灯饰设计正逐步融为一体，这是灯具用以装饰家具所面临的新趋势（图3.84和图3.85）。应用灯光装饰时应对照明部位、遮挡形式、灯光照度和色彩进行精心设计。另外，在设计家具时，应该考虑预留家具内部的走线空间。

图3.84 景观家具内藏灯光装饰

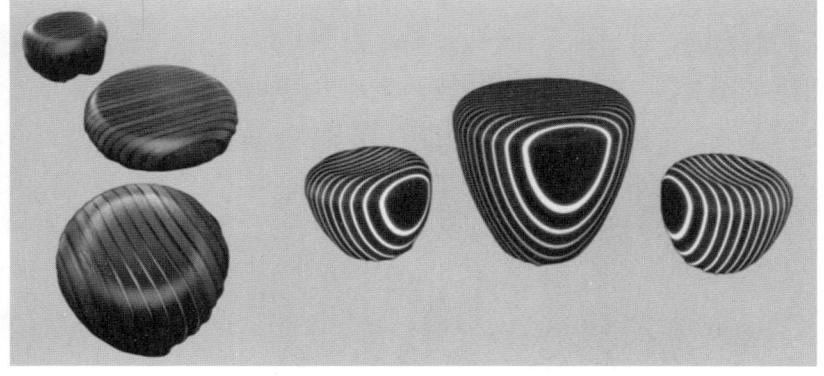

图3.85 Bright Woods系列家具
设计师在木纹与木纹之间镂空出多条直条窗口，放置在椅子内部的灯透过直条窗口散出不同的光

作业与思考题

1. 三种基本家具造型分类的方法是什么？
2. 请尝试运用统一与变化、模拟与仿生等现代设计方法进行一组家具设计。

第 4 单元　人体工程学与家具功能设计

★学习目标：

1. 关注家具的合理性。家具是实用性的产品，因而我们在设计家具时应考虑的第一要素是家具功能的合理性。
2. 家具设计时应使家具的基本尺度与人体动静态的尺度相配合，同时家具的造型与结构要满足人们各种作息习惯的需要，并通过家具的外观、色彩、质感等要素来满足人们各种审美的心理需求。
3. 从人体工程学的角度对人和家具的各种关系进行理性的分析，以帮助学习者设计出合理、舒适的家具。

★学习重点：

1. 掌握各种常用家具的尺寸。
2. 了解人体工学相关知识，从使用者的生理需求和心理需求的角度出发来设计家具。

在漫长的家具发展历程中，对于家具造型设计，特别是对于人体机能的适应性，大多数情况仅通过直觉来判断，或凭习惯和经验来考虑。对于不同用途、功能的家具，缺乏一个客观科学的定性分析衡量依据。即使是欧洲国王或中国皇帝等所使用的宫廷建筑家具，尽管精雕细刻、造型复杂，但为凸显威严，也不免有违反人体机能的设计出现。现代家具的核心理念是"以人为本"，这要求家具的设计和开发必须基于人体的本性。设计已经从"机械设计"走向"人机设计"，用环境产品设计开发创造新生活。这种设计理念不断实现人们对美好生活的向往，通过设计来实现、维护、发展好广大人民群众在日常使用中的需求。

亨利·德雷夫斯[1]从人与家具的关系角度，提出家具设计的几点准则。

(1) 家具的基本功能设计应该满足使用者具体的生活行为需要。

---

[1] 亨利·德雷夫斯（1903—1972）是美国著名的工业设计师，也是最早把人体工程学系统运用在设计过程中的设计家。

（2）提供支持人们休息状态的家具，应使人在使用时将静疲劳强度降至最低，从而可以让人体各部分肌肉处于完全放松的状态。同时支持人体的承压结构，应使压力均匀分布，以减少单位面积的压力密度。

（3）为工作状态提供服务的家具，除了考虑减轻人体疲劳外，还应考虑提高工作效率与质量。

（4）家具设计时要遵守便于身体移动的准则。使用者长期保持同样的姿势也会产生静疲劳，因此家具应能适应不同姿势的交替变化，僵化而束缚人体的家具并不能给人以良好的休息。

（5）家具的外观设计要考虑到使用者的心理需求与个性特征，从而有利于人们的身心健康。

现代家具早已超越了单纯实用的需求层面，随着社会的发展和人类文明与科技的进步，现代家具设计是建立在对人体的构造、尺度、体感、动作、心理等人体机能特征的充分理解和研究的基础上进行的系统化设计。

按照人体工程学原理、家具的基本功能以及与人和物之间的关系，可以将家具划分成以下三类：

（1）与人体接触面最多、使用时间最长、功能最广、有支撑人体活动的坐卧类家具，如椅、凳、沙发、床榻等。

（2）与人类工作、学习、生活直接发生关系，起辅助人体活动、承托物体作用的凭倚家具，如桌台、几、案、柜台等。

（3）与人体产生间接关系，起着储存物品作用的储存类家具，如橱、柜、架、箱等。

以上三大类基本囊括了我们在生活中和从事各项活动时所需的家具。家具设计是一种创作活动，它必须依据人体尺度及使用要求，将技术与艺术诸要素进行完美的结合，营造更加合理、舒适、温馨、有品位的人文环境。

4.1 人体基本系统

家具设计首先要研究家具与人体活动的关系，而想要了解人体活动的规律就必须先清楚人体的构造、构成的主要组织系统及人体基本系统组成，如图4.1所示。这些系统像一台机器那样互相配合、相互制约地共同维持着人的生命和完成人体的活动，在这些组织系统中与家具设计有密切关联的是骨骼系统、肌肉系统、神经系统和感觉系统。

4.1.1 骨骼系统

骨骼如同人体的框架，支撑起整个身体。整个骨骼系统由200多根骨节组成，并且按规律排列在人体的各部位。骨骼是家具设计测定人体比例、人体尺度的基本依据，骨与骨之间的缝隙称为关节。人体通过不同形状的骨骼和可动关节的活动完成屈伸、回旋等各种不同的动作，从而组合形成人体各种姿态。要使家具适应人体的各种姿态，就必须研究人体不同姿态下的骨关节运动与家具之间的关系。

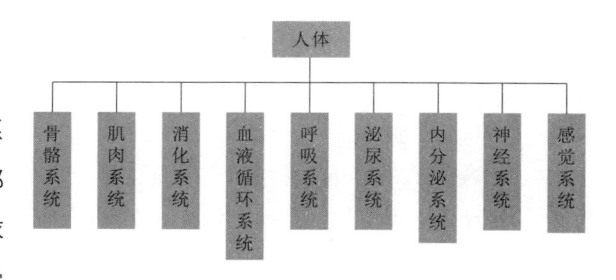

图 4.1 人体基本系统

4.1.2 肌肉系统

肌肉系统牵引骨骼而产生关节的运动。在人体长时间保持一种姿态不变的情况下，肌肉处于反复工作的状态，导致工作能力下降，于是人体会感觉到疲劳，因此人们需要适当的变化姿态使肌肉轮流休息。此外，肌肉的营养依靠血液循环来维持，当血液循环受到阻碍时，肌肉活动就不能顺利进行。所以在家具设计中，尤其是坐卧类家具，特别要注意家具承压面与人体肌肉的关系。

4.1.3 神经系统

神经系统的作用是主导机体，在神经系统的直接或间接调节下，使人体形成一个有机的整体，实现和维持人类的正常生命活动。神经系统通过调整机体的各项功能，以反射为基本活动方式，调节人体活动，使人能够适应不断变化的外界环境。

4.1.4 感觉系统

感觉系统是物理世界与人内心感觉之间的转化器。人们可以通过视觉、听觉、触觉、嗅觉、味觉等感觉系统接收到各种信息，并刺激传达到大脑，然后由大脑发出指令，由神经系统传递到肌肉系统，再产生反射式的行为活动。如晚间睡眠时在床上长时间仰卧，肌肉受压，通过触觉系统传递信息后作出翻身这一反射性的行为活动。

4.2 人体基本动作

人在运动与休息的过程中存在着多种不同的姿势，并且动作形态是相当复杂且变化万千的，如蹲坐、躺卧、站立、跳、旋转、行走等都会显示出不同形态所具有的不同尺度和不同空间的需求。这些姿势涵盖了从完全的活动状态（如跑、跳、走等）到有倚靠的站立、坐、卧，直至完全的休息状态。其中，除了完全运动着的状态外，其余的各种姿势都或多或少地与家具产生一定的联系。从家具设计的角度来看，合理地依据人体一定姿态下的肌肉、骨骼的结构来设计家具，能调整人的体力损耗，减少肌肉的疲劳，从而极大地提高工作效率。其中，与家具设计密切相关的人体动作主要是立、坐、卧（图4.2）。

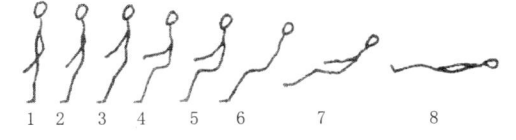

图 4.2 人体运动状态
1~8 表示由站立位至卧位的动线

4.2.1 立

人体站立是一种最基本的自然姿态，是由骨骼和无数关节支撑而成的。当人直立进行各种活动时，由于人体的骨骼结构和骨肉运动时时处在变换和调节状态中，所以人们可以作较大幅度的活动和较长时间的工作。如果人体活动长期处于一种单一的行为和动作时，他的一部分关节和肌肉就长期地处于紧张状态，就极易感到疲劳。人体在站立活动中，活动变化最少的应属腰椎及其附属的肌肉部分，因此人的腰部最易感到疲劳，这就需要人们经常活动腰部和改变站姿态。当人体处于凭倚状态时，需要一定的物质支持，对应的是凭倚类家具（图4.3）。

图4.3 法国巴黎地铁站内站台椅
地铁站内的候车站台，人群流动性很大，简易的靠椅设施，对短时间内停留于此候车的人们而言，方便、实用，同时又节约空间

4.2.2 坐

当人长时间站立时，就需要坐下来休息。同时，人们的活动和工作也有相当大的部分是坐着进行的，因此需要着重研究人坐姿时骨骼、肌肉与家具的关系。

人体的骨骼结构支撑身体重量和保护内脏不受压迫，当人坐下时，由于骨盆与脊椎的运动，推动了原有直立姿态时的腿骨支撑关系，人体不能保持平衡，必须适当地坐在平面上或依靠物体来得到支撑和保持躯干的平衡，使骨骼、肌肉在人坐下时能获得合理的松弛形态，为此设计师设计了各类坐具以满足坐姿状态下的各种人体活动（图4.4）。

图4.4 可调整的转椅
在正常情况下，这就是一把转椅。但如果你累了，或者到了中午休息时间，你想打游戏，就可以把座椅分成两半，不用正襟危坐，便可以更舒适地操作电脑了

4.2.3 卧

卧的姿态是人最好的休息状态。不管是站立还是坐姿，人的脊椎、骨骼和肌肉总是受到压迫，并处于一定的收缩状态，只有卧的姿态，才能使脊椎骨骼受压的状态得到真正的松弛，从而得到最好的休息。因此从人体骨骼肌肉的结构来看，卧不能看作为站立姿态的横倒，其动作姿态下，腰椎形态位置是完全不一样的，

只有把"卧"看作为特殊的动作形态来认识，才能正确理解"卧"的意义（图 4.5 和 4.6）。

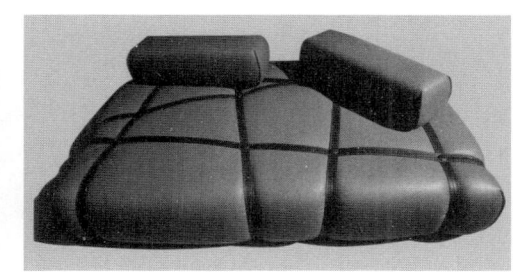

图 4.5　多变沙发

图 4.6　具有丰富形态的床

4.3　人体尺度

在家具设计中，对人体生理机能的研究是促使家具设计更具科学性的重要手段。根据人们生活习惯和不同的使用功能，家具设计做到坚持尽力而为与量力而行，将家具分为坐卧性家具、凭倚性家具及储存性家具三类。

家具设计最主要的依据是人体尺度，如人体站立基本高度的伸手最大活动范围，坐姿时的下腿高度和上腿长度及上身的活动范围，睡姿时的人体宽度、长度及翻身的范围等都与家具尺寸有着密切的关系。因此学习家具设计，必须首先了解人体各部位固有的基本尺度。

以我国为例，由于地大物博、人口众多，不同性别的人随年龄、地区的不同，人体尺寸会有所变化。同时，随着时代的发展、人们生活水平的提高，人体尺度也在发生变化，因此需要采用人体尺寸的平均值作为设计时的相对尺度依据。对尺寸的理解是既要基于人体尺度，因为离开了人体尺度就无从着手设计家具；但同时，我们又要对现有的尺度持有辩证的观点，因为它具有一定的灵活性。

4.3.1　坐卧性家具

坐卧性家具是家居中最基本且古老的家具，主要包括椅、凳、沙发、床、榻等。

在日常生活中，人体动作姿态繁多，从立姿到卧姿各有不同，而坐姿与卧姿是其中最多的动作姿态，如工作、学习、用餐、休息等都是在坐或卧状态下进行的。因此，坐卧类家具与人体生理机能关系的研究就显得特别重要。

坐卧性家具的基本功能是要让人们坐得舒服、睡得安宁、减少疲劳和提高工作效率。其中，在这四个基本功能要求里，最关键的是减少疲劳。在设计家具时，通过对人体的尺度、骨骼和肌肉关系进行研究，使设计的家具在支撑人体动作的同时，将人体的疲劳度降到最低状态，也就能得到最舒服的感觉，还可保持最高的工作效率。

虽然形成疲劳的原因是一个很复杂的问题，但主要是来自肌肉和韧带的收缩运动，这时人体就需要给相应部分的肌肉持续供给养料，如供养不足，此部分的机体就会感到非常疲劳。因此，在设计坐卧性家具时就必须考虑人体生理特点，使骨骼、肌肉结构保持合理状态，并且血液循环与神经组织不过分受压，尽量设法减少、消除产生各种疲劳的条件。

4.3.1.1 坐具的基本尺度与要求

坐具的基本要求如图4.7所示。

无论工作椅还是休闲椅，都应该具有合适的座高、座深、座宽、座面倾斜度、合理的椅靠背、扶手及座椅弹性（图4.8～图4.10）。

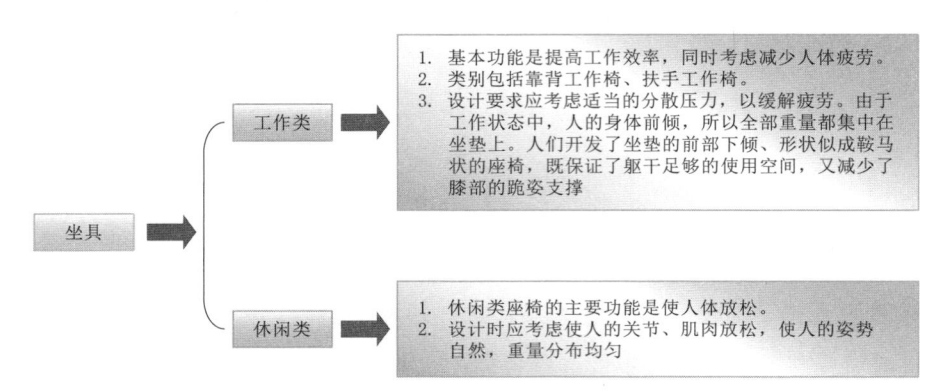

图4.7 坐具的基本要求

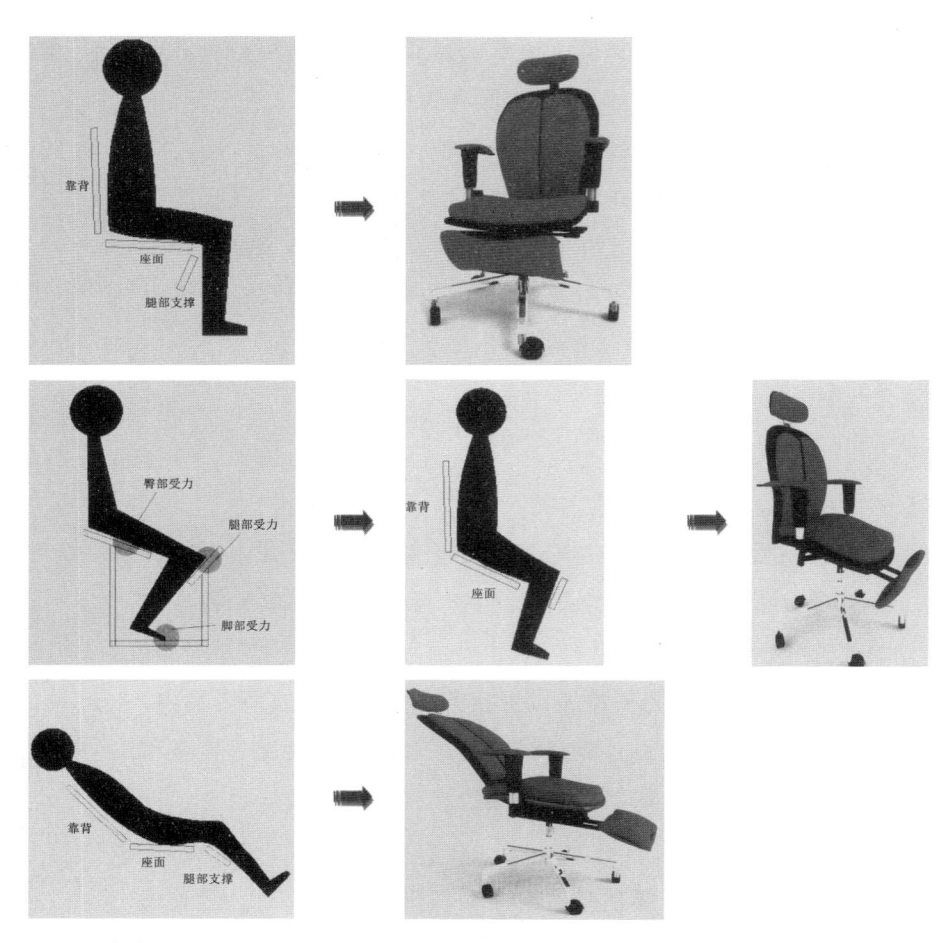

图4.8 突破传统设计的办公椅

第 4 单元 人体工程学与家具功能设计　117

通过对坐姿的研究，办公椅的设计可以突破传统。人坐在上面，可以轻松转变人体坐姿的三种状态：普通办公椅的使用状态、跪式椅使用状态和躺椅使用状态，坐姿的转变有利于最大限度地减少办公人员由于长时间工作而产生的腰部酸痛以及颈、背部疲劳等不适症状，这种新型办公椅特别适合在电脑前长时间工作的人使用。

此外，随着科技手段和智能化发展，办公座椅可以利用机械的伸展，从内部的架构开始，利用复杂的机械摇摆原理和机械智能控制，自由切换坐卧模式。以芝华仕自主研发的合金钢架为例（图 4.11），该机械架构不仅运用于办公座椅中，在沙发家具中均有使用。

图 4.9　Caterpillar 椅

图 4.10　多功能一体办公家具

图 4.11　芝华仕合金钢架
这款多功能办公家具是一个三角造型家具

1. 座高

家具的座高是指坐具的座面与地面的垂直距离。由于椅子的椅座面常向后倾斜，所以通常以前座面高作为椅子的座高。

椅子的座高是椅子功能合理与否以及坐姿舒适程度的重要因素。如果座面过高，两足不能落地，导致大腿前半部近膝窝处软组织受压，久坐后，血液循环不畅，肌腱就会发胀而后麻木；如果椅座面过低，则大腿碰不到椅面，体压集中在坐骨节点上，时间久了会产生疼痛感。另外，座面过低，人体形成前屈姿态，会增大背部肌肉的活动强度，而且重心过低，也会使人起立时感到困难（图 4.12）。因此设计时必须寻求合理的座高与体压分布，合理的座高为

$$椅座高 = 小腿腘窝高 + (25 \sim 35mm 鞋跟高) - (10 \sim 20mm 活动余量)$$

目前，按照我们国家平均人体的身高尺度，座高一般为 400～440mm 比较合适，尺寸极差 $\Delta S = 20mm$；若座高可调，一般调节范围为 380～520mm。

(a) 适中　　(b) 座面过高　　(c) 座面过低

图 4.12　座高与腿部腘窝的关系

休闲座椅，如躺椅、沙发等，要充分使人得到休息，把人体疲劳降低到最低点。因此，它的座高相对低于一般的座椅，一般尺寸为 330～380mm（不包括材料的弹性余量）。如座椅上有比较厚的坐垫材料，应以弹性下沉的极限作为尺度标准（图 4.13）。

图 4.13　挪威设计师 Peter Opsvik 设计的椅子
这是为不同年龄阶段的孩子设计的椅子。通过座面高度的调整，满足了成长中身高不断变化的孩子的需求，因而这把椅子可以作为高适应性设计的代表

工作椅的座高尺寸一般为 420～500mm。工作椅的设计应保证高度可调，调节方式可以是无级的或间隔 20mm 为一档的有级调节，调节范围通常为工作台面下方 24～30cm。当作业要求座高较高时，应配置一个可调式踏板搁脚。

2. 座深

家具的座深是指臀部后缘至腘窝的水平距离,即座面的前沿至后沿的距离。通常座深应小于人坐姿时的大腿水平长度,使座面前沿小腿有60mm左右的距离,以保证小腿的活动自由。

以我国成年人人体平均尺度为依据,得出人体坐姿的大腿水平长度平均值:男性为445mm,女性为425mm。在保证座面前沿离开膝窝约60mm的情况下,一般座深尺寸为380～420mm;对于普通工作椅来说,由于工作人员人体腰椎与骨盆之间呈垂直状态,所以其座深可以浅一点,可以小于420mm;而作为休息的靠椅,因人休息状态时腰椎与骨盆的状态呈倾斜钝角状,故休息椅的座深可设计得略微深一些,但一般不宜大于530mm。

3. 座宽

依据人的坐姿及动作设计,椅子座面往往呈前宽后窄的形状,座面的前沿宽度称座前宽,后沿宽度则称座后宽。

座椅的宽度应使臀部得到全部支撑并有适当活动宽裕的余地,以便于人体坐姿的变换。座宽一般不小于380mm,对于有扶手的靠椅来说,要考虑人体手臂的扶靠,以扶手的内宽来作为座宽的尺寸,按人体平均肩宽尺寸加以适当的余量,一般不小于460mm,但也不宜过宽,以自然垂臂的舒适姿态肩宽为准。

4. 座面倾斜度

从人体坐姿和动作分析,休息时,人的坐姿是向后倾靠,使腰椎有所承托的状态。因此一般的座面大部分设计成向后倾斜的,其倾斜角度为3°～5°,相对地椅背也向后倾斜。而一般的工作椅则不希望座面有向后的倾斜度,因为人在工作时,其腰椎及骨盆处于垂直状态,甚至还有前倾的要求,如果使用有向后倾斜面的座椅,反而会增加人体力图保持重心向前时肌肉和韧带收缩的力度,极易引起疲劳。因此一般工作椅的座面以水平为好,甚至可考虑椅面向前倾斜的设计,如通常使用的平衡椅凳面就是身前倾斜的(图4.14和图4.15)。

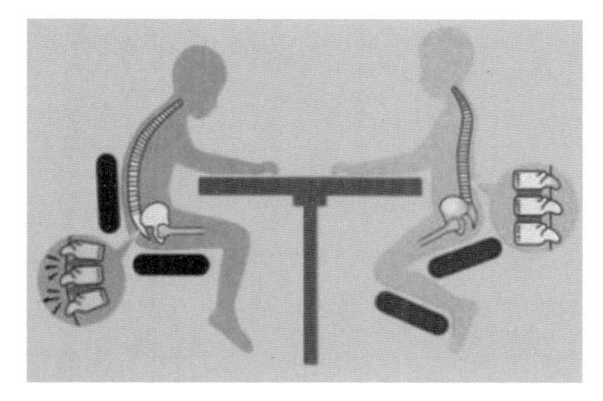

图4.14 普通座椅与平衡椅坐姿时人体结构状态对比图

图4.15 挪威设计师彼得·奥普斯韦克(Peter Opsvik)设计的工作"平衡"椅

这把椅子是根据人体工作姿态的平衡原理设计而成的。座面作小角度地向前倾斜,并在膝前设置膝靠垫,把人的重量分布于骨支撑点和膝支撑点上,使人体自然向前倾斜,使背部、腹部、臀部的肌肉全部放松,便于集中精力,提高工作效率

5. 座面曲度

座面曲度直接影响体压的分布,从而引起坐感的变化。设计时应尽量使腿部的受压降至最低限度。椅座面宜多选用半软稍硬的材料,座面前后也可略呈微曲形或平坦形,以利于肌肉的松弛并便于起坐。

6. 椅靠背

对于一般的工作椅而言,腰部肌肉的活动强度最大,最易疲劳。而这一类工作椅的座高正是坐具设计中用得最普遍的,因此要改变腰部疲劳的状况,就必须设置靠背来弥补这一缺陷。靠背的高度不宜过高,通常以不超出肩部高度为宜,有的仅在腰部第一节椎骨后加以支托。而休闲椅靠背的高度多高出肩部,使头部也有依托。

7. 扶手高度

休息椅和部分工作椅是设有扶手的,其作用是缓解两臂的疲劳。扶手的高度应与人体坐骨结节点到上臂自然下垂的肘下端的垂直距离相近。扶手过高时会阻碍两臂自然下垂,过低两肘则不能自然落靠,这两种情况都容易引起上臂疲劳,根据人体尺度,扶手上表面距离座面的垂直距离为 200～250mm。扶手和扶手之间的距离应大于肩宽,以 520～560mm 为宜。同时扶手前端略为升高,随着座面倾角与基本靠背斜度的变化,扶手倾斜度一般为 10°～20°或-20°～-10°(图 4.16)。

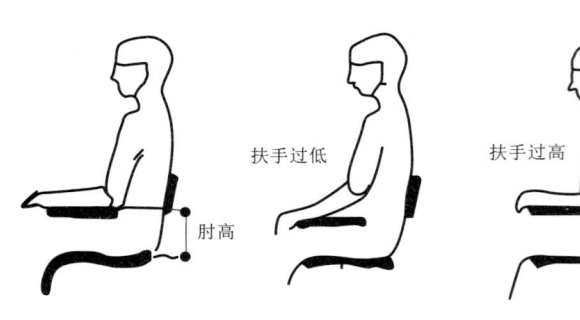

图 4.16 座椅扶手与人体的关系

8. 座椅弹性

座椅是供人轻松工作和良好休息之用。如座椅材料太硬,往往会引起不适感,所以在休息用椅和一般工作用椅上加上弹性软垫,以增加舒适感。但不同功能的座椅软垫的弹性要求也各不相同,一般工作用椅的软垫的弹性不宜过大。沙发椅的弹性尺度见表 4.1。

表 4.1　　　　　　　　　　沙 发 椅 的 弹 性 尺 度　　　　　　　　　　单位:mm

合适的座面下沉度		合适的靠背弹性压缩度	
		上半部	托腰部
小沙发	70 左右	30～45	小于 35
大沙发	80～120		

可调节座椅尺寸参数推荐设计值及相关说明见表 4.2。

表 4.2　　　　　　　　可调节座椅尺寸参数推荐设计值及相关说明

座 椅 参 数	设 计 值	说　明
A-座椅高度	400～520mm	过高则压迫大腿;过低则使椎间盘压力增大
B-坐垫深度	380～430mm	过长则抵压膝弯部,应使用弧曲轮廓
C-坐垫宽度	≥462mm	对体形较胖的人推荐用较宽值
D-座面倾角	-10°～+10°	前部朝下倾斜时,座椅面料须有更大的摩擦力
E-相对于座面的靠背角	>90°	大于 105°最好,但需要对工作台做调整

续表

座 椅 参 数	设 计 值	说 明
F-靠背宽度	305mm	在腰部处测量
G-腰靠	150～230mm	从坐平面到腰靠中心的垂直高度

凳的尺寸见表4.3。

表4.3　　　　　　　　　　　凳　的　尺　寸　　　　　　　　　　单位：mm

部位	工作用	休息用	普通用			长凳	小凳	吧凳
			大	中	小			
长	350～390	430～450	400	360	340	1000～1500	260	300～380
宽（深）	350～380	420～450	280	280	265	140	160	300～420
高	340～390	340～390	480	440	420	480	240	800

4.3.1.2　卧具的基本尺度与要求

床是供人睡眠、休息的主要卧具，也是与人体接触时间最长的家具。床的基本要求是为了确保人们能尽快入睡，享受舒适的睡眠环境，拥有高质量的睡眠质量，以达到消除一天的疲劳、恢复体力和补充工作精力的目的。因此，床的设计必须要考虑到床与人体生理机能的关系。除传统矩形外，床还有一些创意造型，如图4.17～图4.20所示。

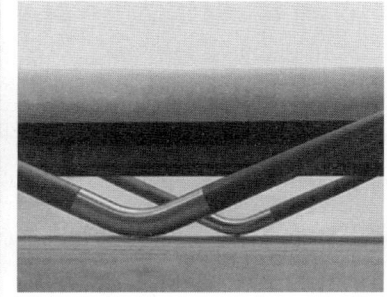

图4.17　创意浮床设计
浮床是由四根不锈钢连接到一个木棍和钢弓架制成。浮床易于安装，拆卸方便，从而非常方便地运输到你需要的地方去

图4.18　Curved Chair
坚实的钢被仔细弯曲成完美的倾斜角度，有序排列的柱体形成漂亮的曲线，纯手工打造而成的浅古铜色的纯黄铜底座和亚麻棉质纺织物无缝贴合

图4.19　甲壳虫多功能沙发床（设计：赵杨）
设计灵感来自甲壳虫的可爱外形，床头是一个小型物品存放区，方便主人休息时存放一些必需品，床两边是三角形茶几，简单实用，打开的床的两边可当沙发使用，白色靠背可以从床边抽出，坐垫下是一个收拉抽屉，方便主人收纳衣物或杂物。沙发靠背采用白色布艺柔软舒适，有机玻璃与金属的完美结合构造出了时尚简约的小茶几，置身其中，增添了不少生活的乐趣

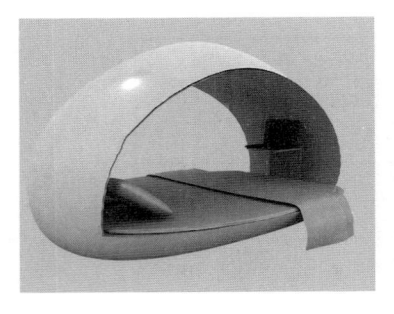

图4.20 蛋壳多功能床（设计：付秀娟）

这是一款形状像鸡蛋的多功能床。此床根据床的尺寸大小，采用鸡蛋的元素特点，材质选用白色金属喷漆，床垫和抱枕选用蛋黄色柔软的布料，两种颜色分别代表蛋壳和蛋黄。环绕床头和床尾安装了一个圆弧形的顶。顶部设有一个独立的照明灯具，床头两边分别配有开关按钮。在床尾有个可以拉伸、折叠的小桌子，方便人们写字看书和上网。躺在里面更是一种舒适的享受

从人体结构来看，人在仰卧与站立时，骨骼、脊椎、肌肉等所处的状态与所受的压力等是不同的。舒适的睡卧姿势应顺应脊椎的自然形态，使腰部与臀部的压陷略有差别，这主要取决于床的软硬和弹性。

在现代家具中，床垫是使体压分布合理的理想用具。它是由三层不同材料的结构组成：上层由于需要与人体接触，用料一般较柔软；中间层用料较硬；下层的支撑结构是承压部分，大多采用有弹性的钢丝弹簧结构。这样的结构软中带硬，有助于人体保持自然良好仰卧姿势，从而可以舒适地休息（图4.21和图4.22）。

人在睡眠时，姿势并不是一成不变的，而是经常辗转反侧。因此，人的睡眠质量除了与床垫的软硬有关外，还与床的尺寸大小有关（表4.4～表4.6）。

图4.21 常见的人体卧姿

1. 床宽

床的宽窄直接影响人睡眠时的翻身活动。日本学者实验表明，睡窄床时比睡宽床时的翻身次数少。当床宽仅为500mm时，人睡眠时的翻身次数要减少30%，这是由于担心会从床上掉下去的心理影响，人的睡眠质量自然也不会很好。为保证翻身和适当的活动，床宽一般为肩宽的2.5～3倍。按照我国人体平均尺度，男子肩宽在410mm左右，所以单人床宽一般为1000～1200mm，最小不少于800mm（不包括交通工具上的单人床和临时简易床铺）。双人床宽一般为单人床宽再加一人肩宽，为1500mm，最小不少于1350mm。

2. 床长

床的长度是指两个床头架之间的距离。为了能适应大多数人身高的需要，床的长度应该大于人体的平均高度来设计。床的长度可按以下公式计算

床长 L = 平均身高 × A(头前余量) + B(脚后余量)

根据GB/T 3326－2016《家具　桌、椅、凳类

图4.22 床垫结构示意图

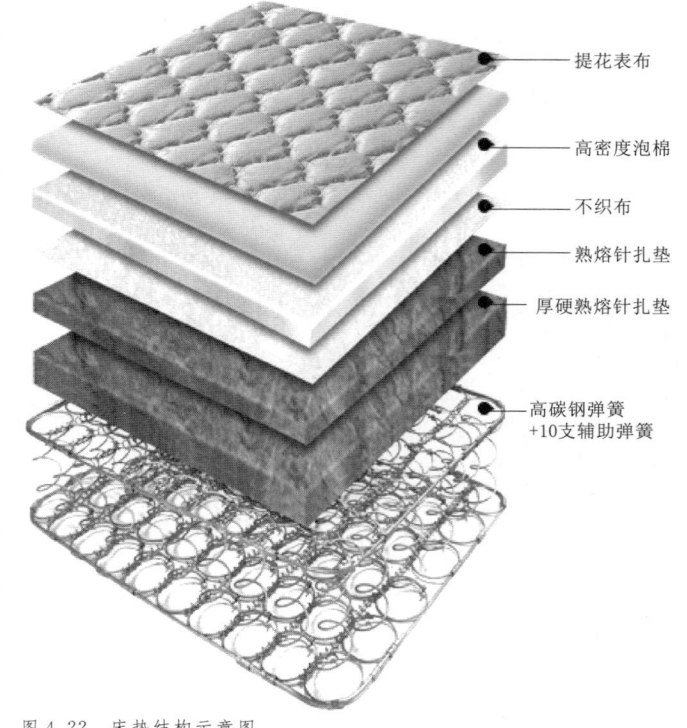

提花表布
高密度泡棉
不织布
熟熔针扎垫
厚硬熟熔针扎垫
高碳钢弹簧+10支辅助弹簧

主要尺寸》的规定，成人用床床面净长一律为1920mm。

对于宾馆的公用床，一般脚部不设床架，便于特高人群的客人需要，可以加接脚凳。

3. 床高

床高即指床面到地面的高度，一般情况下与座椅的高度一致，使床同时具备坐卧功能。另外，还要考虑人穿衣、穿鞋时的需求。按GB/T 3326—2016《家具 桌、椅、凳类主要尺寸》的规定，双层床的底床铺面离地面高度不大于420mm，层间净高不小于980mm（图4.23）。安全栏板高度大于200mm，安全栏板所留缺口为500～600mm。

图4.23 双层床

4. 床的尺寸

双人床常用尺寸见表4.4。

表4.4　　　　　　　　　双人床常用尺寸　　　　　　　　　单位：mm

名称	长	宽	高
大床	2000	1500	480
中床	1920	1350	440
小床	1850	1250	420

单人床常用尺寸见表4.5。

表4.5　　　　　　　　　单人床常用尺寸　　　　　　　　　单位：mm

名称	长	宽	高
大床	2000	1000	480
中床	1920	900	440
小床	1850	800	420

幼儿园儿童床常用尺寸见表4.6。

表4.6　　　　　　　　　幼儿园儿童床常用尺寸　　　　　　　　　单位：mm

名称	长	宽	高	栏杆高
大班	1350	700	300	500
中班	1250	650	250	450
小班	1200	600	220	400

4.3.2　凭倚性家具

凭倚性家具是人们工作和生活所必需的辅助性家具。如就餐用的餐桌、喝茶待客用的茶几、梳妆用的梳妆台、看书写字用的写字桌、学生上课用的课桌和制图桌等，它们的尺寸基准点都是以座高而定的；另外还有为站立活动而设置的售货柜台、厨房操作台等，它们的尺寸基准点是人站立时的站点。它们为人类进行各种活动时提供了相应的辅助条件，并兼放置或储存物品之用，因此这类家具的尺寸与人体动作有直接的关系。

4.3.2.1 坐式用桌的基本要求的尺度

1. 高度

桌子的高度影响人体的疲劳程度，这是因为桌子的高度影响人体动作时肌体的形状。正确的桌高应该与椅座高保持一定的尺度配比关系。设计桌高的合理方法是应先有椅座高，然后再加按人体座高比例尺寸确定的桌面与椅面的高度差，即

$$桌高 = 座高 + 桌椅高差（坐姿时上身高的1/3）$$

根据人体不同使用情况，椅座面与桌面的高差值可有适当的变化。如在桌面上书写时，高差＝1/3坐姿上身高－(20～30mm)，学校中的课桌与椅面的高差＝1/3坐姿上身高－10mm。

桌面高可分别为700mm、720mm、740mm、760mm等规格。我们在实际应用时，可根据不同的使用要求酌情增减。如设计中餐用桌时，考虑到中餐进餐的方式，餐桌可略高一点；设计西餐桌时，因西餐用餐需要使用刀叉，为方便双手操作，可以将餐桌高度略降低一些。

2. 桌面尺寸

桌面的宽度和深度应以人坐姿时手可达的水平工作范围，以及桌面可能置放物品的类型为依据。如果是多功能的或需配备其他物品、书籍的，还要在桌面上增添附加装置。对于阅览桌、课桌类的桌面，最好有约15°的倾斜，能使人获得舒适的视域并保持人体正确的姿势。

一般情况下，双柜写字桌宽为1200～1400mm；深为600～750mm；单柜写字桌宽为900～1200mm；深为510～600mm。一般批量生产的单件产品均按标准选定尺寸，但对组合柜中的写字台和特殊用途的台面尺寸不受限制。写字桌、会议桌平面布置如图4.24所示，写字桌常用尺寸见表4.7。

(a) 书桌　　(b) 单柜写字桌　　(c) 双柜写字桌

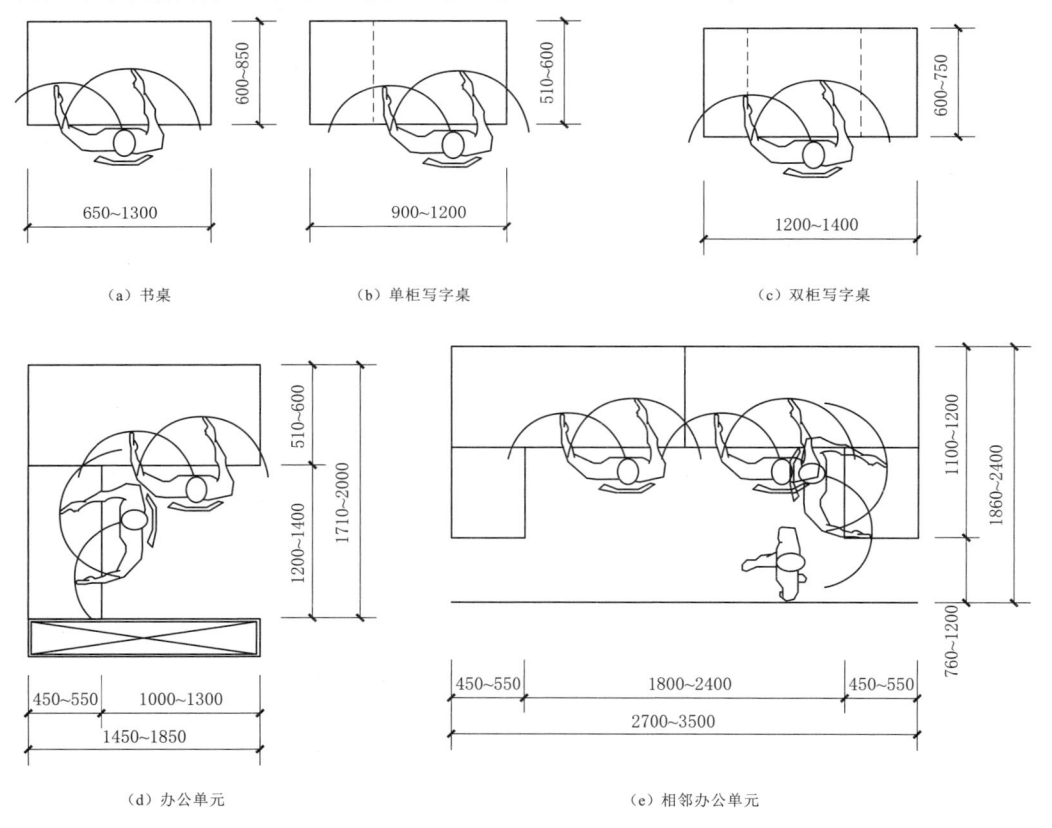

(d) 办公单元　　(e) 相邻办公单元

图4.24（一）　写字桌、会议桌平面布置图（单位：mm）

(f) 大办公桌　　　　　　　　　　　　　　(g) 组合办公桌

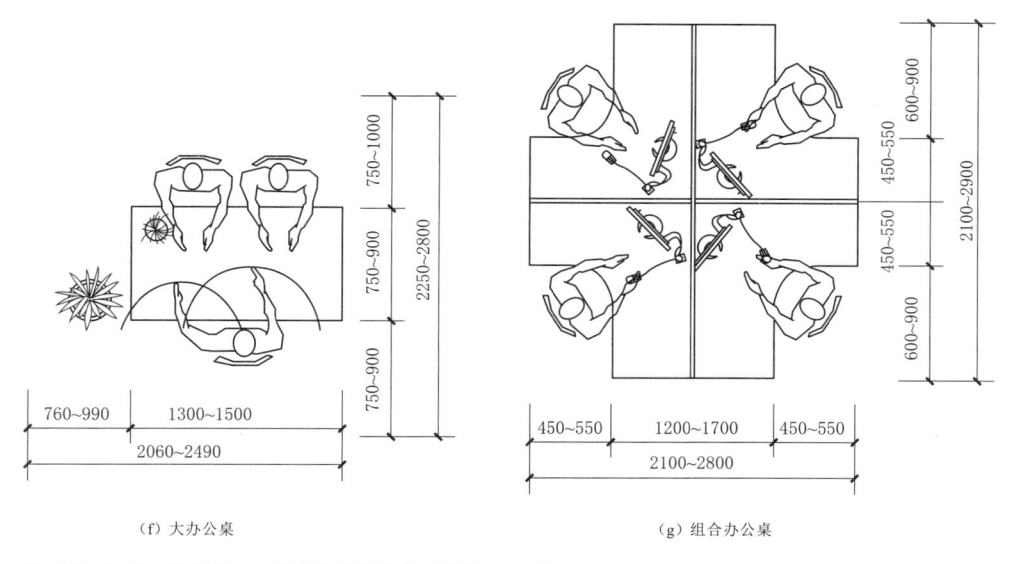

图 4.24（二）　写字桌、会议桌平面布置图（单位：mm）

表 4.7　　　　　　　　　　　　写 字 桌 常 用 尺 寸　　　　　　　　　　　　单位：mm

部位	书桌	小办公桌	大办公桌
长	650~1300	1000~1300	1300~1500
宽	600~850	600~700	750~900
高	760~800	750~780	780~800

餐桌与会议桌的桌面尺寸以人均所占周边长之和为准进行设计。一般人均占桌周边长为550~580mm，较舒适的长度为600~750mm，方桌的最大尺寸是1000mm，如图 4.25 所示。餐桌、会议桌常用尺寸见表 4.8。

表 4.8　　　　　　　　　　　　餐桌、会议桌常用尺寸　　　　　　　　　　　　单位：mm

部位	方桌	长桌	圆桌（直径）
长	760	1070	1090~1290
宽	760	760	1090~1290
高	730~760	730~760	730~760

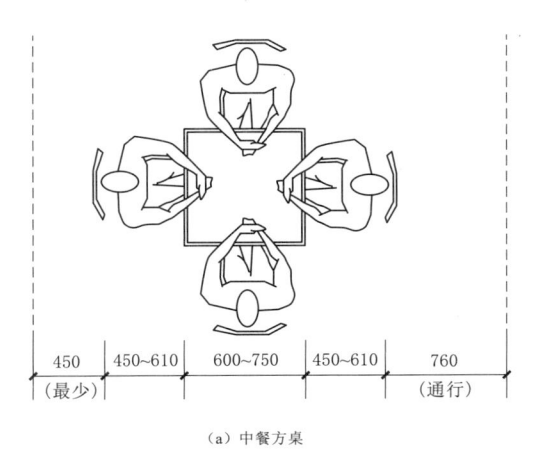

(a) 中餐方桌　　　　　　　　　　　　　　(b) 西餐桌

图 4.25（一）　餐桌、会议桌常见尺寸（单位：mm）

(c) 中餐圆桌

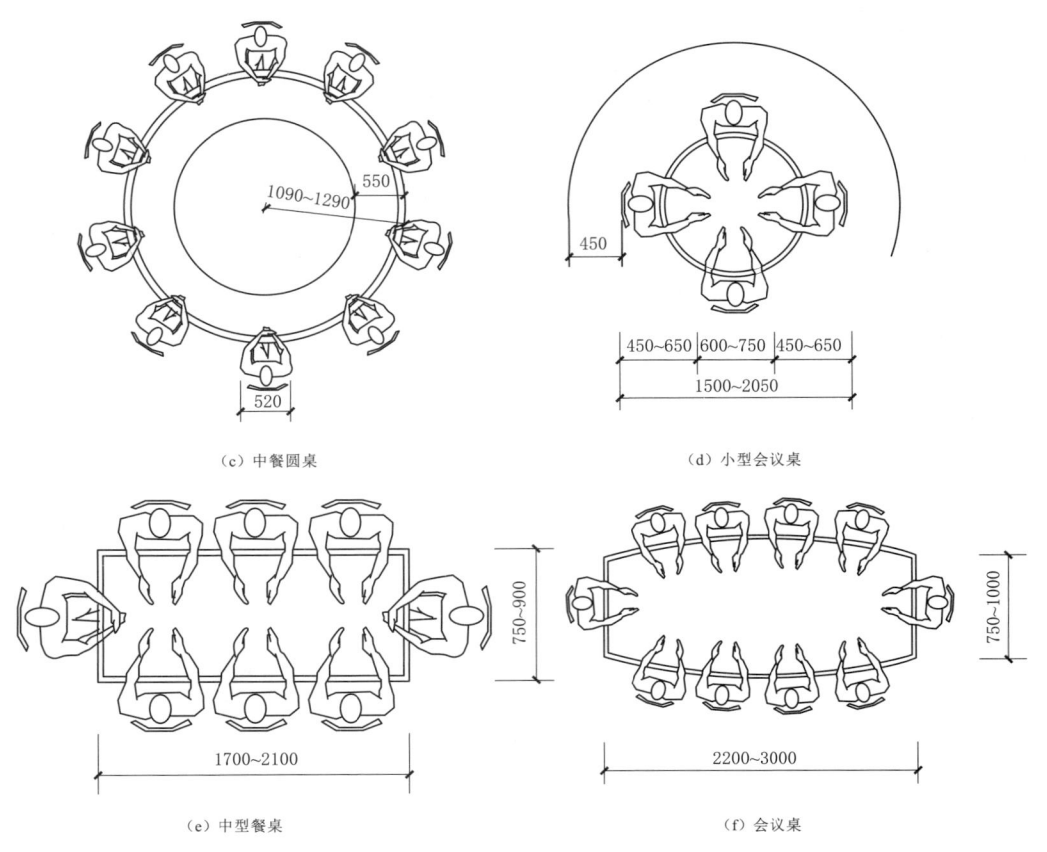

(d) 小型会议桌

(e) 中型餐桌

(f) 会议桌

图 4.25（二） 餐桌、会议桌常见尺寸（单位：mm）

3. 桌面下的净空尺寸

为保证坐姿时下肢能在桌下放置并且活动，桌面下的净空间高度应高于双腿交叉重叠时的膝盖高度，并使膝盖上部留有一定的活动余地。如有抽屉的桌子，抽屉则不能做得太厚，桌面至抽屉底部的距离不应超过桌椅高差的 1/2，即 120～150mm，也就是说桌子抽屉下沿距椅座面至少应有 150～172mm 的净空。根据 GB/T 3326－2016《家具 桌、椅、凳类主要尺寸》的规定，桌子净高应不小于 580mm，净宽不小于 520mm（图 4.26）。

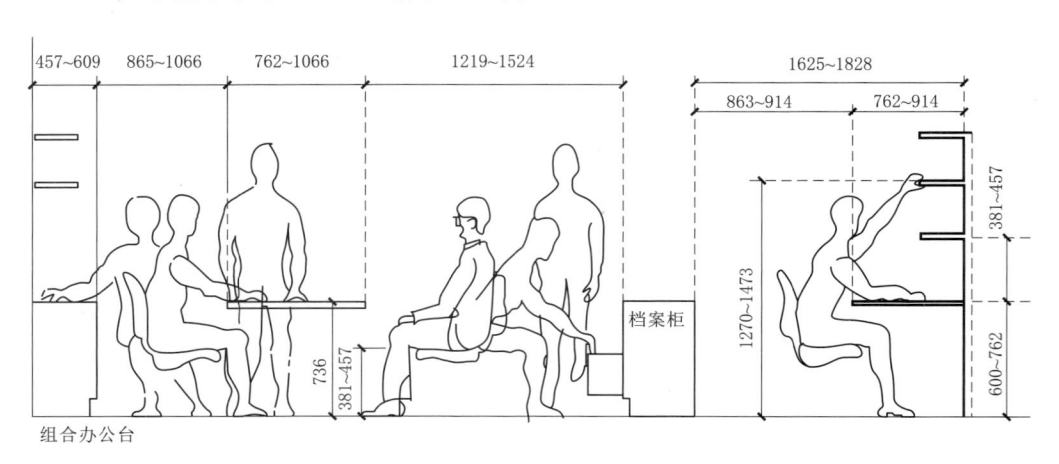

图 4.26 桌子尺寸设计图（单位：mm）

桌子的造型样式如图 4.27～图 4.30 所示。

图 4.27　书桌

图 4.28　儿童书桌椅

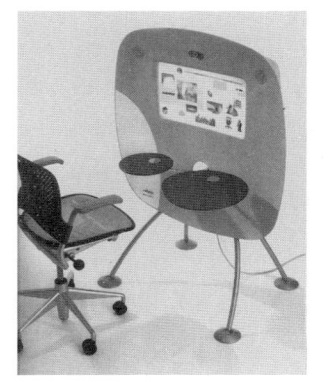

图 4.29　家庭办公桌
这是一个为未来家庭设计的互动式桌子，在桌子上所有的交流（商业、家庭、学校）都可以通过 E-mail 来完成。一个嵌入式的摄像机可以把你的形象发给网络上的朋友或有广角屏幕的会议桌上

图 4.30　餐桌

4.3.2.2　立式用桌（台）的基本要求与尺度

立式用桌（台）主要指橱柜、售货展示柜台、立式绘图桌椅、盥洗台及各种需站立使用的工作台等（图 4.31～图 4.34）。站立时使用的桌子（台）高度，是根据人体站立姿势时屈臂自然垂下的肘高来确定的。参照我国人体的平均身高，站立用桌（台）高度以 910～965mm 为宜。若是需承受人体压力的操作台，其桌面可以稍降低 20～50mm，甚至更低一些。

立式用桌（台）的桌台下部不需要留出容膝空间，因此桌台的下部分通常可作为储藏柜来用，但立式桌台的底部需要设置容足空间，使人体靠近桌台时有站立空间。容足空间一般是内凹的，高度为 86～99mm，深度为 50～100mm（图 4.35）。

图 4.31　橱柜

图 4.32 售货展示柜台　　　　　图 4.33 立式绘图桌椅　　　　　图 4.34 盥洗台

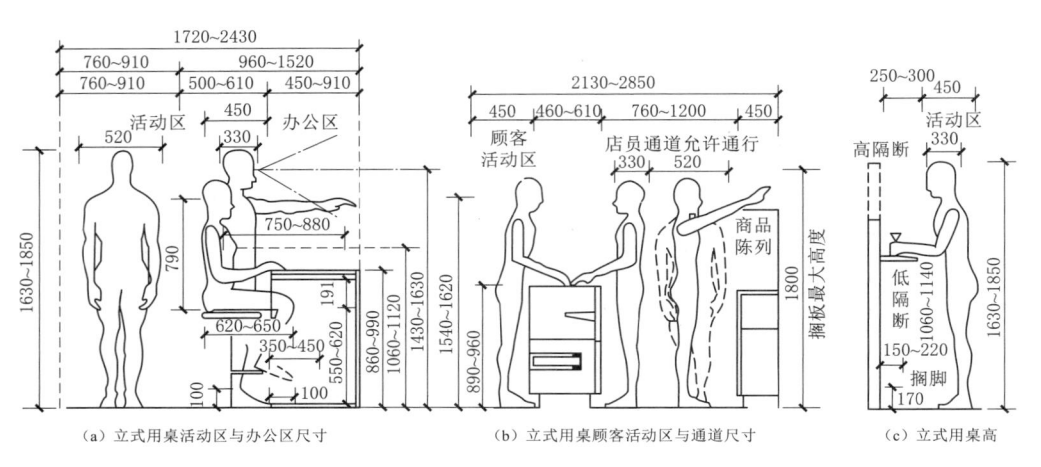

(a) 立式用桌活动区与办公区尺寸　　(b) 立式用桌顾客活动区与通道尺寸　　(c) 立式用桌高

图 4.35 立式用桌尺寸设计图（单位：mm）

4.3.3 储存性家具

储存性家具的主要作用是收藏日常生活中的衣物、消费品、书籍等器物。根据存放物品的不同，可将储存性家具分为柜类和架类两种不同类型的储存方式。柜类储存柜主要有衣柜、壁柜、被褥柜、书柜、床头柜、陈列柜、酒柜等；而架类储存家具主要有书架、食品架、陈列架、衣帽架等。储存类家具的设计，由于其功能的要求，必须考虑到人与物两方面的关系：一方面要求储存空间划分合理，方便人们存取，并能减少人体劳动强度；另一方面要求家具储存方式合理，储存数量充分，满足存放需求（图 4.36 和图 4.37）。

4.3.3.1 储存性家具与人体尺度的关系

我国的国家标准规定柜高限度为 1850mm。在 1850mm 以下的范围内，根据人体动作行为和使用的舒适性及方便性，再可划分为两个区域：第一区域为以人肩为轴，上肢半径活动的范围，高度为 650～1850mm，是存取物品最方便、使用频率最多的区域，也是人的视线最易看到的视域；第二区域为从地面至人站立时手臂下垂指尖的垂直距离，即 650mm 以下的区域，该区域存储不便，人必须蹲下操作，一般存放较重而不常用的物品。若需扩大储存空间并节约占地面积，则可设置第三区域，即橱柜上方 1850mm 以上的区域。一般可叠放柜架，存放较轻的过季性物品（如棉被等）（图 4.38）。

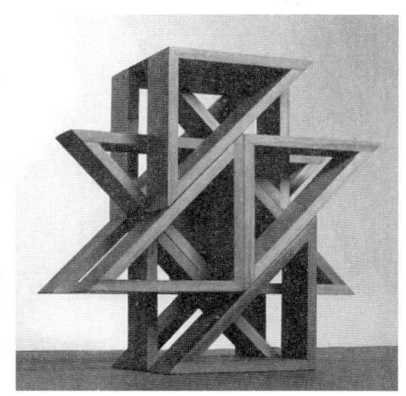

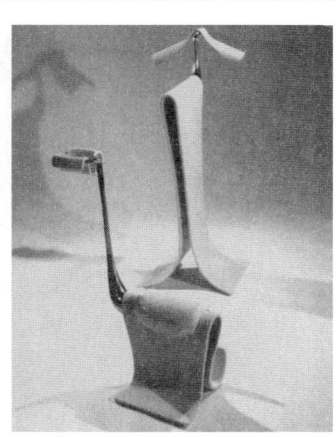

第 4 单元 人体工程学与家具功能设计　129

图 4.36　柜架造型一组

图 4.37　多功能组合式书柜（设计：赵杨）
设计灵感源自鱼。鱼跟雁一样，可作为书信的代名词。"鱼"与"余"谐音，所以鱼也被赋予了富贵的象征意义。此组书柜采用流畅的曲线和新颖的色调，展现出其独特的时尚感。因为它的颜色很多，能让空间变得灵动而又充满生气。鱼尾和鱼头分别设计了组合式凳子，方便主人阅读及查看资料

　　在上述储存区域内，根据人体动作范围及储存物品的种类可以设置搁板、抽屉、挂衣棍等。在设置搁板时，搁板的深度和间距除考虑物品存放方式及物体的尺寸外，还需考虑人的视线，搁板间距越大，人的视域越大，但相应地，空间浪费也会更多，所以设计时要统筹安排。

　　至于橱、柜、架等储存性家具的深度和宽度，由存放物的种类、数量、存放方式以及室内空间的布局等来确定，在一定程度上还取决于板材尺寸的合理裁割及家具设计系列的模数化（图 4.39）。

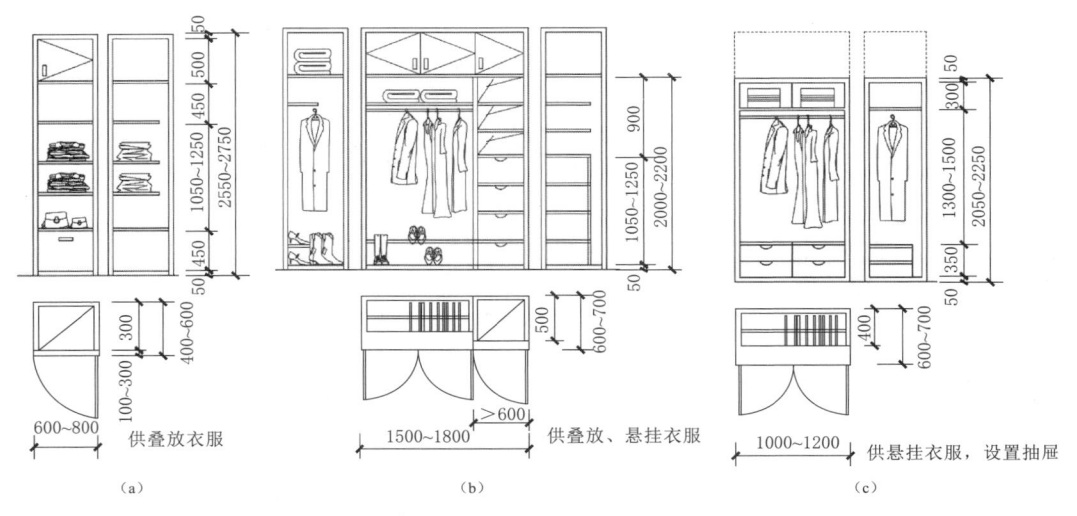

图 4.38 柜类家具储物分区（单位：mm）

4.3.3.2 储存性家具与储存物的关系

储存性家具除了考虑与人体尺度的关系外，还必须研究存放的物品类别与方式，这对确定储存性家具的尺寸和形式十分重要。

一个家庭中的日常生活用品是丰富多彩的，从衣服鞋帽到床上用品，从主副食品到烹饪器具、各类器皿，从书报期刊到文化娱乐用品，以及其他日杂用品，这么多的生活用品，尺寸不一，形体各异，所以需要分门别类地存放，要力求做到有条不紊，从而优化室内环境（图4.40和图4.41）。

图 4.39 衣帽间

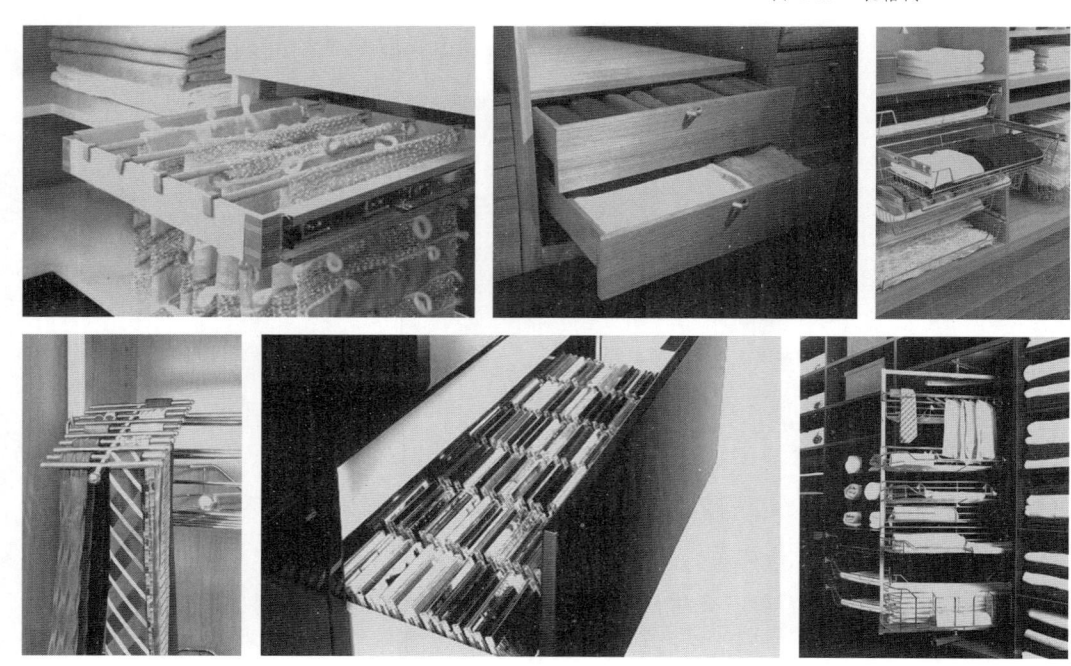

图 4.40（一） 分门别类存放物品系列图

130　家具设计（第3版　微课视频版）

图 4.40（二） 分门别类存放物品系列图

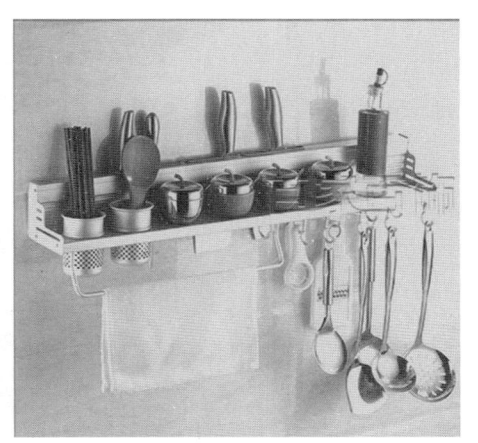

图 4.41 橱柜书柜分门别类存放物品系列图

电视机、组合音响、家用电器等已成为家庭必备的用具设备，它们的陈设和储存与家具有密切的关系。一些大型的电气设备（如洗衣机、电冰箱等）是独立落地放置的，但在布局上要尽量与橱柜等家具组合设置，使室内空间整齐划一。

针对物品种类繁多且尺寸各异，储存类家具无法设计得过于琐碎，只能分门别类地按合理尺度范围设计，见表 4.9。

表 4.9　　　　　　　　　　　　　　分门别类收藏物品尺寸要求　　　　　　　　　　　　　单位：mm

高度	收藏物品				开启方式
2400	衣服类	餐具食品	文化用品	装饰类	
2200					
2000	不常用品	保存食品备用餐具			不适宜抽屉
1800	季节用品	易耗存品	贵重品		适宜开门、移门
1600	帽子	罐装食品	中小型杂件		
1400	上衣 大衣	中小瓶类 调料	常用书籍、杂志	欣赏品	适宜移门
1200	儿童服 裤子	筷子 叉子、刀具			
1000	裙子	勺子等	文具	视听设备	适宜开门、翻门
800	常用物品				
600					
550	不常用衣服装类	大瓶类 烹饪用品	不常用品、书本	CD、DVD	适宜开门、移门、抽屉
400					
200					
150					

　　储存类家具的功能性要求也成为未来智能家居产品设计的重中之重，即人-家具-储存物的关系，从而提高家具使用效率和人们的生活水平。通过结合二维码技术、人脸识别技术、指纹识别技术以及嵌入式系统等，在储存式家具的基本属性之上增加消毒、杀菌、搭配、识别等功能。比如利用 Unity 3D 原理将衣柜与手机 App 同步，实现互联和精准导视的功能（图 4.42～图 4.44）。

图 4.42　交互式智能衣柜（设计：符凯杰）

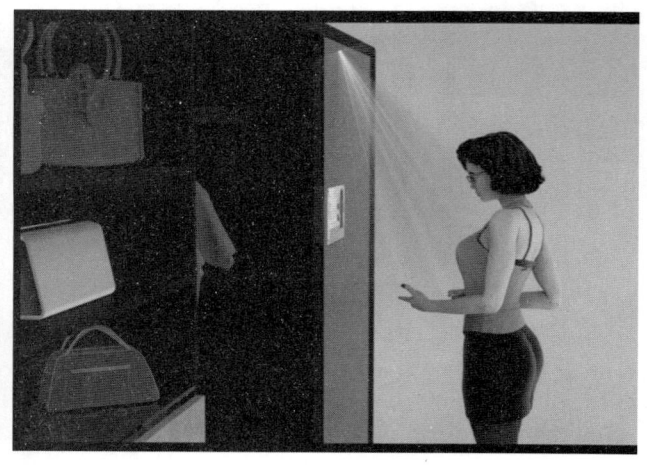

图 4.43　智能扫描衣物识别（设计：符凯杰）

图 4.44　App 界面设计（设计：符凯杰）

作业与思考题

1. 如何运用人体工程学原理与美学设计创造实用家具产品？
2. 家具以满足不同用户需求的策略是什么？
3. 户外家具设计中应如何选择材料？

第 5 单元　家具设计材料与结构工艺

★ **学习目标：**

1. 家具的材料与结构是实现家具产品的物质基础与条件。通过学习实践，学习者应能根据不同的设计要求，选择适宜的材料和相应的结构，并运用恰当的技术支持，使构思中的创意家具得以实现。
2. 初步了解传统柜式与现代板式家具的结构设计与制造工艺，同时学习软体、金属、塑料和竹藤材等家具的结构设计与制造工艺，掌握现代家具五金配件与连接件的结构设计与应用，获得必要知识，最终做出完美作品。

★ **学习重点：**

1. 了解家具的结构形式，并根据设计要求选择正确的结构设计家具。
2. 通过对材料的加工实践，用一些常规材料和熟练的技巧制作出简单的家具模型。

比利时设计师凡·德·费尔德曾指出："设计的最高原则是工业与艺术的完美结合。而这种结合又体现在三个方面：产品设计结构合理，材料运用严格准确，工作程序明确清楚。"

家具结构设计与制造工艺是现代家具设计的重要课题与内容。然而，由于中国几千年来的传统的教育思想偏向理论而忽视实践，导致了我国的艺术设计教育往往过于注重艺术造型、色彩线条、美学构成等方面的教学与训练，大量的家具设计只停留在纸面的效果图和平面制图上，学生不能自己动手用真实的材料和真正的结构去设计制造三维立体的家具模型和家具成品，尤其是在家具结构与制造上一直偏重传统木制家具的结构与制作，对现代家具工业化制造现代材料结构设计缺乏系统的研究与学习。

实际上，早在春秋末年就有对于"材美工巧"的详细描述。《考工记》中曾这样叙述："天有时，地有气，才有美，工有巧，合此四者方可为良。"其中许多原理和技巧对于现代的家具制造同样适用。

因此，家具设计材料、结构及加工工艺是本书的重要章节。本单元对传统与现代家具的结构设计与制造工艺分别进行阐述，并结合大量的实际案例进行说明，尤其是对国际上现代家具中木质家具、现代软体家具、充气家具、塑料家具、金属家具以及现代五金配件的结构设计与应用进行了较为翔实的论述，并附以大量的图例辅以说明。需要说明的是，在家具结构设计与制造工艺的教学过程中，可以灵活地联系当地的各类家具制造工厂、学校的家具实训实验室以及具体的家具成品进行实践性学习与训练。根据教学内容需要，准确而详细地对不同类型的家具实物产品实施细化分解结构设计与制造工艺教学法，大量运用案例教学、示范教学和现场教学方法，并辅以大量的实操训练，才能使学生真正学习和掌握现代家具结构设计与制造工艺。

5.1 木质类材料的特点和种类

5.1.1 木质类材料

木材是一种质地精良而自然优美的天然性材料，也是一种沿用最久且用途最为广泛的家具用材。设计师在设计家具的过程中，一般会优先考虑设计简单的结构，使用容易控制的材料。木材就是极好的材料，它易于加工，便于维修，使用简单工具就可以进行锯、刨、钻、旋、雕刻和弯曲等。其纹理有的细密而均匀，有的粗直而不规则，还有旋形、纹形、浪形等，再加上表面的油漆处理之后，具有润泽光洁之感，所以，木材在家具中得到极为广泛的应用（图5.1～图5.5）。

图5.1 扶手椅
这把椅子的基本形状是先手工将二维胶合板弯曲，再围绕经过复杂研磨的实木环形成靠背而形成的。为了使弯曲的二维元素保持在原位，将平板的鳞片状排列黏合到底座上，以生产独立的座椅外壳

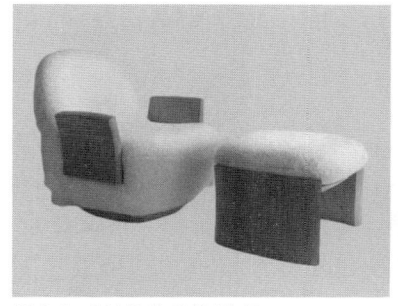

图5.2 MAD扶手椅/法国
由Pierre Yovanovitch定制，手工雕刻的橡木

图5.3 公共休息桌（柚木）

图5.4 陈列架（松木）

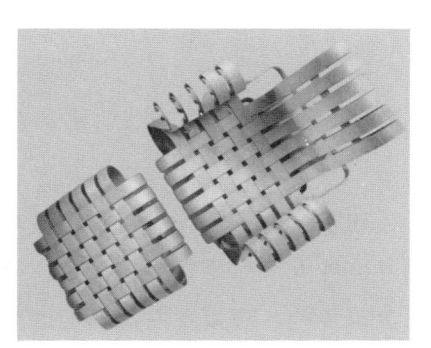

图5.5 可弯曲的胶合板

微课视频

木材的种类与特性

木质家具的结构与工艺

中国古代家具设计对于木材的使用达到了炉火纯青的地步，其中以明式家具为最。自明中期以来，能工巧匠们运用紫檀、花梨、楠木、樟木、胡桃木等名贵木料制造的家具，又被统称为硬木家具。明代工匠将选材用料、造型设计、人机工学及文化气韵融入家具设计之中，不仅成为明代人们生活中不可或缺的用具，更是人文精神的体现。中式家具对于木制家具的喜爱远超材料本身所具有的属性（图5.6和图5.7）。

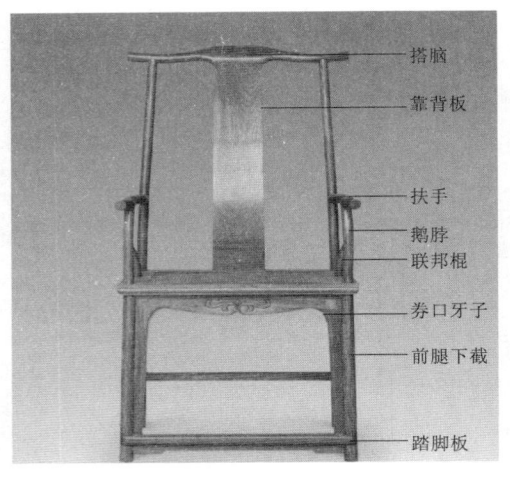

图5.6　官帽椅

图5.7　圈椅

5.1.1.1　实木

1. 实木材料的特点

实木是家具中应用最为广泛的传统材料，至今仍然在家具设计中占有重要的地位，其优点是：①家具传统用材，适合做线形零件；②质轻而强度高；③易于加工和涂饰；④热、电、声的传导性小；⑤天然的纹理和色泽。缺点是吸湿性和变异性。

2. 实木材料的种类

实木的种类包括各种板材、方材、曲木等。

（1）板材。厚度在18mm以下的板材是薄木，中板的厚度为19～35mm，厚板的厚度在36mm以上。

（2）方材。宽度不足厚度3倍的木材称为方材。有小方、中方、大方之分。

（3）曲木。指弯曲的木材。用于制造家具的曲木有通过锯子加工而成的，也有利用特殊的弯曲方法（如蒸汽压膜法）制成的。

5.1.1.2　人造板

1. 人造板的特点

很多原材料的理化性并不理想，如强度、韧度、耐磨度、耐水性、耐热性等指标往往难以满足特定的使用需求。为了提高自然材料的性能，人们通过对结构方式进行重新组合，并利用现代的工艺方法来改善它们的理化性能。一种方法是通过改变材料的结构方式来提高其性能，另一种方法是将多种性能互补的材料进行复合，从而制造出各种结构板材。这种人造板不仅可以节约大量的天然木材，有利于保护生态环境，而且它们还具有轻薄、平整、高强度等性能，可以克服原料的缺陷，供后续的二次加工再成型使用，因而成为现代家具设计中常用的材料。但其缺点是人造板中的胶合剂会散发出对人体有害的气味，需要较长时间才能完全挥发。

2. 人造板的种类

人造板按特性可分为实心板（多层胶合板、刨花板、中密度纤维板、细木工板）、空心板、饰面板。

（1）多层胶合板。由三层以上、层数为奇数、每层厚度为 1mm 左右的薄木板胶合压制而成。胶合板各层之间的木纤维方向互相垂直。胶合板幅面大而平整，尺寸准确而厚度均匀，密度小且版面纹理美观，不易翘曲变形，强度高，内部力学性能均匀，适合用作家具的各种门、顶、地面板等大面积板状部件（图5.8）。

（2）刨花板。也称微粒板、颗粒板、蔗渣板，是利用木材加工过程中的边角料，切削成碎片后，施加胶黏剂在热力和压力作用下胶合成的人造板。主要用于家具中桌面、床板和各种板式柜类家具制造。刨花板具有良好的隔音隔热性能，表面平整，纹理逼真，容重均匀，厚度误差小，耐污染、耐老化，美观，可进行各种贴面；其缺点是边缘粗糙，容易吸湿，因此用刨花板制作的家具封边工艺十分重要。此外，因其本身特性，制成的家具质量较重。各种刨花板的厚度有 13mm、16mm、19mm、22mm 等（图5.9～图5.11）。

图5.8　胶合板

图5.9　刨花板

（a）甲骨文叠座

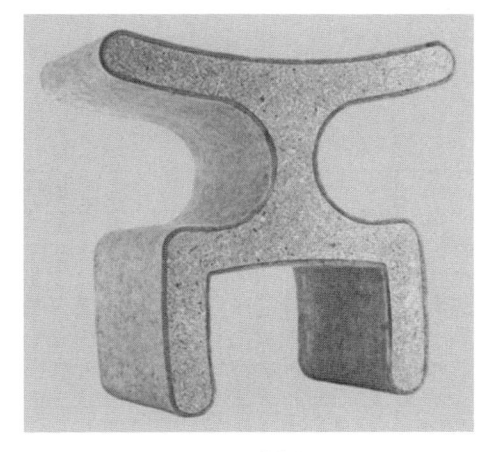

（b）模块化

图5.10　甲骨文座椅（一）
这款座椅被称作甲骨文座椅，是一款非常现代的座椅，其外形模仿了甲骨文。它还是一款环保座椅，采用刨花板材料制成，其中添加的工业原料完全符合健康标准。在座椅的最外层用毛毡覆盖着，有一种很卡通的感觉。这款座椅可以轻松地堆放在一起，适合小朋友们使用

图 5.11 甲骨文座椅（二）
这种材料是由软木橡树开发的，作为一种保护层。这种特殊的材料是由未经选择的酒瓶软木塞重新组合而成的，其中一些软木塞仍然保持着原来的形状

(3) 中密度纤维板。中密度纤维板是利用木材加工过程中的边角料，经过粉碎、制浆、成型、干燥、热压制成的一种人造板。纤维板分为硬质、半硬质、软质三种，具有结构均匀、质地坚硬的特点。其幅面尺寸大，结构均匀，强度高，尺寸稳定变形小，易于切削加工，板边坚固，表面平整，便于直接胶合饰面材料与涂饰涂料（图 5.12）。

(4) 细木工板。细木工板指用胶合板做覆面板，中间紧密地填充细木条的人造板。其尺寸稳定，幅面较大，厚度较大，版面纹理美观，并且具有质量轻、易加工、握钉力好、不易变形等优点，是室内装修和高档家具制作较为理想的材料，主要应用于家具制造、门板、壁板等（图 5.13）。

(5) 空心板。空心板指用胶合板、平板做覆面板，中间填充一些轻质材料，经胶压制成的一种人造板。空心板的种类较多，如方格空心板、木条空心板、纸质蜂窝板、发泡塑料空心板等。空心板由木框或木框内空心填料、覆面材料构成，幅面与板边强度按照需求不同，选择不同的木框、木框空心填料、覆面材料；幅面与板边装饰按照需求不同，选择不同的覆面材料（图 5.14）。

(6) 饰面板。饰面板全称为装饰单板贴面胶合板，它是将天然木材刨成一定厚度的薄片，黏附于胶合板表面，然后热压而成的一种用于室内装修或家具制造的表面材料（表 5.1）。

图 5.12 纤维板 　　　　图 5.13 木工板 　　　　图 5.14 蜂窝板

表 5.1　　　　　　　　　　　　饰　面　板

木质实样	名称	简　介	可取性	价格	主要用途
	胡桃木	胡桃木的边材是乳白色，心材有浅棕到深巧克力色等不同色系，亦会有紫色和较暗条纹，木理从不明显到非常明显。其具有中等重量，硬度、强度、刚性及耐冲击性较为优越。心材是阔叶树种中耐久性最好的心材之一	板材及薄片均容易取得	高价位	板材、壁板、门橱柜、饰条及地板
	橡木	橡木边材是苍白色，心材从淡粉红变化到深红棕色。其木质重、硬，纹理直，结构粗，色泽淡雅美观，力学强度相当高，耐磨损，但木材不易于干燥锯解和切削。对木工与消费者而言，是最受欢迎的阔叶材	板材及薄片均容易取得	中、高价位	从地板到家具、橱柜，橡木可作家居制品广泛应用

续表

木质实样	名称	简　介	可取性	价格	主要用途
	枫木	枫木颜色为乳白到本白，有时带轻淡的红棕色，从边材开始有明显斑点。其木质紧密、纹理均匀、抛光性佳，偶有轻淡绿灰色之矿质纹路，易涂装。枫木具有中等重量、硬度及紧密的木理，但是强度不高	板材及薄片均容易取得	中价位	家具及橱柜
	柚木	柚木属落叶乔木，木材暗呈褐色，耐腐、耐磨，光泽亮丽，花纹美观，色调高雅耐看，稳定性好，变形性小。涂装及保漆力、漆膜及染色都极好	板材及薄片均容易取得	中、高价位	用于造船、车、家具，也供建筑用
	红木	红木为热带地区豆科檀属木材，多产于热带亚热带地区，主要产于印度及我国广东、云南，是常见的名贵硬木。颜色较深，适用于传统家具，体现古色古香的风格。心木部分是商业上有用的木材，光滑、纹理致密、触感凉，相当硬且非常耐久，略带芳香易于加工，能磨出亮光	板材及薄片均容易取得	高价位	家具、橱柜、内装材料及木制品
	紫檀	多产于热带、亚热带的原始森林，以印度紫檀最优，是一种颜色深紫发黑的硬木。最适于用来制作家具和雕刻艺术品。用其制作的器物经打蜡抛光不需漆油，表面即光泽亮丽。直径10cm的木料，需要生长千年，因此有寸檀寸金之说	板材及薄片均取得容易	高价位	家具、橱柜、内装材料及木制品
	花梨木	从宋朝起甚至更早，直到清朝初期，花梨木一直是制造日用家具的常用原料。木材纹理交错，结构细密，硬度高质量大，刨切困难，但精加工后各切面纹理美观，光泽油润，气味芳香，耐湿耐浸；干燥后不变形、不开裂，心材极耐腐。主要产于云南、广东等地	板材及薄片均容易取得	高价位	家具、橱柜、内装材料及木制品
	榆木	木材的特征明显，心边材区分明确，边材窄呈暗黄色，心材暗紫灰色；材质较硬，力学强度较高，纹理直，结构粗。榆木经烘干、整形、雕磨髹漆，可制作精美的雕漆工艺品	板材及薄片有限	中价位	家具、曲柄新型制品、木制工具容器及壁板
	南方松木	南方松木的年轮明显，春秋材的变化急剧。具有大型纵横向树脂，沟边心材为红褐色，干燥心材为橙至红褐色，有淡树脂香味，具有光泽，可以从宽的黄白色边材及窄的红棕色心材加以鉴别。重量、硬度、强度、强韧、抗冲击性均为中等	板材及薄片均容易取得	中价位	框架、覆板、地板下层、托梁、内装材料、建筑内装及家具
	椴木	椴木颜色为乳白色到淡棕色，木性温和，不易开裂、变形，木纹细，易加工，韧性强，胶黏性良好，是极优良的木工教学材料	板材容易取得，少用于薄片	低价位	容器、木制用具新型、成型器具、暗板、乐器、拼板木心板及薄片嵌条

　　木质材料本身所具有的特性使得设计师在考虑家具制作的时候会根据想要设计的功能、表达的理念、使用的工艺进行材料选择。不同的木质可以带来不同的视觉效果与不同的体验感。

大众印象中，木材本应是笔直的，在爱尔兰设计师 Joseph Walsh 的灵感下，使木材具有极强的流动感。卷曲的形态如同大自然中微曲卷翘的枝叶，极具生命力，例如 Enignum 系列（图 5.15）。利用橄榄木、梣木、胡桃木等木料的固有特性，通过原木切片和模具塑形的工艺技术，推动了材料的形式与技术的多种可能性，也实现了人与材料独特的直观表达（图 5.16）。

(a) 罩棚床　　　(b) 餐桌　　　(c) 沙发

图 5.15　Enignum 系列

5.1.2　木质类材料的结构

5.1.2.1　实木家具的结构设计

传统家具是手工时代对自然原始木材加工的结果，它的成型完全受木材自身的特点。材料的属性是成型方法的关键，也决定了最终能够呈现的外观造型。

由于依赖自然原始木材，因此产生了围绕木材属性而展开的一系列成型法。如锯、刨、凿、钻等切削加工，可称为减法加工；胶、钉、榫结等成型加工，可称为加法加工。

框式家具是指以榫结合的框架为结构的家具，是中国传统的结合方式下的家具类型。框式家具以实木为基材，主要部件为框架或木框嵌板，嵌板主要起分隔作用而不承重。一般而言，椅类、床类、凳椅类家具以框式结构为主，主要部件由框架或木框嵌板结构所构成，其结构的合理与否直接影响家具的美观性、接合强度和加工工艺。

图 5.16　制作工艺

1. 实木家具的接合方法

实木家具的零部件都是按照一定的接合方式装配而成，最常用的方法有榫接法、胶接法、木螺钉接合法、连接件接合法。

(1) 榫接法。榫接法是指榫头压入榫眼或榫槽的接合，结合时通常都要施胶。其各部位的名称如图 5.17 所示。

按照不同的分类方式，榫可以分为不同的类型。按榫头的形状不同，可将榫分为直角榫、燕尾榫、圆棒榫、椭圆榫（图 5.18）。

(2) 胶接法。胶接法是指单纯用胶来黏合家具的零部件或整个制品的接合方式。胶接合运用广泛，短料接长、窄料拼宽、薄板加厚、空心板的覆面胶合以及单板多层弯曲木的胶合等。

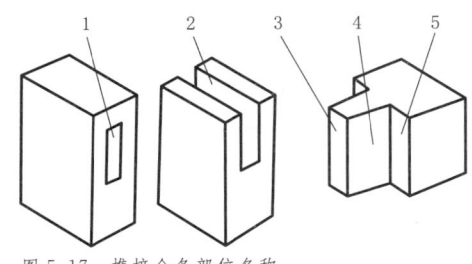

图 5.17　榫接合各部位名称
1—榫眼；2—榫槽；3—榫端；4—榫颊；5—榫肩

胶接合还被应用于其他接合方法不能使用的场合，如薄木贴面和板式部件封边等装饰工艺。

胶接合的优点是可以做到小材大用、劣材优用、节约木材、结构稳定，还可以提高和改进家具的装饰质量（图 5.19）。

（3）木螺钉接合法。木螺钉通称为木螺丝，是一种金属制的简单连接构件。这种接合不能多次拆装，否则会影响制品的强度。木螺钉接合比较广泛地应用于家具的桌面板、椅座板、柜面、柜顶板、脚架、抽屉滑道等零部件的固定，拆装式家具的背板固定也可用木螺钉连接，拉手、门锁以及金属连接件的安装也常采用木螺钉接合。

木螺钉的类型有一字头、十字头、内六角等，其帽头形式有平头和半圆头等，装配时可手工或用电动工具进行。常见的木螺钉如图 5.20 所示。

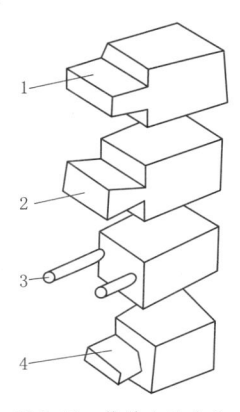

图 5.18 榫结合的名称及榫头的形状
1—直角榫；2—燕尾榫；3—圆棒榫；4—椭圆榫

图 5.19 用胶合法设计的桌子
木板被分割成 5 个部分，连接部位打磨成斜角，再用专用的胶水连接

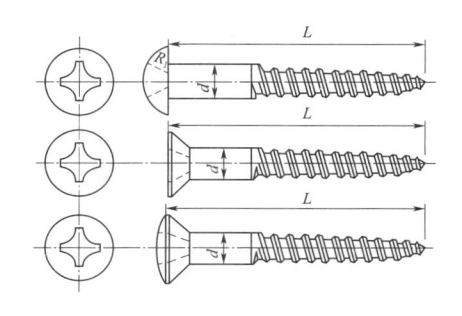

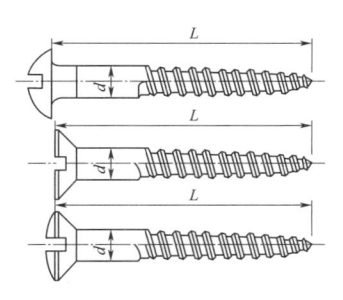

图 5.20 常见的木螺钉

木螺钉接合的优点是操作简单、经济且易获得不同规格的标准螺钉。

（4）连接件接合法。连接件是一种特制的并可多次拆装的构件。除金属连接件以外，还有尼龙和塑料等材料制作的连接件。对连接件的要求是：结构牢固可靠，能多次拆装，操作方便，不影响家具的功能与外观，具有一定的连接强度，能满足结构的需要。

连接件接合是拆装式家具的主要接合方法，它广泛用于拆装椅和板式家具上。采用连接件接合可以简化产品结构和生产过程，有利于产品的标准化和部件的通用化，有利于工业化生产。同时，也给产品包装、运输和储存带来方便。常见的家具连接件如图 5.21 所示。

(a) 门合页　　(b) 定位铰链　　(d) 门窗铰链　　(c) 橱柜门铰链合页

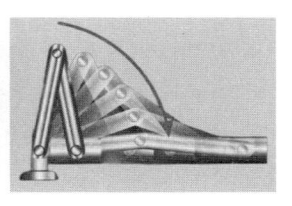

图 5.21 常见的家具连接件

2. 榫接合的分类与应用

（1）单榫、双榫和多榫。按榫头的数目多少来分，榫头又可分为单榫、双榫和多榫（图 5.22）。一般的框架接合多采用单榫和双榫，如桌、椅的框架接合。箱框——如木箱、抽屉的接

合多采用多榫。对于单榫而言，根据榫头切肩形式的不同，嵌板结构是框式家具中常用的结构形式，不仅可以节约珍贵的木材，同时也比整体采用方材拼接稳定，且不易变形。

（2）明榫和暗榫。根据榫头贯通与否，榫接合又可分为明榫接合与暗榫接合。明榫榫端外露，影响家具的外观和装饰质量，但接合强度大；暗榫可避免榫端外露，以增强美观，但接合强度弱于明榫。一般家具，为保证其美观性，多采用暗榫接合。但受力大且隐蔽或非透明涂饰的制品，如沙发框架、床架、工作台等可采用明榫接合（图5.23）。

（3）开口榫、闭口榫和半开口榫。根据接合后能否看到榫头的侧边，又分为开口榫、闭口榫和半开口榫（图5.24）。直角开口榫加工简单，但强度欠佳且影响美观。闭口榫接合强度较高，外观也好。半开口榫介于开口榫与闭口榫之间，既可防榫头侧向滑动，又能增加胶合面积，兼有两者的优点。

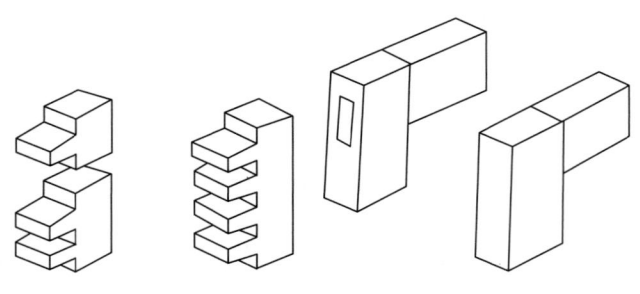

图5.22 单榫、双榫和多榫　　图5.23 明榫和暗榫 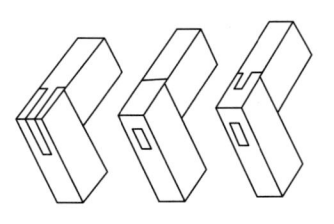　　图5.24 开口榫、闭口榫和半开口榫

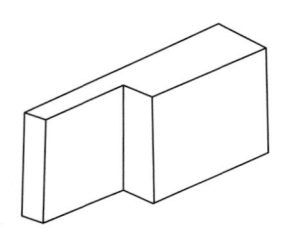

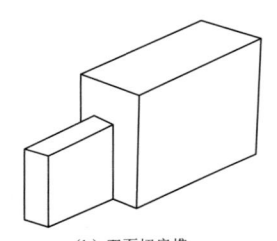

（a）单面切肩榫　　（b）双面切肩榫

（c）三面切肩榫　　（d）四面切肩榫

图5.25 单面切肩榫与多面切肩榫

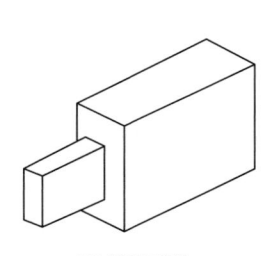

（4）单面切肩榫与多面切肩榫。以榫肩的切割形式分，榫头可分为单面切肩榫、双面切肩榫、三面切肩榫、四面切肩榫（图5.25）。一般单面切肩榫用于方材厚度尺寸小的场合，三面切肩榫常用于闭口榫接合，而四面切肩榫用于木框中横档带有槽口的端部榫接合。

（5）整体榫、插入榫。两者的区别在于榫头与方材之间是否分离。整体榫是直接在方材零件上加工而成的，如直角榫、燕尾榫、椭圆榫。而插入榫与零件是分离的，不是一个整体，单独加工后再装入零件预制孔或槽中，如圆（棒）榫、片榫。插入榫主要是为了提高接合强度和防止零件扭动，用于零件的定位与接合。为提高接合强度，圆榫表面常压有储胶的沟纹（图5.26）。

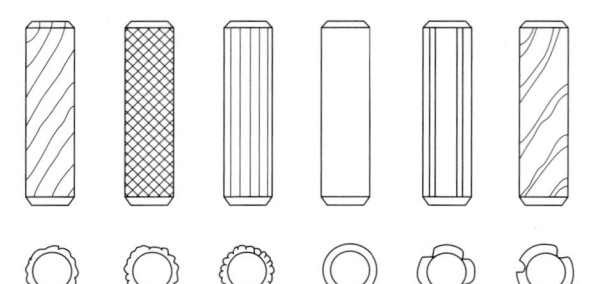

图5.26 压缩沟纹的圆榫

第 5 单元　家具设计材料与结构工艺　143

榫的简介及样式见表 5.2。

表 5.2　　　　　　　　　　　　　　　榫　的　简　介　及　样　式

名称	简介	样式
套榫	明清家具椅子制作时将腿料做成方形出榫，搭脑也相应地挖成方形榫眼，然后将两者套接，这一类榫卯结构称为"套榫"。"挖烟袋锅"是北方的木工对制作套榫这一工艺的俗称	
夹头榫	案形家具中最常见的就是夹头榫，在家具的腿足上端开口，嵌上夹牙条与牙头，顶端出榫，与桌案案面的卯眼相结合，结构较为稳固，并且桌案和腿足角度不易变动，还可以将桌面重量分担到腿足上来	
插肩榫	与夹头榫相似，都是足腿顶端出榫，与桌案底面的卯眼相对，上部也有开口，夹牙条由此嵌入；不同之处是腿的上端外部削出斜肩，在牙条与腿足相交处做出槽口，当牙条与足腿拍和时，足腿与斜肩嵌夹，表面整齐平滑，而且牙条受重下压后，与足腿的斜肩咬合得更加紧密，制作出来的家具更加结实耐用	
抱肩榫	抱肩榫是明清束腰家具中常用的榫卯结构，用来结合腿足、束腰、牙条等。抱肩榫常采用 45°斜肩，并凿三角形榫眼，嵌入的牙条与腿足构成同一层面	
勾挂榫	勾挂榫一般用在霸王枨与腿的结合部位。霸王枨的一端承接桌面的穿带，用木销钉固定，下端与腿足中部靠上位置连接，榫子下的榫头向上勾，腿足上的枨眼下大上小，且向下扣，榫头从榫眼下部口大处插入，向上一推便勾住了下面的空隙，产生倒钩作用，然后再将榫眼的空隙用楔形料填实	
燕尾榫	当两块平板直角相接时，为了防止受拉力时脱开，匠人将榫头做成梯台形。受力越大，连接越为紧密	
楔钉榫	主要用于圈椅的扶手部位，用来连接弧形弯材。制作家具时，将弧形材分为上下两部分，两片榫头相互交搭，榫头上小舌入槽，固定后在搭扣中部凿出方孔，用楔钉穿插入内，便可起到加固作用	
走马销	属于"栽销"的一个种类，又称札榫，是指用一独立的木块做成榫头栽到构件上去，代替构件本身应该带有的榫头。走马销起到连接两个构件的作用	

3. 榫接合的技术要求

当家具制品被破坏时，破口常出现在接合部位。因此，在设计家具产品时，榫接合的技术要求尤为重要，以保证其应有的接合强度。榫接合分为直角榫接合和圆榫接合（图5.27和图5.28）。家具设计可采用榫头和卯口相互咬合的方式作为结构形式（图5.29）

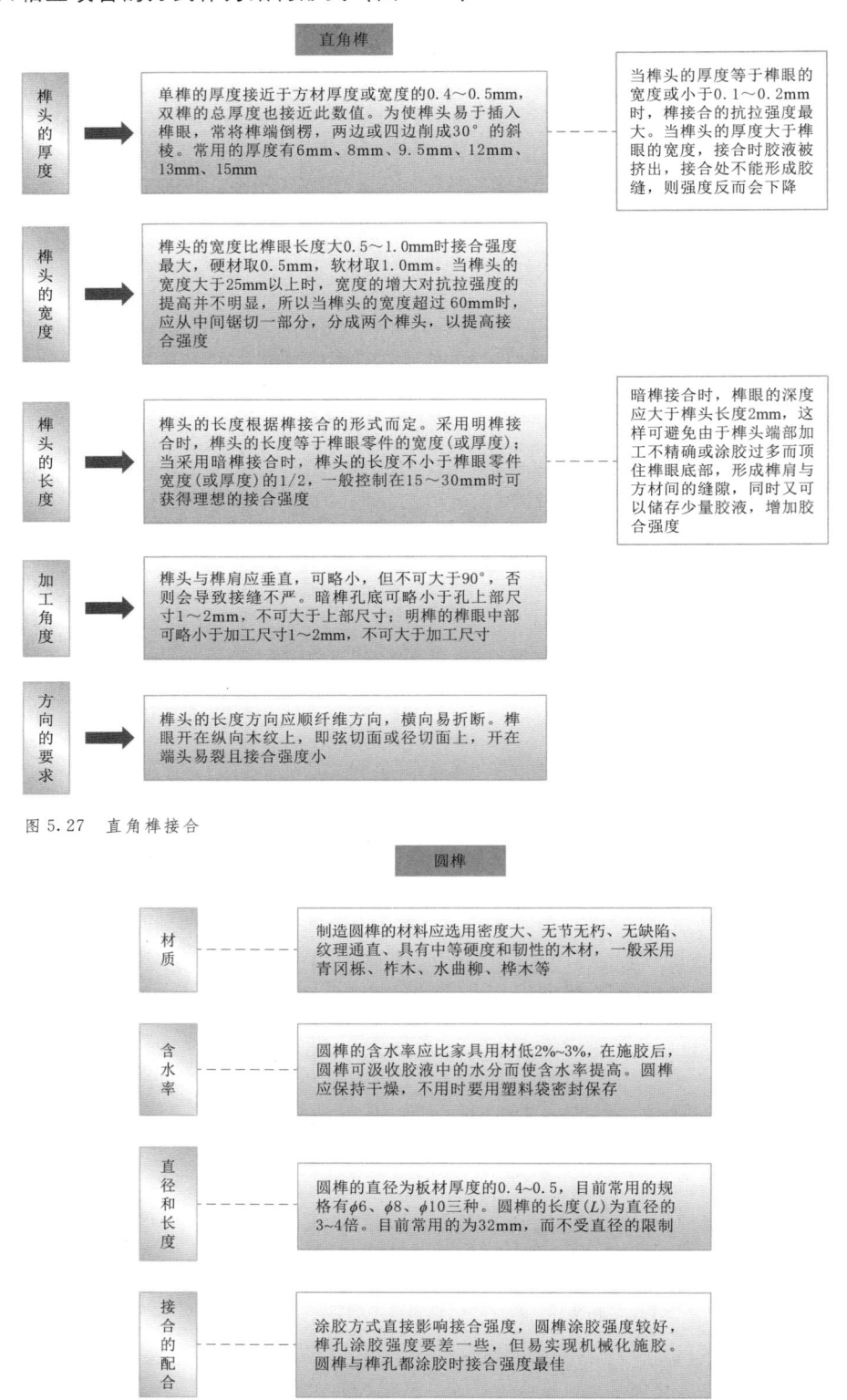

直角榫

榫头的厚度	单榫的厚度接近于方材厚度或宽度的0.4~0.5mm，双榫的总厚度也接近此数值。为使榫头易于插入榫眼，常将榫端倒楞，两边或四边削成30°的斜棱。常用的厚度有6mm、8mm、9.5mm、12mm、13mm、15mm	当榫头的厚度等于榫眼的宽度或小于0.1~0.2mm时，榫接合的抗拉强度最大。当榫头的厚度大于榫眼的宽度，接合时胶液被挤出，接合处不能形成胶缝，则强度反而会下降
榫头的宽度	榫头的宽度比榫眼长度大0.5~1.0mm时接合强度最大，硬材取0.5mm，软材取1.0mm。当榫头的宽度大于25mm以上时，宽度的增大对抗拉强度的提高并不明显，所以当榫头的宽度超过60mm时，应从中间锯切一部分，分成两个榫头，以提高接合强度	
榫头的长度	榫头的长度根据榫接合的形式而定。采用明榫接合时，榫头的长度等于榫眼零件的宽度（或厚度）；当采用暗榫接合时，榫头的长度不小于榫眼零件宽度（或厚度）的1/2，一般控制在15~30mm时可获得理想的接合强度	暗榫接合时，榫眼的深度应大于榫头长度2mm，这样可避免由于榫头端部加工不精确或涂胶过多而顶住榫眼底部，形成榫肩与方材间的缝隙，同时又可以储存少量胶液，增加胶合强度
加工角度	榫头与榫肩应垂直，可略小，但不可大于90°，否则会导致接缝不严。暗榫孔底可略小于孔上部尺寸1~2mm，不可大于上部尺寸；明榫的榫眼中部可略小于加工尺寸1~2mm，不可大于加工尺寸	
方向的要求	榫头的长度方向应顺纤维方向，横向易折断。榫眼开在纵向木纹上，即弦切面或径切面上，开在端头易裂且接合强度小	

图5.27 直角榫接合

圆榫

材质	制造圆榫的材料应选用密度大、无节无朽、无缺陷、纹理通直、具有中等硬度和韧性的木材，一般采用青冈栎、柞木、水曲柳、桦木等
含水率	圆榫的含水率应比家具用材低2%~3%，在施胶后，圆榫可汲收胶液中的水分而使含水率提高。圆榫应保持干燥，不用时要用塑料袋密封保存
直径和长度	圆榫的直径为板材厚度的0.4~0.5，目前常用的规格有φ6、φ8、φ10三种。圆榫的长度（L）为直径的3~4倍。目前常用的为32mm，而不受直径的限制
接合的配合	涂胶方式直接影响接合强度，圆榫涂胶强度较好，榫孔涂胶强度要差一些，但易实现机械化施胶。圆榫与榫孔都涂胶时接合强度最佳

图5.28 圆榫接合

第 5 单元　家具设计材料与结构工艺　145

图 5.29　榫接方式

设计者利用这个结构将它设计成折叠产品，既增加了产品的趣味性，又充分发挥了这种结构的特点，构思巧妙。在结构上，它可以折叠成四边形，从而在力学上很牢固；而在形式上，则采用硬朗的线条、简洁的块面，再加上榫接结构所形成的特有细节感，形成独特的形式美

5.1.2.2　曲木结构

曲木结构指家具的主体或主要部件呈弯曲形态的结构。可以利用蒸汽处理使木材弯曲，为家具造型提供新的技术条件，利用木材的弹性原理，把所要弯曲的实木通过模型的夹具加热加压，使其弯曲成形后制成家具。

木材是一种富有弹性的材料。弯曲法是将直线形的木材经过加温后用压力进行弯曲，使木材组织发生改变，把它的外形固定下来，变成我们所需要的弯曲构件的一种加工方法。它的优点是：节约木材、构件强度好、没有因锯割而产生的截面纹理，装饰效果好。其加工方法有两种：手工法和机械法。

（1）手工加工法是将要弯曲的地方固定在样模上，用压紧器加压，经过一段时间，待干燥后取出。该方法生产效率低，适用于曲线简单的构件。

（2）机械加工方法是在机床上进行。工艺也不复杂，有两种方法：

1）冷加工法。将蒸煮过的构件置于冷的样模上，然后在加压状态下，连同模具自机床取下干燥。

2）热加工法。将要弯曲的构件置于用蒸汽加热的样模上进行弯曲和干燥。

弯曲木家具制作对手工工艺要求严格，非一般木工作坊所能胜任（图 5.30～图 5.32）。

图 5.30　弯曲木家具结构　　图 5.31　弯曲木家具　　图 5.32　时尚弯曲木摇椅图

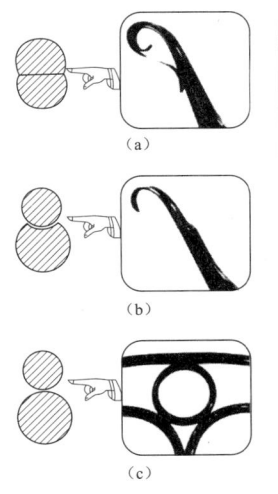

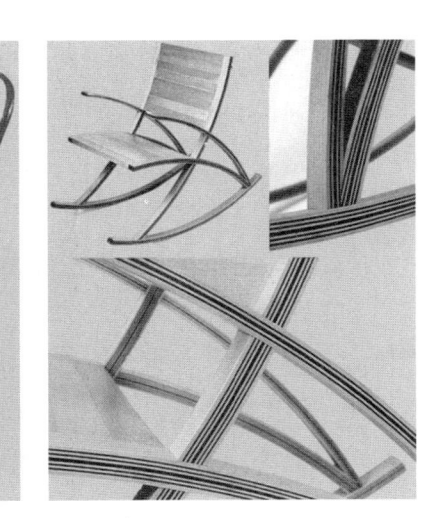

5.1.2.3 模压胶合板结构

在机械生产化的条件下,用蒸汽压膜人造板的工艺,制造弯曲结构家具。一件弯曲木家具,要由熟练木工经过几十道工序制作生产,制作周期从3～30天不等,整个过程中有90%以上的工作都由手工操作完成。原木经传送带送入滚动轧刀,原木被刨削成木皮。裁好后的木皮被送入自动分拣机,根据木皮的质量,木皮被分为8个不同的等级。分拣后的木皮被送入车间待用。优等木皮被用于家具表层,次等木皮则被用于中间层。根据产品厚度的需要,将不同数量的木皮进行合成,并且相邻两层的木皮纹理呈45°～90°交错叠放,以增加木板对各方向拉力的承受度。通过模具将人造板塑造成具有一定弯曲度的形状。模具根据设计的图纸加工完成,复杂的形态需要更多的模具。成型后的合成板进一步经过裁边和开槽处理,再进行力学强度的实验。弯曲木工艺改变了木材原来的纹理结构,经过压缩的木材,强度要比实木高1.6倍以上,家具受力部件的承受力随之加强3～4倍(图5.33和图5.34)。

图5.33 弯曲胶合板摇椅　　图5.34 弯曲胶合板床头柜

5.1.3 木质类家具的生产工艺

5.1.3.1 家具生产工艺

家具生产工艺是指利用各种家具材料,按照设计的技术要求,经过一系列复杂的加工和装饰工艺,而获得一定类型家具产品的全过程。

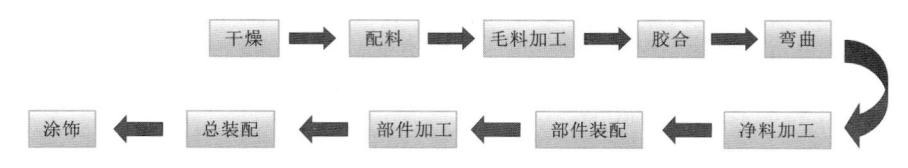

5.1.3.2 框式家具生产工艺

框式家具生产工艺流程如图5.35所示。

干燥 → 配料 → 毛料加工 → 胶合 → 弯曲 → 净料加工 → 部件装配 → 部件加工 → 总装配 → 涂饰

图5.35 框式家具生产工艺流程图

1. 干燥

为了防止加工好的零部件变形、增加尺寸的稳定性,以及提高其表面涂饰的质量,所有的方材、板材在配料前都必须进行干燥。

2. 配料

按照零件尺寸规格和质量要求，将成材锯割成各种规格、形状的毛料进行加工的过程称为配料。在配料过程中，应注意四个方面的问题：保证质量、按质选材、配料方案与加工方法、合理确定加工余量。

3. 毛料加工

毛料的加工主要包括两个方面的内容：基准面加工与相对面加工。为了保证后续工序的加工质量，必须先在毛料上作出正确的基准面，并将其作为精基准来使用。因此，方材毛料加工通常从基准面的加工开始。基准面包括平面、侧面、端面三个面，可根据不同工艺选择加工基准面。基准的加工一般在平刨或铣床上完成，端面也可在带推架的圆锯或双端锯上加工。

基准面加工后，还需对毛料的其余表面进行刨削加工，使其与基准面之间有正确的相对位置，使毛料具有规定的断面尺寸。

4. 胶合

实木材胶合包括宽度上的胶拼、接长、胶厚三个方面的内容。

为了节约珍贵的木材，现代家具生产中常会用到贴面工艺。在基材上贴覆装饰性较好的材料，如薄木、胶合板、三聚氰胺纸、木纹纸等。其中，薄木贴面工艺被广泛应用于高档的实木家具产品中。在贴覆前，薄木需要先用剪板机剪裁并用拼缝机拼接，随后才能上胶贴。在这一过程中，采用热压或冷压加压固化，一般采用热压的方式。

5. 弯曲

弯曲零件主要可通过方材弯曲、薄板胶合弯曲、模压成型及锯口弯曲的方法得到。方材弯曲是利用木材本身特性，经木材软化处理后，加压使木材弯曲并干燥定型。木材的软化处理可采用水热处理、高频加热处理及化学药剂处理。薄板胶合弯曲就是将一摞涂胶的薄板加压弯曲，压力保持到胶层固化，而制成弯曲零件。薄板胶合弯曲的重点在于模具的投入设计与制造。模压成型是利用模具将拌胶（或不拌胶）的木质或非木质碎料，加热加压制成弯曲零件的方法。锯口弯曲可分为纵向锯口弯曲与横向锯口弯曲，是将材料锯口后加压弯曲的方法。

6. 净料加工

方材的净料加工包括榫头加工、榫槽或榫眼加工、型面加工及表面修整四个方面的内容。榫头利用开榫机或铣床加工，榫槽加工一般在刨床、铣床或万能圆锯机上完成。榫眼加工一般在钻床或铣床上完成，加工方榫眼须在钻床上装方形套装。型面的加工主要指边角线型与曲面的加工，一般在铣床上加工，部分或利用压刨。表面修整主要用来除去加工所产生的各种表面不平度。加工设备为净光机或砂光机。

7. 部件装配

部件装配是将加工好的零件组装成为部件，如将方材拼接成面板框架。

8. 部件加工

部件加工是指零件组装成部件后，有的部件需进行进一步的加工，也可能存在一些误差，需要修整。

9. 总装配

总装配是将零件、部件组装成产品。

10. 涂饰

成品一般须经涂饰工艺，可以起到保护与装饰作用。按漆膜是否透明，可将涂饰分为透明涂饰和不透明涂饰。

5.2 金属类家具的结构设计与制造

主要部件由金属所制成的家具称金属家具。金属材料是由金属元素构成，如铜、铁、金、银、锡、铝等，各种金属材料都有其自身的光泽与色彩，是良导体，具有良好的延展性。金属可以与其他金属或非金属元素在熔融状态下形成合金，具有良好的机械性能和光学性能。根据所用材料来分，可分为全金属家具、金属与木结合家具、金属与非金属（竹藤、塑料）材料结合的家具。

5.2.1 金属家具的结构特点及连接形式

5.2.1.1 结构特点

按结构的不同特点，我们将金属家具的结构分为固定式、拆装式、折叠式、插接式。

1. 固定式

固定式是指通过焊接的形式将各零部件接合在一起。此结构受力及稳定性较好，有利于造型设计，但表面处理较困难，占用空间大，不便运输。

2. 拆装式

拆装式是指将产品分成几个大的部件，部件之间用螺栓、螺钉、螺母连接（加紧固装置）。大部件的可拆性，有利于电镀、运输。

3. 折叠式

折叠式又可分为折动式与叠积式家具。常用于桌、椅类。

（1）折动式家具主要采用实木与金属制作，尤其以金属为最多。折动结构是利用平面连杆机构原理，应用两条或多条折动连接线，在每条折动线上设置不同距离、不同数量的折动点。同时，必须使各个折动点之间的距离总和与这条线的长度相等，这样才能折得动、合得拢。存放时可以折叠起来，占用空间小，便于携带、存放和运输，使用方便（图5.36）。

随着社会的发展，家具产品日新月异，新的折叠结构及折叠方式被应用于家具设计中（图5.37）。

（2）叠积式家具。这一家具类型可以有效地节省空间，并且运输方便，适用于小户型家庭使用。合理的叠积（层叠）结构，可以多件堆叠，安全方便。

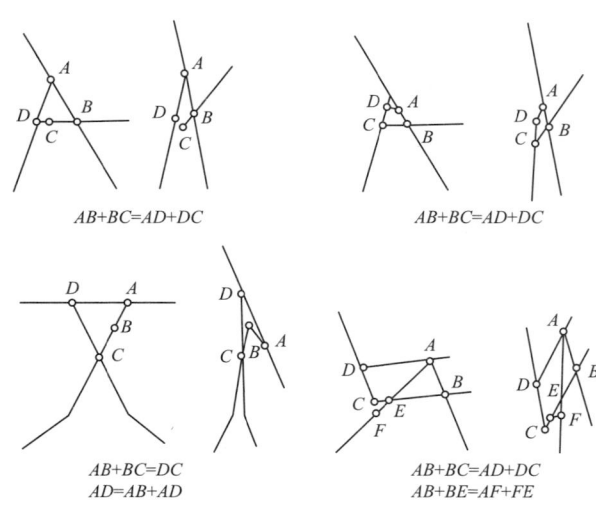

$AB+BC=AD+DC$

$AB+BC=AD+DC$

$AB+BC=DC$
$AD=AB+AD$

$AB+BC=AD+DC$
$AB+BE=AF+FE$

图5.36 折点示意图

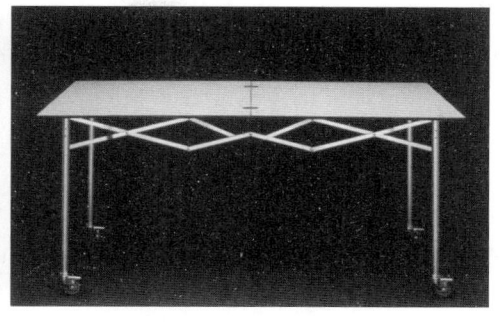

（a）餐桌折叠　　　　　　　　　（b）折叠餐桌展开

图 5.37　可折叠式餐桌

叠积式的家具一般有柜类、桌台类、床椅及沙发等类型，最为常见的是椅类（图 5.38）。叠积结构并不特殊，其设计主要考虑脚架与背板空间中的位置关系。

4. 插接式

插接式是指利用金属管材制作，将小管的外径套入大管的内径，用螺钉连接固定。我们可以利用轻金属铸造二通、三通、四通的插接件。

5.2.1.2　连接形式

金属家具的连接形式主要可分为焊接、铆接、螺栓连接、插接、板材咬缝接合等。

图 5.38　家具的叠积

1. 焊接

焊接（图 5.39）可分为气焊、电弧焊、储能焊。其牢固性及稳定性较好，多应用于固定式结构。主要用于受剪力、载荷较大的零件。

2. 铆接

铆接主要用于折叠结构或不适于焊接的零件，此种连接方式可先将零件进行表面处理后再装配，给工作带来方便。其强度视用作铆接的材料和形式而定，因铆接的材料经物理变形，已很难恢复再铆，所以铆接的牢固程度仅次于焊接，也是个死链接。铆接方式对材料的要求较低。很多材料都可用，不同种材料之间也可用此连接，但须强大的外力方能实施作业（图 5.40）。按铆钉种类，铆接类型可分为抽芯铆钉铆接、击芯铆钉铆接、空心铆钉铆接、平肩铆钉铆接、沉头铆钉铆接，前三种用于结合强度要求不太高的金属薄板结合，后两种铆接类型的结合强度要高于前三种。

图 5.39　焊接

3. 螺栓连接

螺栓连接方式也可视为铆接的一种变化形式，同样，其强度视用作螺栓材料和螺栓的形式而定。除了具有铆接的特点外，螺栓的最大特点是可多次使用，实现部件的可拆装。另外，它对连接工艺的要求降低了，只要有一般小型的或手动的工具就能实施连接作业（图 5.41）。

4. 插接

插接是通过插接头将两个或多个零件连接在一起，插接头与零件间常常采用过盈配合，有时也要在零件的侧向用螺钉或轴销锁住插接头，以提高插接强度（图5.42）。

5. 板材咬缝接合

板材咬缝接合常用于金属薄钢板间的连接（图5.43）。咬缝连接工艺在金属家具中被广泛采用，就结构来说，有挂扣、单扣、双扣等；从形式上，有站缝和卧缝；从位置上，有纵扣和横扣。

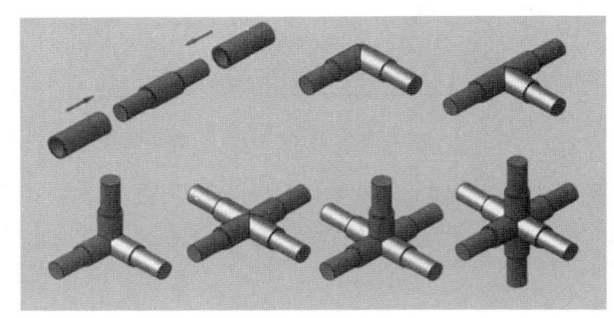

图5.40 铆接　　图5.41 螺栓连接　　图5.42 插接

5.2.1.3 家具结构实例分析

（1）垂直金属支架部件与水平部件间的螺钉接合。这种接合的特点是接合强度高，便于实现拆装结构（图5.44）。

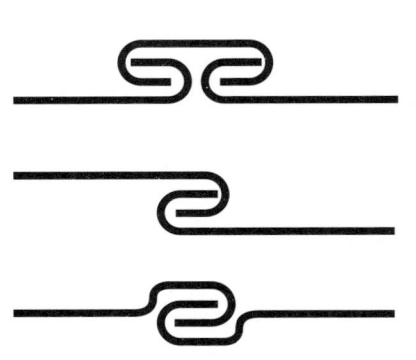

图5.43 板材咬缝结合　　图5.44 垂直金属支架部件与水平部件间的螺钉接合

（2）活动铆接的一个典型例子是：折叠桌的腿采用连杆运动机构实现桌腿的展开与收起，连杆机构的铰接点则是由铆钉来完成的（图5.45）。

图5.45 活动铆接

(3) 一把金属网椅。椅子的主要骨架用金属薄壁钢管弯曲而成，薄壁钢管零件之间采用焊接的方法接合，座面与靠背材料为金属丝网，金属丝网的交叉点上以及金属丝与薄壁钢管零件之间，用闪光对焊或高频点焊的方法接合（图 5.46）。

(4) 一把三角形小凳，由三根钢管、金属连接球、三角形皮革组成。三根钢管采用插入式的接合方式与金属连接球连接，三角形皮革用吊扣挂在三根钢管的端头（图 5.47）。

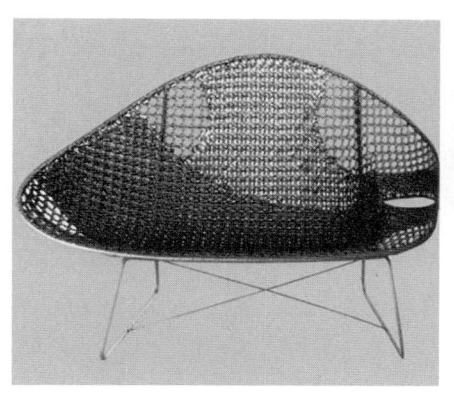

图 5.46　金属网椅的焊接　　　　　　图 5.47　采用插入式结合方式的三角形小凳

(5) 快装式金属支架的结构实例。水平的铝合金型材及腿通过三叉形的插接件连接成一体，支架的四周用带锁口的绷带拉紧，防止插接部位的脱落（图 5.48）。

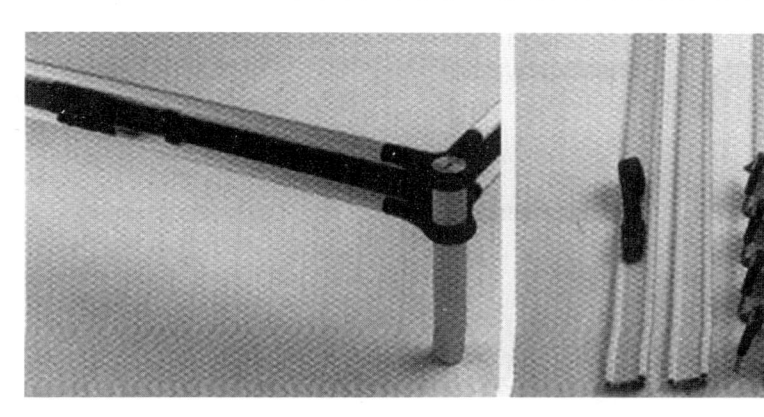

图 5.48　采用插接方式的快装式金属支架

5.2.2　金属家具生产工艺

金属家具生产工艺流程如图 5.49 所示。

图 5.49　金属家具生产工艺流程

1. 管材的截断

管材截断的方法主要有四种：割切、锯切、车切、冲截。其中用金属车床切得的零件端面加工精度较高,一般用于管材需要使用电容式储能焊的零件加工;而冲截生产效率高,但冲口易产生缩瘪,因此应用面较窄。

2. 弯管

弯管一般用作支架结构中,弯管工艺是指在专用机床上,借助型轮将管材弯曲成圆弧形的加工工艺。弯管一般可分为热弯、冷弯两种加工方法。热弯用于管壁厚或实心的管材,在金属家具中应用较少;冷弯在常温下弯曲,加压成型。加压的方式有机械加压、液压加压及手工加压弯曲。

3. 打眼与冲孔

当金属零件采用螺钉接合或铆钉接合时,零件必须打眼或冲孔。打眼的工具一般采用台钻、立钻及手电钻。冲孔的生产率比钻孔高2~3倍,加工尺度较为准确,可简化工艺。有时在设计中会用到槽孔,槽孔可利用铣刀铣出。

4. 焊接

焊接的方法有多种,常用的有气焊、电焊、储能焊等。钢管在焊接后会有焊瘤,必须切除,使管外表面平滑。

5. 表面处理

零件的表面要经过电镀或涂饰的处理。涂饰的方法有喷金属漆或电泳涂漆。

6. 部件装配

零件在进行最后的矫正后,根据不同的连接方式,用螺钉、铆钉等组装成为产品。

产品加工工艺是否合理,是否用利用工业化生产,与家具的结构设计是密不可分的。合理的结构可在很大程度上简化工艺,提高生产率。图5.50~图5.56为椅系列金属家具。

图5.50 波特曼金属布艺结合椅子

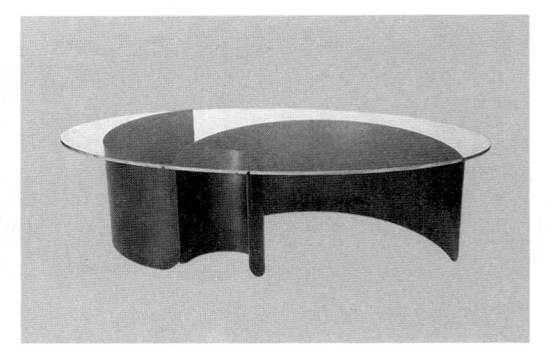

图5.51 用弯曲木和金属连接做成的椅子

图5.52 玻璃和金属连接做成的茶几

图5.53 黄铜椅

图5.54 铝椅子

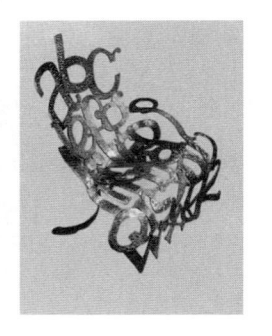

图5.55 铜制字母椅子

图 5.56 SPUN CHAIR
采用了自带未来感的镜面钢，流畅的线条与切口形成强烈的对比，搭配简约、高级的色彩，营造出一种流动的幻觉

5.3 塑料类家具的结构设计与制造

塑料的主要成分是树脂，树脂的本性决定了塑料的基本性能。塑料具有质轻、坚牢，耐水、耐油、耐蚀性高，色彩佳，成型简单，生产率高等优点。其最主要的特点就是易成型，且成型后坚固、稳定，因此塑料家具常由一个单独的部件组成。

塑料家具是一种新性能的现代家具，塑料的品种很多，但常用于家具产品的塑料有聚氯乙烯、聚丙烯、玻璃纤维塑料（玻璃钢如太空椅和球椅）、聚碳酸酯、高密度聚乙烯、泡沫塑料、有机玻璃压克力树脂等（图 5.57～图 5.60）。

在进行塑料家具设计时，我们应重点注意一些细部的结构，如塑料制品的壁厚、加强筋与支承面、模具的斜度与圆脚、孔与螺纹等。

微课视频

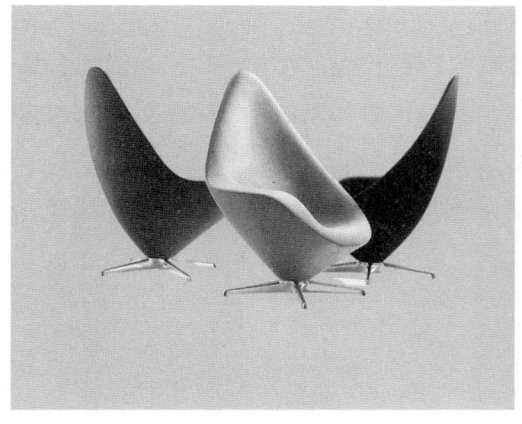

塑料家具

图 5.57 Plateau
这把躺椅的名字源于其右扶手的大水平表面，该表面为笔记本电脑或咖啡杯提供足够的空间。椅子位于抛光铝制底座上，并配备自动返回旋转机构。椅子的外壳由包裹在冷聚氨酯泡沫中的硬质泡沫制成，结合其有机形式，营造出舒适的氛围。椅子内部则采用皮革或织物内饰

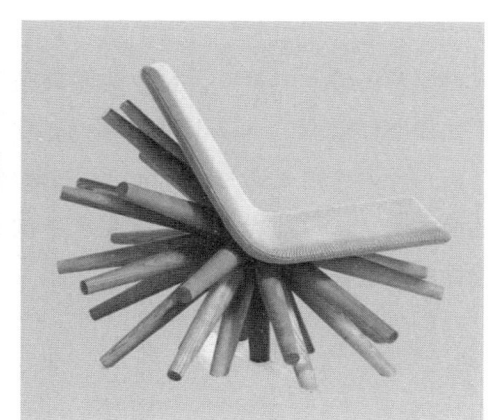

图 5.58 高密度聚乙烯泡沫填充椅面多脚椅

5.3.1 壁厚、加强筋与支承面

根据使用要求必须具有足够的强度，但注塑成型工艺对制件壁厚却有一定的限制，因此，

图 5.59 Little Perillo

这把椅子有两种形式：一种有四条腿，另一种有一条中央腿。它的外壳采用所谓的模内成型工艺制造，由发泡的、弹性产生的聚氨酯制成。因此，其不仅拥有高质量的表面，可以在内部和外部以两种不同的颜色调色制造步骤。Little Perillo 也有一个有机的形式，座椅、靠背、扶手和框架无缝衔接在一起，创造出一个未来主义和永恒的椅子雕塑。

图 5.60 碳纤维桌

材料为透明或白色的 PMMA 丙烯酸（有机玻璃亚克力）

合理地确定制品的壁厚是非常重要的。壁厚应尽量均匀，壁与壁连接处的厚度不应相差太大，并且应尽量用圆弧连接（表 5.3）。

表 5.3　　　　　　　　　　常用塑料制作的壁厚范围　　　　　　　　　　单位：mm

塑料名称	制件壁厚范围	塑料名称	制件壁厚范围
聚乙烯	0.9～4.0	有机玻璃	1.5～5.0
聚丙烯	0.6～3.5	聚氯乙烯（硬）	1.5～5.0
聚酰胺（尼龙）	0.6～3.0	聚碳酸酯	1.5～5.0
聚苯乙烯	1.0～4.0	ABS	1.5～4.5

有些塑料制品较大或需要承受较大的载荷，壁厚达不到强度要求时，就必须在制品的反面设置加强筋。加强筋的作用是在不增加塑件壁厚的基础上增强其机械强度，并防止塑件翘曲。强力筋的底部与壁的连接应该用圆弧过渡，防止外力作用时受力过于集中而被破坏。

当塑料制件需要由基面作支承面时，由于在实际生产中制造一个相当平整的表面很不容易，故应设计用凸边的形式来代替整体支承表面。

5.3.2　塑料家具斜度与圆角

塑料制品都是由模注塑成型的，由于塑料冷却时的收缩，有时塑料制件紧扣在凸模或型芯上，不易取下，为便于脱模，设计时塑料制品与脱模方向平行的表面应具有一定的斜度。塑制件的斜度取决于塑件的形状、壁厚和塑料的收缩率。斜度过小则脱模困难，会造成塑件表面损伤或破裂；斜度过大则影响塑件的尺寸精度，达不到设计要求。在许可范围内，斜度应设计得稍大些，一般取 0.5°～1.5°。成型空心越长或型腔越深，斜度应取偏小值，反之可选偏大值。

塑制件的内、外表面及转角处都应以圆弧过渡，避免锐角和直角。圆角有利于物料充模，而且也有利于熔融塑料在模内的流动和塑料件的脱模。

5.3.3 塑料家具的结合方法

接合方法有胶接合、孔接合、嵌件接合、卡式接合、热熔接合、金属铆钉接合、热铆结合等。

5.3.3.1 胶接合

胶接合是指用聚氨酯、环氧树脂等高强度胶黏剂涂于接合面上，将两个零件胶合在一起的方法。

5.3.3.2 孔接合（塑料家具孔、螺纹）

塑料制件上各种形状的孔（如通孔、盲孔、螺纹孔等），应开设在不减弱塑料件机械强度的部位。相邻两孔之间和孔与边缘之间的距离通常不应小于孔的直径，并应尽可能使壁厚一些。设计塑料制件上的内、外螺纹时，必须注意不影响塑件的脱模和降低塑件的使用寿命。制作螺纹成形孔的直径一般不小于 2mm，螺纹距也不宜太小。

螺纹连接是塑料家具中常用的方法，通常有直接螺纹接合、间接螺纹接合、自攻螺纹接合三种：

(1) 直接螺纹接合是指塑料零件上直接加工出螺纹的接合方法（图 5.61）。

(2) 间接螺纹接合是指通过金属螺杆（螺钉）与螺母紧固两塑料零件的方法（图 5.62）。

(3) 自攻螺纹接合是指通过自攻螺钉拧入被接合零件的光孔内，利用自攻螺钉的齿尖扎入光孔壁，从而实现紧固接合（图 5.63）。

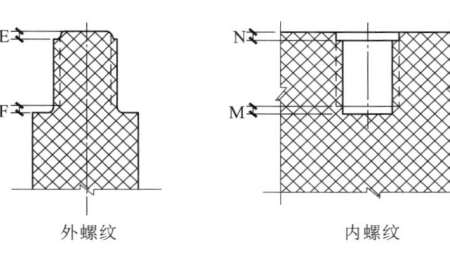

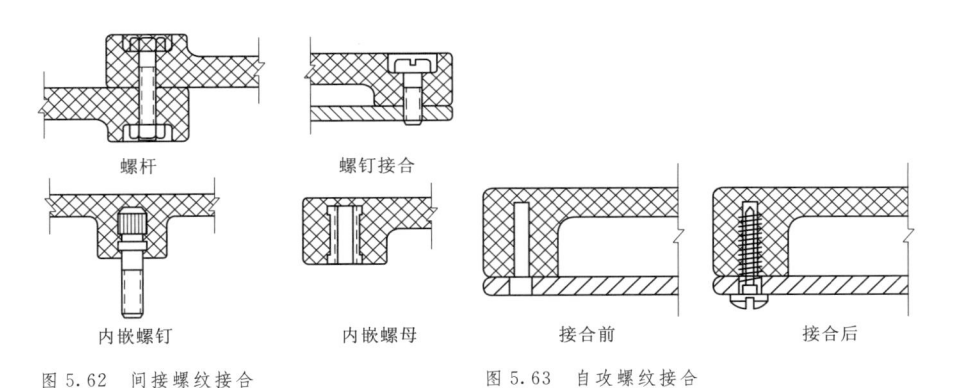

图 5.61 直接螺纹接合

图 5.62 间接螺纹接合

图 5.63 自攻螺纹接合

5.3.3.3 嵌件接合

有时因连接的需要，在塑制件上必须镶嵌连接件（如螺母等）。为了使连接件在塑料内牢固而不脱落，嵌件的表面必须加工成沟槽、滚花或制成特殊形状（图 5.64）。金属嵌件周围的塑料壁厚取决于塑料的种类、收缩率、塑料与嵌件金属的膨胀系数之差，以及板件形状等因素。金属嵌件周围的塑制件壁越厚，塑制件破裂的可能性就越小。

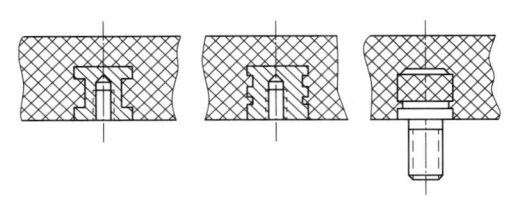

图 5.64 嵌件

5.3.3.4 卡式接合

图 5.65 是卡式接合的一个实例，带有倒刺的零件沿箭头方向压入另一个零件，借助塑料的弹性，倒刺滑入凹口内，完成连接，其材料通常由具有一定柔韧性的塑料材料构成。连接最大的特点是安装与拆卸方便，可以做到免工具拆卸。两件卡式塑料家具如图 5.66 所示。

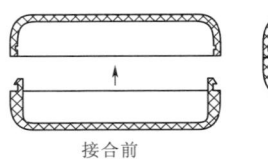

接合前　　　接合后

图 5.65　卡式接合

（a）卡式塑料长椅

该椅是整体结构的坐具。为了降低材料使用量同时提高强度与刚度。在坐面两边采用了折边结构，坐面下表面设立了加强筋

（b）卡式塑料糖果椅

该椅是典型的薄壳结构塑料家具。整件家具分上下两个部分，每个部分的内壁均要设立加强筋，上下两个部分之间采用卡式接合

图 5.66　两件卡式塑料家具

5.3.3.5 热熔接合、金属铆钉接合、热铆接合

（1）热熔接合。如果要将多个成型品组合成一个部品，对于热塑性塑料一般采用热熔接合的方法。该方法是将成型品的接合处熔融后，边加压边进行冷却，由于在接合界面的分子扩散，分子链发生缠绕和结晶化，在熔接部位形成了接合强度，成型品就接合在一起。

（2）金属铆钉接合。通过塑料铆钉的形式实现塑料与金属、塑料与塑料及塑料与电路板的永久性连接。这种连接形式能有效节约螺丝和胶水等耗材成本，使产品的轻量化及小型化成为可能。随着工业化大生产的发展，该种连接方式越来越多地被应用于塑料、汽车、电子等行业。

（3）热铆接合。用来连接由不同材料制造的制件，使热固性塑料与热熔性塑料制件间实现相互连接，或使塑料制件与金属连接。

热熔接合、金属铆钉接合、热铆接合如图 5.67～图 5.69 所示。

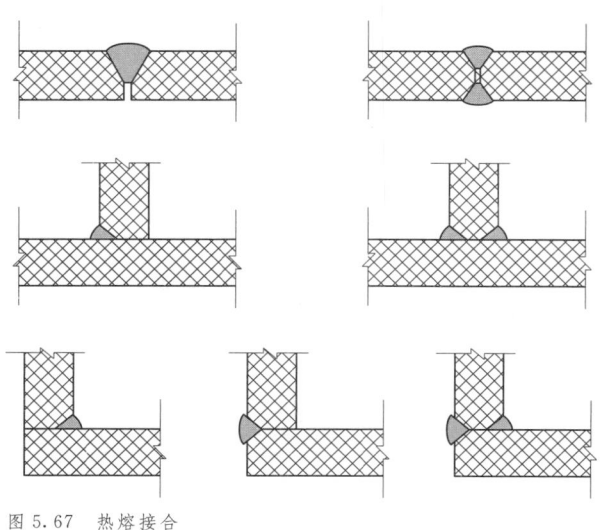

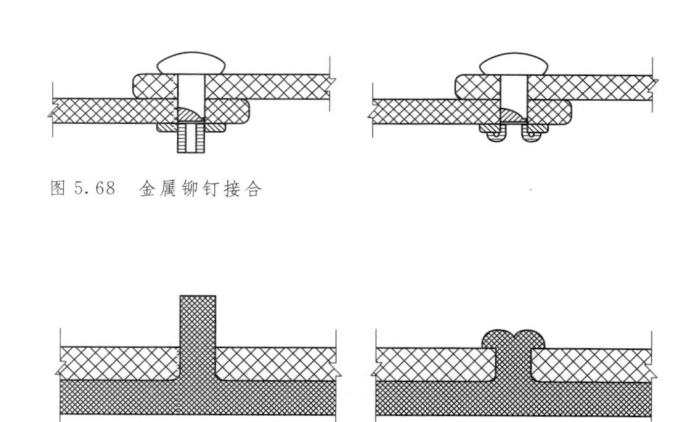

图 5.68　金属铆钉接合

图 5.69　热铆接合

图 5.67　热熔接合

5.4 软体类家具的结构设计与制造

5.4.1 软体家具材料

软体家具指的是以不同材料制成框架，辅以弹簧、泡沫盒填料，表面包覆各式面料制成的，具有一定弹性的坐卧类家具的总称（图5.70）。常见的沙发、床垫都属于软体家具（图5.71～图5.74）。

图5.70 泡沫沙发

图5.71 R606聚合物椅
这款椅子表面看来也是由坚硬的材料制成的，而实际坐上去之后却会感到非常柔软。其实它的坐垫和靠背的位置是由一种名为R606的专利聚合物制成的。这种材料表面看来非常坚硬，实际上却可以在压力作用下产生一定的变形。从而使得看似坚硬的椅子也可以变得非常柔软

图5.72 Bulbo扶手椅

图5.73 孔雀椅
这款孔雀椅给使用者很高的用户体验度，在外形上也很有特色，宛如一只正在开屏的孔雀。它由一整块三层加厚毛毡折叠弯曲，贴合椅子设计简洁的金属框架制作而成。整件作品没有经过一丝缝纫、编织加工，框架和靠背坐垫的结合浑然一体

图5.74 蝙蝠式沙发

5.4.1.1 框架材料的选用

（1）天然木材。软体家具通常采用木材作为框架，木材种类包括胡桃木、樱桃木、橡木。

（2）木塑复合材料。是以木材、农植物秸秆等碎料为主，加入黏合剂，处理后得到的复合材料，较为环保，可回收二次利用。制品表面光滑平整，坚固耐用，并可根据要求压制出企口、图案等。在制作过程中加入着色剂，可以制得各种绚丽色彩的产品。其抗水性、防虫性及防腐性均优于天然木材。

(3) 金属材料。现代软体家具框架多采用金属材料，其原料来自矿产资源的冶炼、轧制，可循环利用，绿色环保。质地坚韧，张力大，防火防潮性能优越，通过工具可生产各种形状的构件图（图 5.75 和图 5.76）。

（a）木质框架椅子　　（b）木质框架牛皮坐面椅

图 5.75　Hunter's Chair

（a）石材坐面金属框架椅子　　（b）布艺坐面金属框架椅子

图 5.76　休闲椅

5.4.1.2　面料

(1) 天然材料。合理运用生态系统多样性、稳定性、持续性特征，可采用动物毛皮做椅垫、床垫等家具的面料。动物毛纤维柔软、细腻，保暖性较好，但是容易遭虫蛀，保养较为烦琐；皮革是经过脱毛和鞣制等多种工序制作完成的，表面有特殊的粒面层，纹理自然，光泽亮丽，手感较好，抗张力、撕裂强度均较为优越。还可以使用棉、麻、草这些天然材料，绿色环保。棉材料吸湿性强，缩水率较大，但布料厚实、平整、结实耐用。麻质布料通气性良好、耐洗、防腐、抑菌，但外观较为粗糙、生硬。草编制品淳朴自然、样式繁多，在家具中多用于坐垫。

(2) 人造材料。软体家具的人造材料有尼龙纤维、涤纶纤维、腈纶纤维、氯纶纤维等。

1) 尼龙纤维。学名为聚酰胺纤维，耐磨、吸湿、拉伸强度大，染色性与其他人造纤维相比较为优越。

2) 涤纶纤维。具有经久耐用、不易变形、弹性较好、耐腐蚀、不易褪色、易洗快干等优点，但是吸湿性与着色性较差，易产生静电，沾染灰尘。

3) 腈纶纤维。手感自然柔软，与毛织物接近，保暖性较好。还具有易着色、色泽亮丽、耐日晒、阻燃等优点，其缺点是不耐磨，易起静电。

4) 氯纶纤维。原料较为丰富，其制作成本低廉、工艺简单，具有难燃、保暖、弹性强、耐腐蚀和虫蛀等优点；缺点是受热收缩大，染色性差。

5.4.1.3　填充材料的选用

(1) 棕丝、麻丝等天然材料。棕丝一般分为两种，一种为棕榈叶鞘的纤维，红褐色，坚韧而具弹性；另一种为包裹在椰壳表面的椰棕组织，即椰棕丝，它质地坚实，耐磨性很好，能够防水，弹性极佳，耐腐蚀性强。两种均为环保型材料，用于各种衬垫或填充，与人造物（如化纤丝或海绵）等相比，更具有透气隔热的效果，并且没有各种化学污染（图 5.77 和图 5.78）。

麻丝可分为亚麻丝和剑麻丝。亚麻丝是亚麻秆辊扎加工制成，价格较低，但其回弹性较差，易被压实成块；剑麻丝由剑麻的大叶子制作而成，丝呈白色，粗而长，回弹性较好（图 5.79 和图 5.80）。

(2) 定型棉（图 5.81）。由聚氨酸材料经发泡剂等多种添加剂混合，压入模具制出不同形状，适合沙发的坐垫、背面等。其强度可以调整，依家具不同部位的需求，通过对密度的调整得到软硬不同的海绵。

（3）发泡棉（图 5.82）。由聚醚发泡成型，密度与软硬有直接关系，可根据不同要求切削出不同的厚度。具有独立气泡结构，密度小、柔性好，导热系数低，不吸水、防渗透性好，耐高、低温变化，耐气候，耐老化性能优越。

（4）橡胶棉（图 5.83）。主要采用天然乳胶发泡而成，保留橡胶特性，弹力较好、不易变形，但价格较高。

（5）再生棉（图 5.84）。用海绵碎料挤接而成，成本极低，但弹性很差并且密度不一。

图 5.77 棕榈丝

图 5.78 椰棕丝

图 5.79 亚麻丝

图 5.80 剑麻丝

图 5.81 定型棉

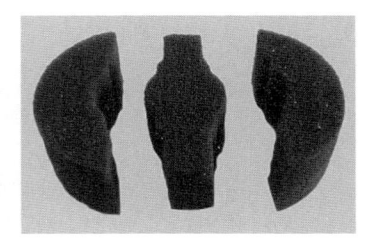

图 5.82 发泡棉

图 5.83 橡胶棉

图 5.84 再生棉

5.4.1.4 弹性材料的选用

一般家具中用到的各种弹簧均采用钢丝材料，如螺旋弹簧、包布弹簧、弓簧、拉伸弹簧等。

（1）螺旋弹簧（图 5.85）。用弹簧钢丝绕制成的螺旋状弹簧，柔软性能良好，不易变形，结构紧凑，制造工艺较为简单，是沙发产品中用途最为广泛的弹性材料之一。其弹性大小及软硬程度与弹簧的盘芯直径有关，直径越小，弹簧硬度越小，弹性越大。盘簧在制作完成后，上端钢丝须弯折向下，以防刮破布料，下端则固定在绷带或者木板上。

（2）包布弹簧（图 5.86）。一般用于床软垫和沙发软垫，是一种圆柱形螺旋压力弹簧，在使用前缝上布料外包，后按照所需形状编组成弹簧组件，并将上下缝组为整体。

(3) 弓簧（图 5.87）。弓簧又称曲簧，因外形像蛇，简称蛇簧，适用于沙发靠背或者有软垫的沙发底座。

(4) 拉伸弹簧（图 5.88）。拉伸弹簧即拉力弹簧，简称拉簧，是承受轴向拉力的螺旋弹簧。拉伸弹簧一般都用圆截面材料制造。在不承受负荷时，拉伸弹簧的圈与圈之间一般都是并紧的，没有间隙。耐腐蚀，弹性较好，在家具产品中常与其他弹簧配合使用，很少单独使用。

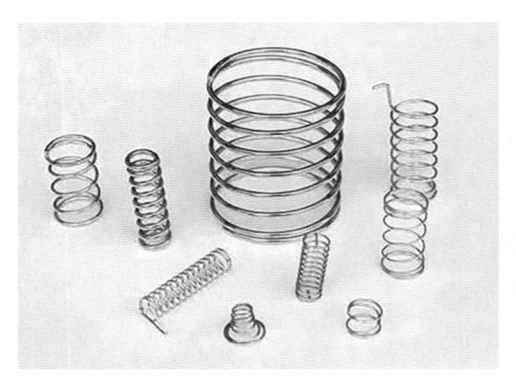

图 5.85　螺旋弹簧

图 5.86　包布弹簧

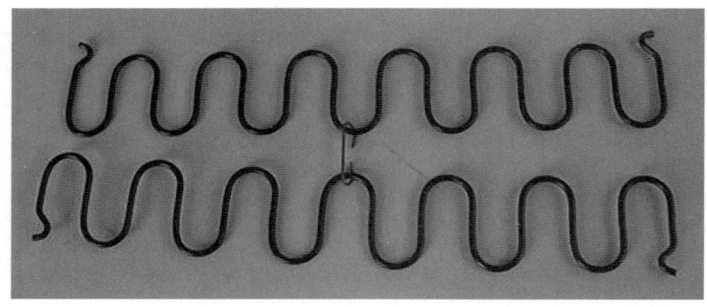

图 5.87　弓簧

图 5.88　拉伸弹簧

5.4.1.5　黏合材料

(1) 水性胶。可用水作为溶剂调整胶水浓度，无异味，不易变黄，适合浅色及对耐黄变要求较高的材料，但是干燥速度慢，耐水及防冻性较差。使用操作简单，刷或涂擦等方式均可。

(2) 溶剂胶。胶的主要材料为树脂等高分子，适用于各种高分子板材之间的黏合，使用方法有多种，可用喷枪喷涂，即喷即黏，省时省力。但是使用时需注意选用与黏合材料相对应的型号，否则会出现脱胶、起泡等现象。

5.4.1.6　固定材料

软体家具用来紧固的配件主要有木螺钉、泡钉、射钉、圆钢钉及骑马钉（图 5.89）。其中，圆钢钉主要用于木质框架结构部件连接；秋皮钉主要用于钉沙发衬料和面料；骑马钉两面为尖形，呈 U 形，是沙发制作不可或缺的工具。

(1) 木螺钉。钉身上螺纹为木螺钉专用螺纹，可以直接旋入木质构件中，用于将金属或非金属构件与木构件紧固连接在一起，是一种可拆卸连接件。

(2) 泡钉。主要用于欧美风格沙发中，起到固定及装饰作用。常见的有铁泡钉、铜泡钉和不锈钢泡钉。

(3) 射钉。利用发射空包弹原理，火药燃气作为动力，配合射钉枪一起使用，通常由一颗钉子加齿圈或塑料定位卡构成。

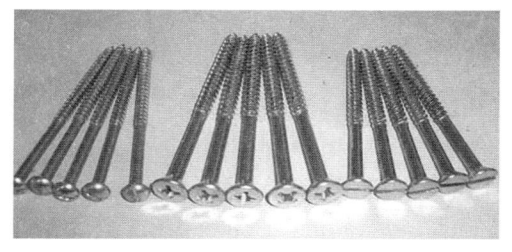

(a) 木螺钉 　　(b) 泡钉

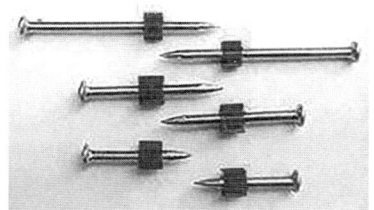

(c) 射钉 　　(d) 圆钢钉 　　(e) 骑马钉

图 5.89　拉伸弹簧

5.4.2　无骨架软体材料家具

无骨架软体材料家具是指完全由柔软材料构成的家具，如由布袋与弹性颗粒材料构成的布袋家具，更多的是充气家具。

1. 充气家具

充气家具结构形式别具一格，其主要的构件是由各种气囊组成，并以其表面来承受重量。气囊主要由橡胶布或塑料薄膜制成。其主要的特点是可自行充气组成各种家具，携带或存放方便，新潮舒适，色彩众多，形态各异，但单体的高度因要保持其稳定性而受到限制。

充气家具多用于旅游家具，如各种沙滩椅、水上用椅、浮床、各种轻便沙发椅和旅行用桌等（图 5.90～图 5.92）。

(a) 甲骨文叠座 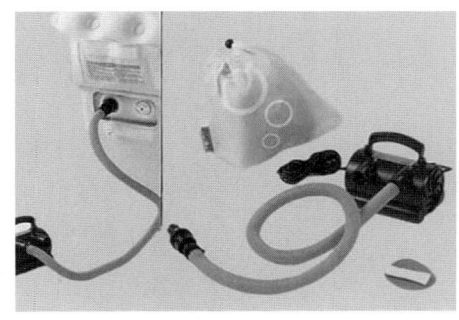　　(b) 充气工具 　　(c) 充气沙发

图 5.90　可充气的旅行沙发

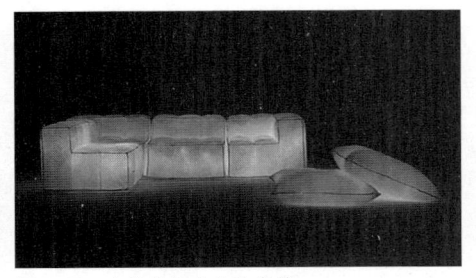

图 5.91　会发光的充气沙发椅
这是一款利用再生环保型材料制成的充气椅子，它不仅绝对安全，而且其循环再利用的材料还对我们生活的环境加以了保护。更值得一提的是，在黑暗中，这款椅子的整个椅身可以发光。虽然它所使用的材料都是成本很低的普通技术材料，但设计师们却巧妙地加以利用和回收，使这些材料焕发新貌，充满了设计感和创意

图 5.92　BLOWING ARMCHAIR 5
这是一件由八层环氧树脂制成的坚固的椅子，多层涂层不仅带来坚固性，还带来玻璃般光泽的表面和纹理，未来感十足

图 5.93　无印良品布袋沙发

2. 布袋家具

布袋家具主要是由覆面材料和内部填料组成，其主要特点是可以随人的坐姿改变自身的形状，具有灵活多变的装饰能力，视觉表现力比较强（图 5.93）。

5.5　竹藤类家具的结构设计与制造

5.5.1　竹材、藤材材料

与木材一样，竹材、藤材都属于自然材料。竹材坚硬、强韧；藤材表面光滑，质地坚韧、富有弹性，两者均清新淡雅，曲线优美。竹材、藤材可以单独用来制作家具，也可以同木材、金属材料配合使用（图 5.94～图 5.97）。

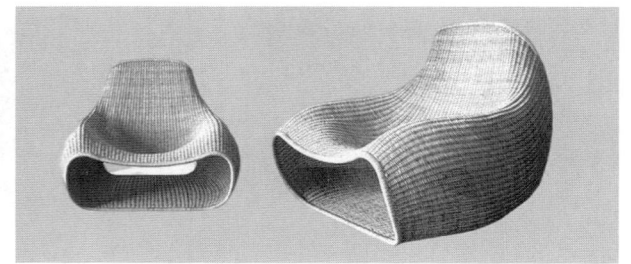

图 5.94　藤制椅子　　图 5.95　Snug Chair

图 5.96　The Splines 家具
Splines 家具系列采用天然藤条制作，这些部件在制造过程中并未连接在一起，而是通过一种创新的支架系统固定，该支架是钢架的一部分。由于没有使用胶水将天然纤维连接到金属，该过程非常环保。如果将这件家具拆成单独的部分，纤维是可生物降解的，金属可以回收利用。其流畅的线条非常柔和流畅，突出了核心材料的感性本质

图 5.97　公共藤家具

5.5.2　竹藤家具的构造

竹藤材料在家具中的运用一般分为两大部分：骨架和面层。

5.5.2.1　骨架

竹藤家具的骨架一般采用竹竿或粗藤条制作；亦可采用木质骨架；金属、塑料等新材料也被作为竹藤家具骨架使用。

骨架的接合方法有以下几种：

(1) 弯接法。可分为火烤弯曲法（图 5.98）、锯口弯曲法（图 5.99）和锯口夹接弯曲法（图 5.100）。火烤弯曲法多用于弯曲曲率半径较小的部件，利用竹竿的物理性能，用炉火加温，使竹竿变软并加外力使之弯曲，然后用冷水冷却定型，用蒸汽对竹竿进行加温，也可以使竹竿变软而作弯曲处理；锯口弯曲法适用于曲率半径较大的部件；锯口夹接弯曲法则多用在转折连接处，在弯曲部分挖去一小节并夹接另外材料，再进行加固即可。

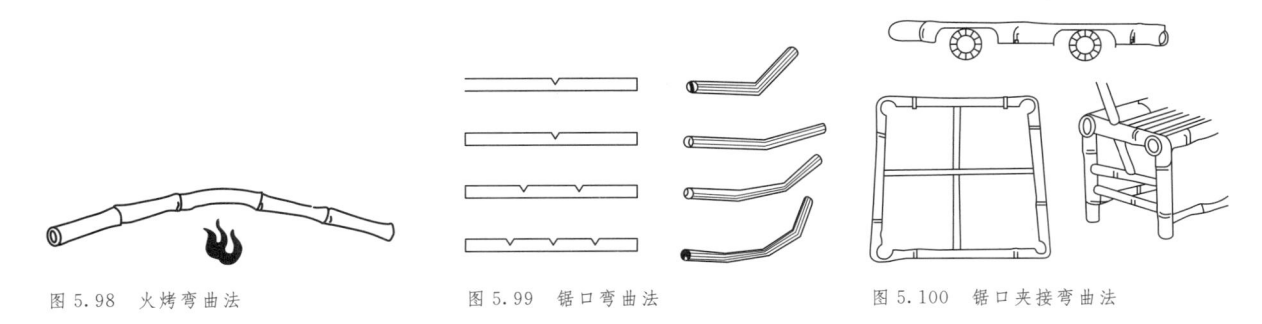

图 5.98　火烤弯曲法　　　图 5.99　锯口弯曲法　　　图 5.100　锯口夹接弯曲法

(2) 缠接法。这种方法是竹藤家具中最为常用的一种方法，先在被连接的竹材上钉孔，再用藤条进行缠绕（图 5.101）。

(3) 插接法。这种方法一般用于竹制家具各部件间的接合，在较大的竹管上打孔，然后插入较小的竹管，再用竹钉锁牢（图 5.102）。

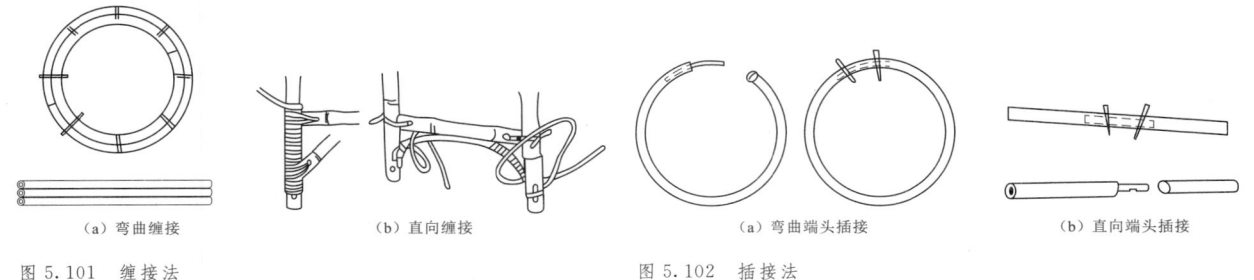

(a) 弯曲缠接　　(b) 直向缠接

图 5.101　缠接法

(a) 弯曲端头插接　　(b) 直向端头插接

图 5.102　插接法

5.5.2.2　板面类型

用多根竹条并联起来组成一定宽度的面称为竹条板面，选用的竹条宽度一般为 7~20mm，过宽显得粗，过窄则不够结实。竹条端头的榫有插牌头和尖角头两种。

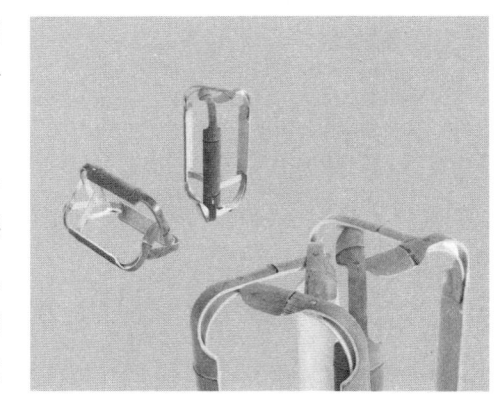

竹子在中国的传统文化中常有坚韧、谦虚、坚定、正直之意，在传统工艺产品中，竹器也时常出现在人们的日常生活中。竹器通常保留青竹的本色，结合传统竹工艺技术如剖竹、削竹、弯竹、榫合的手法，最大限度地保留材料的原始美感。中国台湾设计师 Yi-Fan Hsieh 就利用当地的毛竹设计了名为"清转合"的竹凳系列（图 5.103 和图 5.104），将当地的毛竹进行切割和热弯处理，最后利用胶合剂和钉子组合在一起（图 5.105）。

图 5.103　"清转合"的竹凳系列

(a) 竹凳效果图　　(b) 四方形"清转合"的竹凳面层　　(c) 四方形"清转合"的竹凳结构

图 5.104　四方形"清转合"的竹凳系列

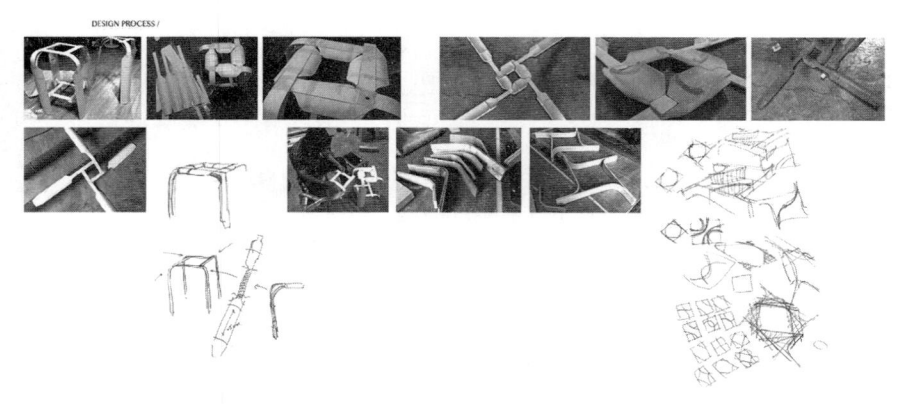

图 5.105　"清转合"的竹凳系列制作流程

5.5.2.3　面层

竹藤家具的面层，一般采用竹蔑、竹片、藤条、芯藤、皮藤编织而成。

竹藤编织的方法有以下几种（如图5.106）：

（1）单独编织法。用藤条编织成结扣和单独的图案。结扣用于连接构件，图案用于不受力的编织面上，主要起装饰作用。

（2）连续编织法。用四方连续构图方法编制而成的面。采用皮藤、竹篾等扁平材料编织，采用圆形材料编织称为圆材料编织（图5.107）。

（3）图案纹样编织法。用圆形材料编织成各种形状和图案，安装于家具的框架上，起装饰作用及对受力构件的辅助支撑作用（图5.108）。

图5.106　竹藤的编织

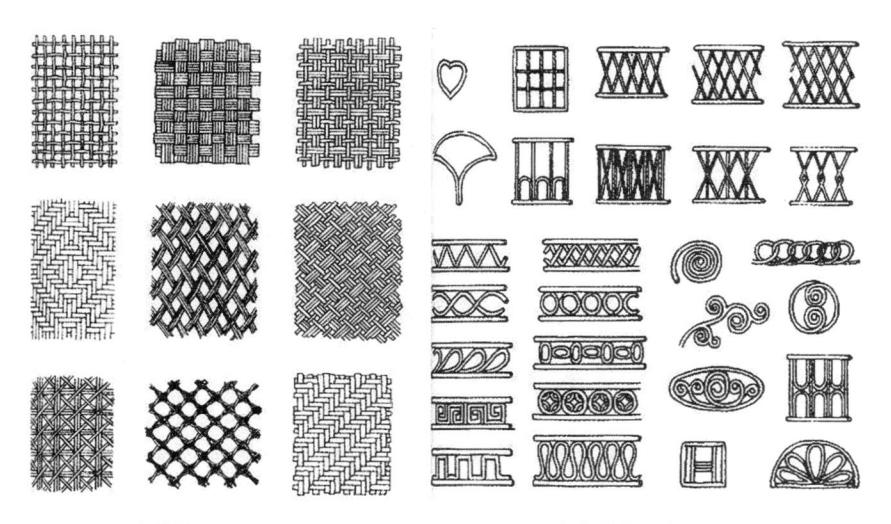

图5.107　连续编织法

图5.108　图案纹样编织法

5.6　纸质类家具的结构设计与制造

用纸板或纸制作家具既轻便又便于运输和拆装，制作方便，价格低廉。根据折纸方式的不同，折纸家具还可具有多种外在的形式（图5.109～图5.112）。

图5.109　777椅（100%可回收纸板）

图5.110　报纸沙发
用尼龙线制成直径为60cm的圆球形网，网孔大小4cm×4cm。在网的一端开有一大小10cm的收口，将废报纸用手用力揉成小球放入网中，直到网撑满成球形，拉紧收口，即制成了报纸沙发

微课视频

纸质家具

图 5.111 用纸制作的大葱椅　　图 5.112 纸椅

5.7 玻璃类家具的结构设计与制造

玻璃也是家具设计中常使用的一种材料。玻璃的厚度常为 2mm、3mm、5mm、6mm、10mm 等，设计所需的强度越大，所选玻璃的厚度应越厚。玻璃可以直接开孔和切割，也可在高温的熔炉内加热后弯曲成形。玻璃是一种晶莹剔透的人造材料，具有平滑光洁透明的独特材质美感。现代家具的一个流行趋势就是把木材、铝合金，不锈钢与玻璃相结合（图 5.113），极大地增强了家具的装饰观赏价值。随着现代家具设计的发展，多种材质的组合已经成为一种趋势，在这方面，玻璃在家具中的使用起了主导性作用。

由于玻璃现代加工技术的提高，雕刻玻璃、磨砂玻璃、彩绘玻璃、车边玻璃、镶嵌夹玻璃、冰花玻璃、热弯玻璃、镀膜玻璃等各具不同装饰效果的玻璃大量应用于现代家具，尤其是在陈列性展示家具以及承重不大的餐桌、茶几等家具上，玻璃更是成为主要的家具用材（图 5.114）。玻璃以其特有的内在和外在特征以及优良特性，在改善或增加现代家具的使用功能和适用性方面，起到了不可忽视的作用。

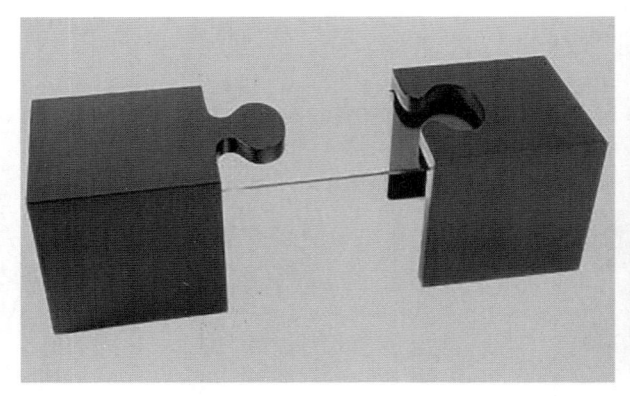

图 5.113 木材和玻璃结合的拼图茶几　　图 5.114 玻璃几面小茶几

5.8 石材类家具的结构设计与制造

石材是大自然鬼斧神工的杰作，是一种具有不同天然色彩的质地坚硬的天然材料，给人高档、厚实、粗犷、自然、耐久的感觉。

天然石材的种类很多,在家具中主要使用花岗石和大理石两大类。由于石材的产地不同,故质地各异。在家具的设计与制造中,天然大理石材多用于桌、台案、几的面板,发挥石材的坚硬、耐磨和天然石材肌理的独特装饰作用。同时,也有不少的室外庭院家具,室内的茶几、花台是全部用石材制作的(图5.115和图5.116)。

人造大理石和人造花岗岩是近年来开始广泛应用于厨房、卫生间台板的一种人造石材。以石粉、石渣为主要骨料,以树脂为胶结成型剂,一次浇铸成型,易于切割加工、抛光,其花色接近天然石材,抗污力、耐久性及加工性、成型性优于天然石材,同时便于标准部件化批量生产,特别是在整体厨房家具、整体卫浴家具和室外家具中广泛使用。

图 5.115 公共户外家具

图 5.116 试验性餐桌

5.9 水泥类家具的结构设计与制造

水泥材料家具如图 5.117 和图 5.118 所示。

图 5.117 Stefan Zwicky
1980 年的作品,用钢筋水泥做成的柯布西耶 LC2 椅

图 5.118 餐桌椅
主要材质是水泥(99.9%)加玻璃纤维

5.10 家具配件综合材料

综合材料通常是指两种材料或多种材料组合产生的一种材料语言。金属、木材、树脂、织物、塑料等不同材料之间的组合碰撞，迸发出不一样的生机与活力。不同的创作者对于不同材料性质的理解也不一样，所选用的连接复合型材料所呈现的装饰效果也就有所区别（表5.4）。

装饰语言通常被人们称作一种秩序化的、规律化的形态语言，即材料自身就存在的、符合一定秩序规律的视觉效果，如大树的纹理、树叶的脉络、水的波纹、人工装饰的纹理等。但还有一种装饰形式，则是人们利用不同的材料，采用逆向思维，大胆地进行组装使用，将材料进行秩序化、规律化处理，从而达到令人眼前一亮的装饰效果。

表5.4　　　　　　　　　　　　　　　　　不同综合材料应用的家具案例

综合材料	应用案例	产品特征
白蜡木，聚氨酯		意大利"MOVE"休闲摇摇椅，采用纯手工制造，基于白蜡木的特性，运用独特的弯曲技艺，使得木材之间交错组合，达到美感与使用功能之间的平衡。座椅采用柔软又舒适的聚氨酯材料
贝壳杉木，树脂，铁		家具品牌RIVA设计的EARTH圆桌，其中桌面以树脂和贝壳杉木为原材料，以木为地，以树脂为海，借此呈现了迷人的地表面貌。利用形态不一的木材切割面和透明的树脂创造出绚丽的光影效果。底座采用管状截面和可见焊接的深色金属，象征着双子塔倒塌后从废墟中突出的建筑物钢筋体。同时，它也代表着和平、平等和世界人民的荣华共享
生物树脂，刨花木料		Marian van Aubel和James Shaw利用生物树脂与废刨花混合的原理，通过产生化学反应使混合物膨胀成泡沫结构。他们将来自不同车间机器的彩色染料添加到各种尺寸的刨花中，创造了一种色彩鲜艳、轻质且可模塑的材料，并对硬木刨花中的纤维进行加固。他们将树脂和刨花的粥状混合物手工涂在椅子外壳的底面上，并在需要额外强度的地方积聚材料。然后，混合物会爆炸性地起泡，形成最终的结构
金属，软包装材料		Neuron-Sofa的诞生体现了设计师对坐具形态体验的追求。这款沙发采用参数化金属结构，在减轻一定重量的基础上，保证了刚性强度。在金属与软包装材料之间碰撞出了一种独特的视觉冲击

埃因霍温艺术与设计学院毕业生Tadeas Podracky利用不同的材料进行组合变形，以表达对工业革命以来批量化生产和机器制造的批判。他所运用的综合性材料并非仅仅追求家居产品舒适度、审美需求所使用，更多的是作为情感的输出，以表达对于设计、生活、环境的思考。他在采访中说道，"设计使我们

的环境变得没有人情味。生活在被大量生产的家具占据的预制房屋中，我们大部分时间都在逃离虚拟世界。"家具与使用者之间的联系不仅在于坐、躺、置、存等基础功能，情绪传递也是家具所具有的功能之一。家具的选取也是使用者自身情感、审美、需求的体现。综合性材料所带来的特性可以帮助人们更好地进行创造性设计和有效表达（图 5.119 和图 5.120）。

图 5.119 Creaking Through Destroy 桌子
作者运用了暴力美学中破坏创造的原理，通过回收的玻璃碎片，以其脆弱和不稳定的外观组合，由瓷器碎片拼接而成的不可复制且形态永生的蓝色大花瓶，表达出对于毁灭再生的理解

（a）艺术椅整体　　　　（b）艺术椅局部

图 5.120 Rietvel 椅子
在对里特维尔德红蓝椅结构形体提取的基础上进行破坏与解构，在一定程度上是对代表现代设计中强调功能和大规模生产初始的批判，也是作者同现代主义之间的对话

5.11 家具五金

拆装式家具的问世与人造板材的广泛应用，为现代家具五金配件的形成与发展奠定了坚实的基础，家具五金配件也逐渐走进国际化时代。

随着现代家具五金工业体系的形成，将家具五金分为连接件、铰链、滑动装置、锁、高度调整装置、拉手、脚轮、脚座等。

5.11.1 连接件

将家具的零件组装成部件，再将零部件组装成产品，都需要应用连接件。随着家具工业化生产趋势的加强，零部件组装化生产已成为家具工业化生产的主流，具有可拆装结构的连接件因而得到了广泛的应用，成为各类五金中应用最为广泛的一种。

固定式装配结构一般用带胶的圆榫连接，拆装式结构中最常用的是各种连接件，这两种都称为结构连接件。

5.11.2 铰链（合页）

一般而言，铰链通常就是我们所说的合页，其用途广泛，可用于橱柜门、窗户等处。合页有铁、铜不锈钢等材质。普通合页（图 5.121）缺点是不具有弹簧铰链的功能，安装后需再装上各碰珠，否则门板易被风吹动。此外，还有脱卸铰链、旗铰、H铰等特殊铰链，可根据各种门的特殊要求拆卸安装。合页分为左式和右式，使用时受方向限制。

(1) 子母合页。子母合页由内外两片构成，包括合页片与合页轴。子母叶片均装在合页轴上形成铰链连接，并且都在合页轴的同一切线方向。两叶片均有可用于连接的孔洞，安装在门上门房与框之间，缝隙合理、效果美观，安装快捷、方便（图5.122）。

(2) 液压缓冲合页。液压缓冲合页又名阻尼铰链，是一种通过高密度油体在密闭容器中的定向流动来实现缓冲效果的缓冲铰链（图5.123）。当门夹角在60°时开始自行缓慢关闭，减缓冲击力，即使关门力气很大也可以轻柔关闭，令门与门斗之间的撞击降至最低。

(3) 气动合页。以压缩氮气作为动力，即在合页打开时，气缸中的氮气受到压缩产生反作用力可成为闭合时的动力，加上中轴内置的机械结构可以有效减缓门闭合时的惯性与摩擦（图5.124）。缓冲速度快于液压合页。

(4) 隐藏合页。隐藏合页有可调节与不可调节之分。可调节隐藏合页多用于平口门上，不可调节隐藏合页则是在折叠门上较为常见。隐藏合页可以用于隐形门，有上下、左右、前后三个方向可以调节（图5.125）。

(5) 拆卸合页。合页轴心可以抽出，合页两边构件分离，门窗扇可以取下，便于清洗。拆卸合页主要用在需要经常拆卸的门窗构件上（图5.126）。

图5.121 普通合页　　　图5.122 子母合页　　　图5.123 液压缓冲合页

图5.124 气动合页　　　图5.125 隐藏合页　　　图5.126 拆卸合页

5.11.3　滑动装置

滑动装置也是一种重要的功能五金件，最常用的是抽屉道轨及门滑道。

5.11.3.1 抽屉的样式及滑轨结构

抽屉的样式及滑轨结构如图 5.127 所示。

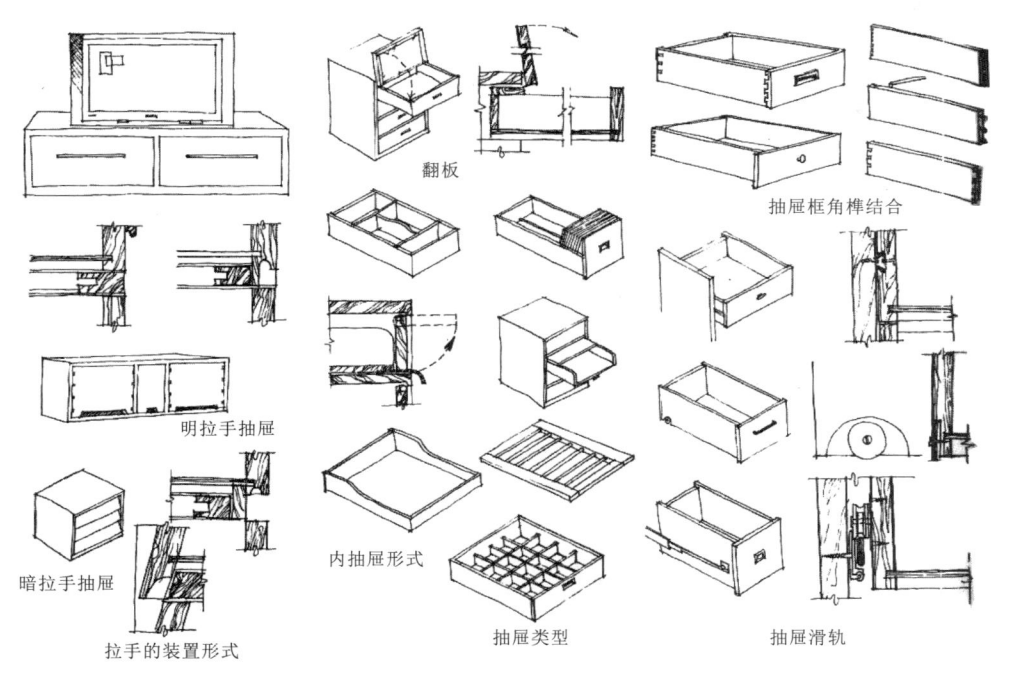

图 5.127 抽屉的样式及滑轨结构

带有抽屉并用来存储物品的柜子，样式各异，尺寸不一，可根据需求专门定制。装接时可采用榫接合、射钉接合等多种方式，主要分为翻板抽屉、明拉手抽屉、暗拉手抽屉（图 5.128～图 5.130）。

图 5.128 翻板抽屉　　　图 5.129 明拉手抽屉　　　图 5.130 暗拉手抽屉

滑轨适用于橱柜、浴室柜、公文柜等木质与钢制等家具的抽屉连接，是一种可供抽屉或柜板移出、收入的金属连接件。常分为四大类，即滚轮式、钢珠式、齿轮式、阻尼滑轨等。

（1）滚轮式。滑轨结构较为简单，由一个滑轮、两根轨道构成，可满足一般家具需要，但是承重能力较差，缺乏缓冲与反弹能力，并且出现时间较早，现已被钢珠滑轨代替（图 5.131）。

（2）钢珠式。滑轨是现代家居中最为常见的结构，安装方便、节省空间、承重力大，具有反弹开启和缓冲关闭的功能（图 5.132）。

（3）齿轮式。包括隐藏式滑轨、骑马抽滑轨等不同类型，价格较高，多用于中高档家具上。齿轮结构的运用使滑轨较为顺滑，具有反冲关闭或按压反弹开启功能（图5.133）。

（4）阻尼滑轨。依靠新技术，运用液体的缓冲性能，达到消声缓冲效果。在抽屉关闭到最后一段距离时，液压装置即会减缓速度，降低冲击力，达到缓慢关闭效果（图5.134）。

图5.131 滚轮式滑轨　　　　图5.132 钢珠式滑轨

图5.133 齿轮式滑轨　　　　图5.134 阻尼滑轨

5.11.3.2　家具的门滑道

家具的门，除采用转动开启方式外，还可采用平移、转动、折叠平移等多种开启方式（图5.135）。采用平移或兼有平移功能的开启方式，可以节省转动开门时所必需的空间，因此门滑道在越来越多的产品中被广泛应用。

5.11.3.3　家具门的类型

门的类型主要有镶板门、平板门、百叶门等。平板门主要是指门表面是平的，由木皮拼出花形，用油漆涂出来的门。镶板门主要由门扇、骨架和门芯板组成。百叶门的外观类似百叶窗，可调节光线、通风。门开启方式如图5.136所示。

5.11.3.4　家具的位置保持装置

位置保持装置主要用于活动构件的定位，如门用磁碰、翻门用牵筋等。位置保持装置的连接方式包括翻门支撑杆、单舌磁碰、双门磁碰、嵌入式碰轧、拍门器等。

5.11.4　锁

锁主要用来锁柜门与抽屉，根据锁用于部件的不同，可分为玻璃门锁、柜锁、移门锁等（图5.137）。

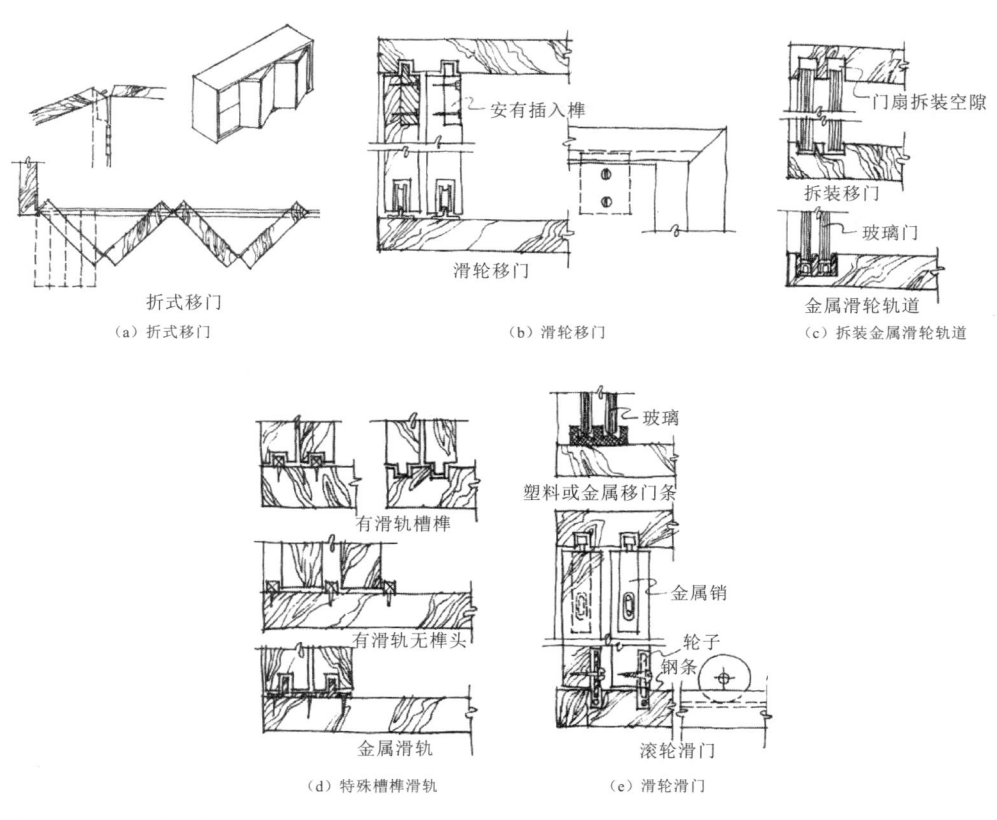

图 5.135 滑轨及滑轨门样式

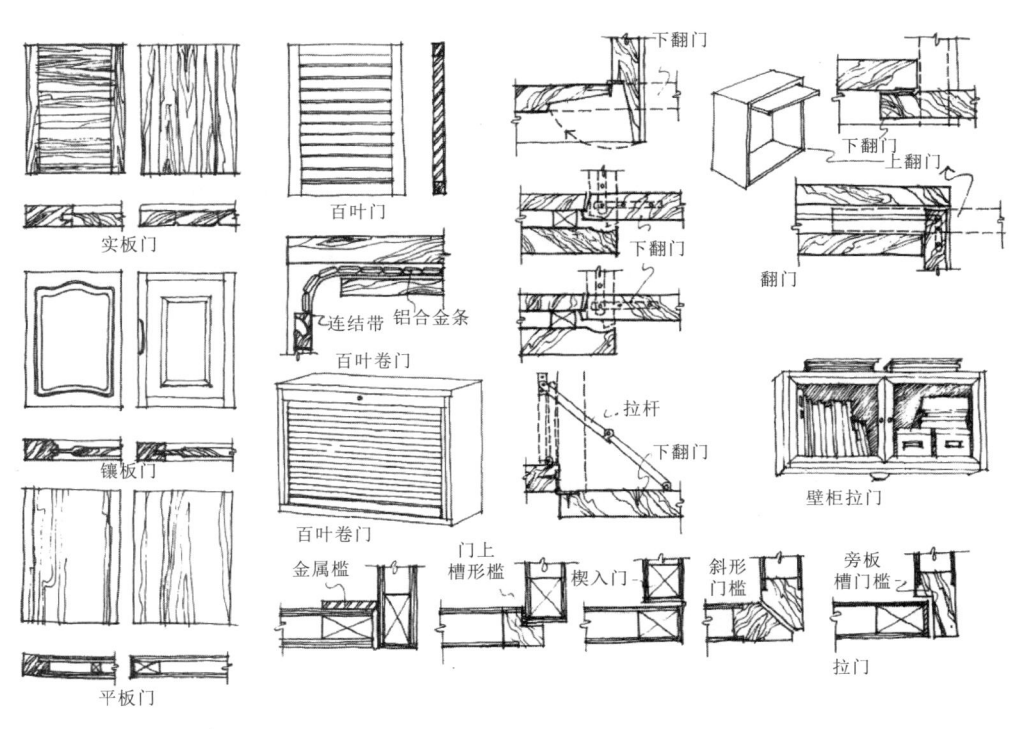

图 5.136 门开启方式

柜锁与移门锁的安装,只需在门板或抽屉面板上开直径为 19.2~19.5mm 的圆孔,用螺钉固定;玻璃门锁则需在顶板或底板上开锁舌孔。

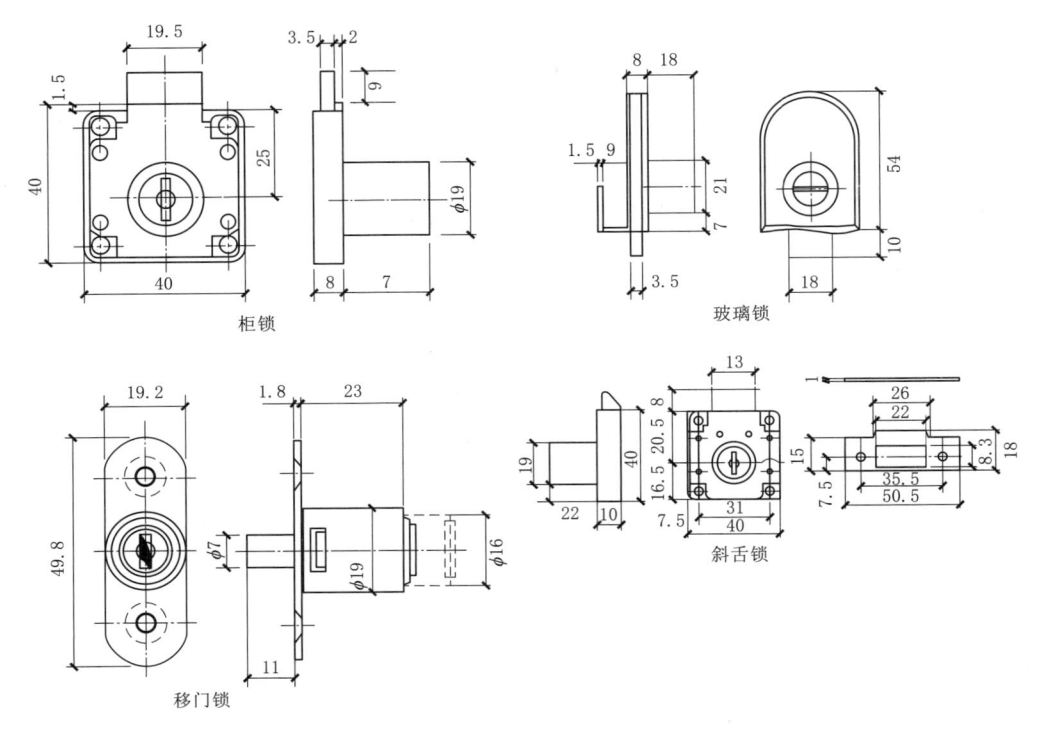

图 5.137 锁结构图（单位：mm）

5.11.5 高度调整装置

高度调整装置主要用于调整家具的高度与水平，如脚钉（图 5.138）、脚垫（图 5.139）、调节脚（图 5.140）以及为办公家具特别设计的便携式椅脚等（图 5.141）。

图 5.138 脚钉分解图　　　　图 5.139 脚垫分解图

图 5.140 调节脚分解图

图 5.141 便携式椅脚
这款便携式椅脚，它的角度及大小是可调节的。所以，不管任何椅子，只要是4个脚的，都可以很方便地使用

支撑件主要用于支承柜体或家具构件，按连接方式可分为简易支撑件、平面接触支撑件、紧固式支撑件、吸盘式支撑件、弹性加紧支撑件、裤架、领带棍、挂衣棍等。

5.11.6 拉手

家具的拉手的种类繁多。从材料上分，有塑料、木质、金属、陶瓷、大理石等。从形状上分，有方形、长条形、蛋形、多边形、棍形、不规则形等。从结构上分，有外露式和封闭式，其中外露式安装方便、简单。用拉手装饰点缀家具，可以起到画龙点睛的作用，在烘托家具整体艺术效果的同时，还能体现出设计的别出心裁和独具匠心。

运用拉手进行家具装饰时，要在整体统一的前提下进行对比，起到良好的烘托和点缀作用。如单件家具，拉手就起到很好的点睛作用，一般使用长条形、长棍形或圆形木质拉手即可。较豪华的家具可选择式样新颖的金属拉手，色泽也要求鲜明醒目，以衬托家具的雍容华贵之感。除此之外，拉手的颜色与家具的风格、颜色、形状、质地形成的对比和互衬也是十分关键。如古色古香的传统家具，木拉手和传统金属拉手会突出家具的庄重感。现代家具选择环形或棍形金属拉手，显得家具干净、大方、鲜明。当家具造型比较复杂，小柜门或抽屉很多时，应避免选择长条形拉手，选择比较小的几何形拉手是最合适的。

家具拉手样式如图 5.142 所示。

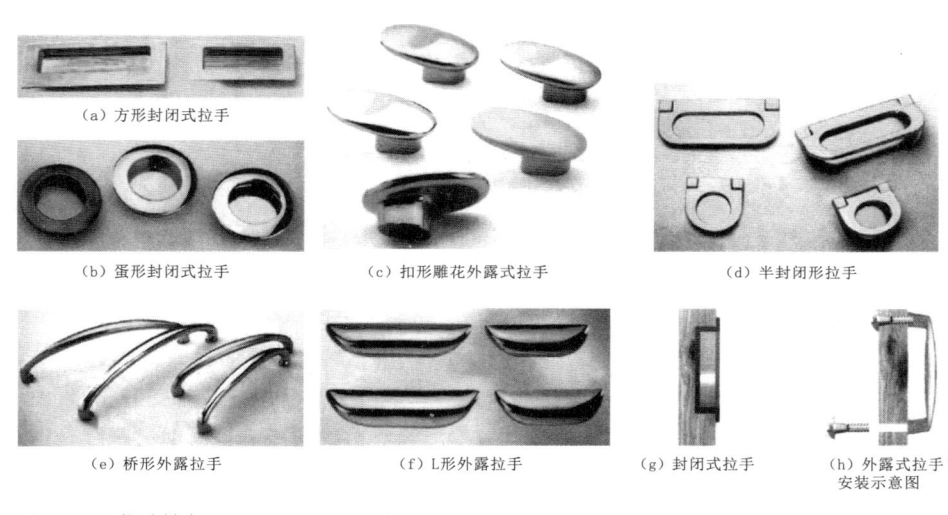

(a) 方形封闭式拉手　(b) 蛋形封闭式拉手　(c) 扣形雕花外露式拉手　(d) 半封闭形拉手
(e) 桥形外露拉手　(f) L形外露拉手　(g) 封闭式拉手　(h) 外露式拉手安装示意图

图 5.142　拉手样式

5.11.7 脚轮、脚座

脚轮与脚座常装于柜、桌的底部，以便移动家具，前者用于移动式家具，后者用于位置相对固定的场合。还可以装置刹车，当踩下刹车，可以固定脚轮，不使其滑动。万向轮具有 360° 摆向，承受重量达 100～250kg，规格有 25～75mm 不等。方向轮通常是用木螺钉与家具底部固定（图 5.143～图 5.145）。

5.11.8 家具五金的发展趋势

1. 总体趋势

(1) 以工业设计理论为指导。在此方向上强调功能、造型、工艺技术、内在品质和工效的完

(a) 脚轮　　　　　　　　(b) 轮盘

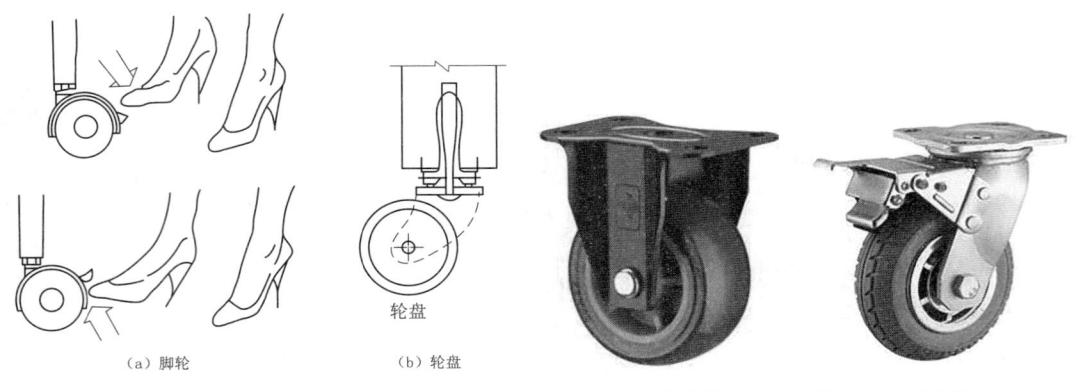

图 5.143　脚轮　　　　　　　图 5.144　定向脚轮　　　　图 5.145　万向轮

美统一。产品不仅给人以视觉上的美感，同时也能使人通过触觉强烈地感受到产品的精致、灵巧，充分体现产品的加工美，甚至可当作艺术品加以陈设。

（2）功能与使用。功能完备，使用方便。

（3）强调个性。强调造型设计的风格和个性特点，充分反映时代特征和现代人多层次的精神内涵。

（4）应用高新技术。将高新工艺技术注入产品中去，以追求创新和高品质，生产中采用零疵点（zero defect）❶的生产控制程序。

（5）提高工效。将提高工效的设计推向"热点"，把时间成本设计到产品中去，提倡只需一次动作就能到位。

（6）标准化。开发出标准化、系列化、通用化五金件。

2. 典型家具五金的发展方向

（1）拉手。造型及用色强调个性化设计。表面处理趋向高贵，如以镀金、镀钛来强调质感，以及在金属拉手的捏手部位包覆氯丁橡胶，同时致力于高技术产品的开发。

（2）暗铰链。在增大开启角的难题得到解决后，开始致力于铰臂与底座之间实现快速拆装的设计研究，如按扣式铰链等。

（3）滑道。向安装简便、美观耐用、使用舒适、功能延伸等方向进行发展。

（4）拆装连接件。减少母件直径，对传统偏心结构加以改进，使其自锁性能更理想，更不易松动。

（5）其他。在设计概念和手法上向广度与深度发展，填补结构设计上的空白。

作业与思考题

1. 木质家具有哪些结构类型？

2. 测绘一件传统古典家具，并描绘出立面图、结构图与节点大样图。

3. 结合课程学习，参观 1~2 个不同类型的家具工厂，学习了解现代家具生产的整套工艺流程。

4. 结合当地家具产业与传统工艺技术的特点，从竹藤家具、金属家具、塑料家具、软体家具中任选 1~2 种进行不同材质的专业家具设计。

---

❶ 在纸面上有色的或透明的点，由纸浆中的腐浆块在轧光时压溃形成；底片或正片上的缺陷；织物上不应当有的斑点或小毛病。

第 6 单元　家具新产品创意开发的设计方法及程序

学习目标：
1. 体悟创新思维的重要性，掌握不断寻找设计突破口的创新过程。
2. 掌握家具设计常用的步骤和方法，并根据此方法指导具体的家具设计实践。

学习重点：
1. 根据不同设计者自身的领悟能力，以及他们在日常设计中的体会和知识的积累进行家具设计。
2. 从家具设计新产品创意开发入手，介绍家具设计一般的、可遵循的规律和方法，逐渐形成一条有形的设计思维轨迹。

不同的思维方式决定不同的人生，思维决定成败。设计是一种构思或规划，是一种创造，旨在创造人类以前所没有的和现在或今后所必需的一切。为了推动家具设计的进步，我们必须发挥设计的积极性、主动性、创造性，巩固发展家具设计新思路。没有思维创新的设计不具有价值，因为没有创新的设计不能算是设计。家具设计与其他类型的设计一样，其真正意义在于思维创新。

家具新产品设计创意就是运用创造性思维进行构思，逐步展开、逐步加深、不断重复、反复推敲、奇思妙想、古今中外、海阔天空，不断捕捉灵感的火花，不断寻找设计突破口的创新过程。坚持尊重劳动、尊重知识、尊重人才、尊重创造，着力形成家具设计的比较优势，整合各方面优质资源要素。从新视点起步，从新功能着眼，从新材料、新工艺切入，使产品开发设计中的各个构成元素通过创意思维被激活，努力以这些激活点、闪光点逐渐形成新产品设计的构成框架，从初步的框架上开拓出新产品的基本形态。

由于我国现代家具工业起步较晚，尤其是在家具新产品开发与设计上多数是模仿欧美发达国家，中国家具业缺乏自己的原创设计、缺乏知名品牌、缺乏现代家具设计师，已经成为新世纪制约中国家具发展的关键"瓶颈"。21世纪是中国家具设计的新时代，对于中国而言，家具产品设计与创新将是中国家具业腾飞的翅膀，是家具企业的生命力、竞争力及形象力，设计创新将承担起中国现代家具在世界上振兴与崛起的重任。

在家具产品开发设计过程中，具体的设计创意以及设计程序是怎样进行的呢？一项家具产品开发设计工作从开始到完成必然地表现着一定的进程，依照程序层层递进，并在序列性进程中体现和提高设计效率。因此，本单元将依据国际与国内家具新产品开发与设计方法中所积累的经验中总结出可操作性强、实用的和可遵循的一般规律和方法，科学借鉴国外现代建筑设计、家具设计、工业设计的成功经验，以拓宽设计思路，寻找中国当代家具设计的切入点与突破口，正确表达设计理念和提高设计水平，避免在学习家具设计时多走弯路。

6.1 家具新产品的概念

6.1.1 新产品概念与产品创新含义

6.1.1.1 新产品

人们习惯于将那些首次在市场上亮相的产品称为新产品，其实这是一种狭义的理解。如果给新产品下个定义，应该是：在工作原理、技术性能、结构形式、材料选择以及使用功能等方面，只要有一项或几项与原有产品有本质区别或显著差异的产品，都可称为新产品。具体说，新产品是指具有如下特性的产品：

(1) 有了新用途的现有产品，如可自动调节台面倾斜度的写字桌，相对于固定台面的写字桌就是一种新产品。

(2) 外形有所改变的现有产品，如柜类家具立面分割变化，门、屉装饰线脚的变化，产品外形轮廓的变化等均可称为外形有所改变的新产品。

(3) 性能、特点有重大改进的现有产品，如相对于单件配套的组合多用家具，相对于固定结构的拆装式家具，相对于硬板床的软垫床等都属于改进型的新产品。

(4) 独创性的产品，如20世纪以来相继出现的塑料家具，玻璃纤维壳体家具，充水、充气的人体家具等均属具有独创性的家具。

6.1.1.2 产品创新

产品创新，从词义上分析，"创"是初次开始做，而"新"则为初次出现的事物，是在性质上改变得更好、更先进的内容。而"创新"则指某一事物或某种方法弃旧立新的行为或结果，同样也指人们所进行的创造性活动。产品创新设计就是指产品具有了一定的创新性，也就是说，通过设计活动，使产品在某些方面，如第一次采用了或实现了过去从未有的新形式和内容，产生了新的状态或效果，或者说在某方面有所创造发明。

由此可见，家具的新型产品、新的功能内容、新的外观设计、新的结构形式和新的装饰方法等均可称为家具产品的创新设计。有设计、创意的新产品，能够让我们生活得更加舒适。

6.1.2 产品创新的意义

产品创新必须以使用需求为着力点，强化家具设计产品创新力量，提升家具整体效能，形成具有新颖性、创造性、实用性的家具产品。

6.1.2.1 新颖性

如果你设计的不是全新的产品，那为何还要费心费力呢？通过改变一款家具的风格或者样式，去寻找一种全新的表达和交流的方式更有意思。

6.1.2.2 创造性

创造性是指在提出专利申请时，所呈现的发明创造相比已有技术而言更先进，并具有独创性。这是本行业中一般水平的技术人员难以轻易实现的。同时，这种发明创造能够产生更好的效果。如果将其与同一技术领域的现有技术比较，显得平庸无奇，不能提供更为先进的技术方案，即使未被公知公用，也不具创造性。

6.1.2.3 实用性

实用性是指该发明创造具有能在产业上制造或使用的可能性。一般创新设计的家具产品或制造家具的新工艺方法均具有重复制造和重复使用的可能性，均可视为具有实用性。

而实用性的概念绝不是简单地使用，它还应该具有舒适、便利、弹性、节省空间、耐用等特点。

6.2 家具产品设计创意开发

6.2.1 设计新思维的基本程序

设计包含输入阶段、设计过程与输出阶段。在设计过程中不仅要考虑实际运作中的制约条件，还要在安全与创新之间谋求最佳的平衡。完善家具设计体系建设，展现家具产品共建共治共享氛围，形成人人有责、人人尽责、人人享有的设计共同体。

在输入阶段，首先需要对市场与客户需求进行描述，然后评估设计条件，这些条件既有内部的也有外部的。这一过程输出的是设计限定信息，它为后续设计设定了必要的边界。然而，仅依赖这些限制条件可能会缺乏创新基础和创新依据，因此还需要进行潮流与趋势研究，从中汲取灵感。限制条件与灵感相结合，可以构筑场景（scenario）、创建情绪模板（moodboard）并制定战略，输出的是定位；在此基础上可以通过头脑风暴（brainstorm）、故事板（storyboard）或思维导图（mindmap）生成概念，输出的是设计方案。后续工作则是设计深化与细节推敲，更多的是技术层面的工作了。设计程序框架如图 6.1 所示。

1. 潮流与趋势

潮流与趋势研究是一种认知隐藏信号的能力，潮流与趋势通常是一些微弱的信号，这些预测未来的信号来源于自然、社会、技术、人口、文化、民族习俗等方面的动向。

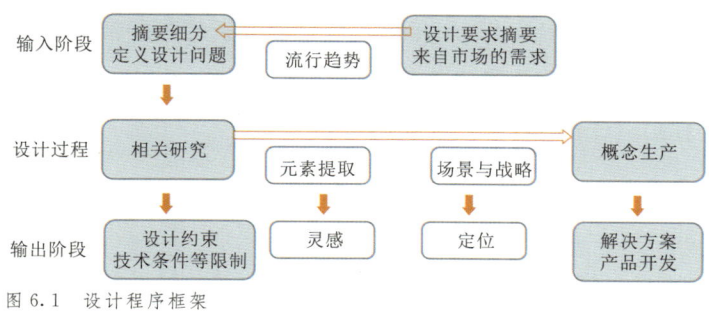

图 6.1 设计程序框架

(1) 宏观趋势（macro trend）。从一个大的范围（国内或国际）来观察变化，通常涉及人口统计学、政治、经济、环境、技术、社会和文化等内容。

(2) 微观趋势（micro trend）。观察小范围的变化，通常涉及社会文化、技术和功能。

潮流可以被理解为一种趋势线外推法（trend extrapolation），即对未来的预测（predict the future）。预测未来需扎根于现实，观察那些当前尚不明显但正在显现的现象。我们的目的在于构建一个能够揭示这些隐藏信号的构架，使这些信号变得明显。

另一个概念是预示未来（prefigure the future），这一概念更加超前，它要求我们积极主动地勾勒出未来的景象。我们的目的在于构建未来发展的指导方针。

2. 其他相关概念

(1) 趋势预测（或投影）。如果我们认为一个趋势已经开始流行，那么对于很多企业而言，能够把握这一趋势会何时终止也是非常重要的。趋势也可以通过变化率❶来推演出其未来的走向，这样的推演在一定程度上也能够预测出这一趋势何时将终止。

(2) 预测。预测是对未来事件或趋势的质量和可能性进行简单或复杂的透视。未来学家通常不确定将要发生事情的时间或地点，而预言家通常对未来发生的事情会具体化陈述。

(3) 反推法（backcasting）。就是反推出所需要的构想或者可能的结果。在进行反推时，使用者需要及时开展反推工作来决定未来会发生什么和带来什么后果。随后的任务就是构筑一幅场景（或一系列事件）来解释假设的未来可能会怎样成为现实。反推法提供了一种路径，使一个群体能够预想一个理想的未来景象，然后决定达到这一目标需要做什么。反推给设计提供机会，并且在反推的过程中能够给理想未来或者一个设计方案提供意见。它关系到设计过程中的元素，对设计师也有利。如果能够正确使用，它可以成为一个强大的传播和发展工具。

3. 时尚观察和预测（coolhunting）的专业术语

(1) 热点（hot spots）：在特定时期内，受到广泛关注，引发大量讨论。

(2) 触角（antennas）：网络中的人或组织在世界各地进行趋势研究。

(3) 调焦（zoomers）：设计师在设计活动中寻找趋势。

(4) 趋势观察（trend watching）：一种关注于寻找趋势的活动。

(5) 病毒式营销（viral marketing）：趋势信息兜售。

(6) 弄潮儿（early adopters）：首先在新趋势中尝试的人。

(7) 地平线扫描（horizon scanning）：寻求未来场景。

(8) 寻求触点（stimoli scouting）：寻找信号的新来源。

(9) 影响分析（impact analysis）：观察和分析趋势所带来的结果。

(10) 风尚（fad）：组织现代趋势。

(11) 狂热（craze）：个人现代趋势等。

---

❶ 变化率是描述变化快慢的物理量，其解释来自速度的定义。速度是物体的位移与物体发生这段位移的时间的比值，因此，速度可以看作位置的变化率。

6.2.2 设计创意的决定因素

在人的全部智能系统中，思维处于中心地位，而在思维的顶峰，就是创造力。从知识、素质、能力结构系统来看，创造力是一个高层次的能力结构。它建立在三方面的基础因素上，即创造因素、智力因素和个性因素。

（1）创造因素由想象、灵感决定。

（2）智力因素由观察能力、记忆能力、注意能力、思维能力决定。其中重要的是思维能力，思维能力由抽象思维、形象思维、直觉思维、灵感思维、发散思维、收敛思维、分合思维、逆向思维、联想思维决定。其中，每一种思维方式也是一种家具设计方法。

（3）个性因素由创新意识、专业能力、勤奋与毅力、气质与素质所决定。而其中最重要的就是专业能力，这是由学生在本科教学中需要掌握的基础透视、徒手草图、立体效果图、计算机软件设计、模型制作决定的。

新产品开发设计的创造性规律告诉我们，只有从全新的视点出发，从产品开发的关键点展开，才能有效地创造出新的产品设计。家具设计新产品的创意开发使人们的获得感、幸福感、安全感更加充实、更加有保障、更加可持续，从而取得设计新成效。

6.2.3 家具创意创新设计的主要途径

6.2.3.1 思想创新

所谓思想创新，是指设计思想的创新。随着社会的发展，不断把握时代的脉搏，将社会关注的问题转化为设计的问题。如将人类对环境的忧虑转化为系统的生态设计思想，进而演变为"生态设计"，例如材料的选择，运用丰富易得的本地材料，尽量选用易回收材料或可再生材料。利用废弃木质材料或木质纸浆压制、雕刻、拼接出更有设计感的新型家具，逐步实现碳达峰、碳中和[1]的目标。以下是一组关于"坐"的设计，在转换了不同的材料之后，你会发现原来这么多"东西"都是可以拿来"坐"的（图6.2和图6.3）。

很多生活中常见的材料，经过不同的形制对换，也可以产生意想不到的效果。台湾实践大学的 Lin Chien-Li 和 Liao Yu-Hsuan 把近乎失传的中国传统纸模工艺和现代家具设计理念融为一体，用一层层的纸设计出了名为"PAPEL"的系列纸模家具（图6.4）。这套家具包括椅子、凳子和桌子，家具的腿贯穿家具，仿佛是埋在地下洞穴中的根。设计师希望表达"珍惜你现在有的""环保""使用一生的家具"这些概念。虽然用纸做成，其结实程度和使用寿命堪比木制家具。

图6.2 K-BENCH K-BABY

---

[1] 碳达峰（peak carbon dioxide emissions）是指二氧化碳排放量在一段时间内达到历史最高值，之后进入平台期并可能在一定范围内波动，然后进入持续缓慢或快速下降阶段，是二氧化碳排放量由增转降的拐点。碳达峰目标包括达峰峰值和达峰年份。碳达峰与碳中和简称"双碳"。中国承诺在2030年前实现碳达峰，力争在2060年前实现碳中和。

(a) 书籍坐凳　　　　　　　　(b) 鹅卵石坐凳　　　　　　　　(c) 布偶椅子

(d) 折叠坐凳　　　(e) 木桩坐凳　　　(f) 木板座凳　　　(g) 石头椅子

图 6.3　不同材料的坐具

6.2.3.2　思维与思维方法创新

任何创新，其思维是根本。没有创新思维，创新设计无从谈起。经过系统的、刻意的训练，人的思维可以形成一种模式。有人说：创新就是反对某种模式的思维。但殊不知，试图摆脱陈旧思维方式，确立新的形式思维方法，本身就是一种创新思维模式。它让家具设计结构一新、面貌一新，更重要的是，它还强化了家具的使用功能。

(a) 纸模家具　　　　　　(b) 纸模家具细节

图 6.4　"PAPEL"的系列纸模家具

6.2.3.3　功能创新

家具是一种物质产品，其功能性是不容置疑的。社会发展的主要标志之一是人们生活方式和生活行为的改变和进步，因此，社会发展会不断提出关于家具的新功能要求。功能创新成为家具设计创新的主要手段和方法。

如传统的床被视为建筑空间隐蔽场所中的一件产品。造型无论是层层叠叠还是里里外外，都是为了满足基本的睡眠功能和保持"私密"的存在方式。此外，床的造型也增加了沙发的功能（图6.5）。现代床设计融合了人们的睡眠习惯，更融合了许多人睡眠前的行为，如看书、听音乐、交谈等；睡眠空间需要有温馨、静谧、安全、浪漫的氛围等。按照人们对于床及"床的空间"的新认识，设计师设计了"睡眠中心"，将床的传统功能、照明功能、音响功能以及与床有可能联系的辅助功能，如在沙发上写作、用餐等完全考虑进来，用类似于机械设计和装配的方法进行设计（图6.6）。

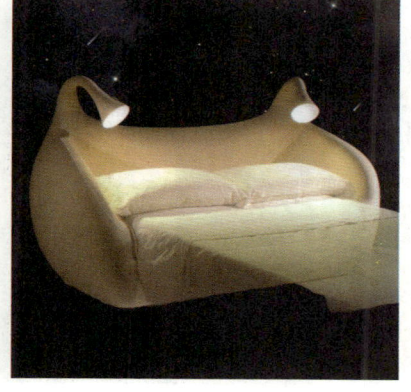

第 6 单元　家具新产品创意开发的设计方法及程序

(a) 多功能沙发床常态展示　　　(b) 多功能沙发床打开展示

图 6.5　多功能沙发床

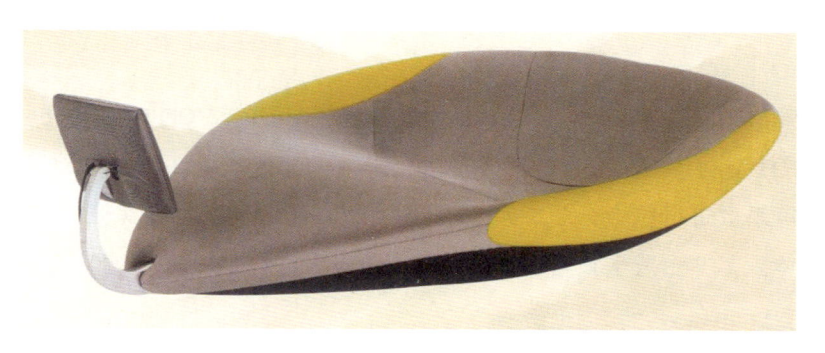

图 6.6　与科技相结合的沙发

6.2.3.4　技术创新

设计的技术创新是指设计在科学技术层面上的发明与创造。技术创新包括材料、结构、生产技术、生产工艺等多方面的创新。

和其他行业相比，家具设计与制造的确不是所谓的高新技术行业，但不等于高新技术与家具设计制造无缘。它虽然不是产生高新技术的领域，但它可以成为高新技术应用的主战场。

科学技术是家具设计发展的最终动力，以新技术、新材料为动力型主导因素开辟产品的新天地。各种具有新技术属性的材料使用，新功能甚至是配件的诞生，新型制造技术的运用，新的结构类型，都是新技术在家具设计中的反映。

传统的手工榫卯框架结构一直是家具的主要结构工艺。现代木材加工新技术开创了全新的制造技术与构造工艺、现代板式家具 32mm 系统结构设计、现代胶合板热压弯曲型工艺、现代强力胶合、贴面封边技术、现代数控机床加工成型技术，3D 打印机、3D 扫描仪技术全面开创了现代家具在造型上的改观。金属与塑料、塑料与涂料、布艺与皮革、人造板材、人造石材、人造纤维、仿真印刷纸张等新材料广泛应用于家具，不断开发现代家具的新概念（图 6.7）。

我们不能忽视设计技术本身的技术创新。计算机辅助设计技术、新的设计思维与思维方式、模拟设计技术、家具智能化等都是属于技术的创新。

基于对产品结构的整体性、经济性以及功能性提升，家具设计的制造技术也在随之更迭。

（a）发光衣架 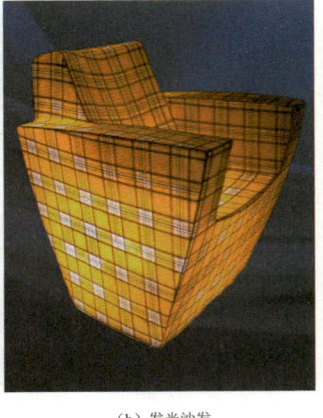　　　　　　　　（b）发光沙发 　　　　　　　　（c）亚克力发光椅子

图 6.7　家具一组——将 LED 灯放置在不同家具中

这种发光材料缝入织物里，然后和电源相接，它便可发出光来。对于家庭或者娱乐场所，是一种很好的环境光，而且样式的变化很丰富，可以是穿在身上的衣服、家具上的罩子，也可以是透明材料或与纺织图案相结合等。

德国设计师 Marco Hemmerling 和 Ulrich Nether 合作设计的"Generico Chair"（图 6.8），便是采用衍生式设计与增材制造技术❶模型制作工艺。在构建外形时，采用 FEM-software 对性能结构、材料属性、人机工程以及加工制造难度等系数进行综合分析，从中得出最优的数字模型，在保证坚固、稳定和舒适程度不变的前提下，减少了体量，并生成了独有的异形结构（图 6.9）。

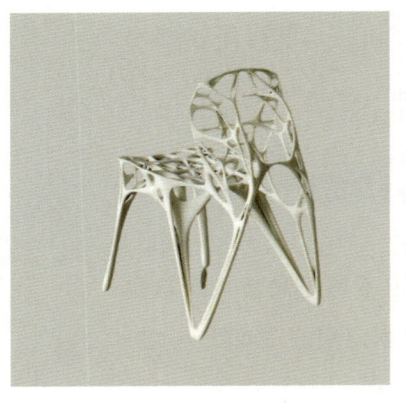

图 6.8　Generico Chair 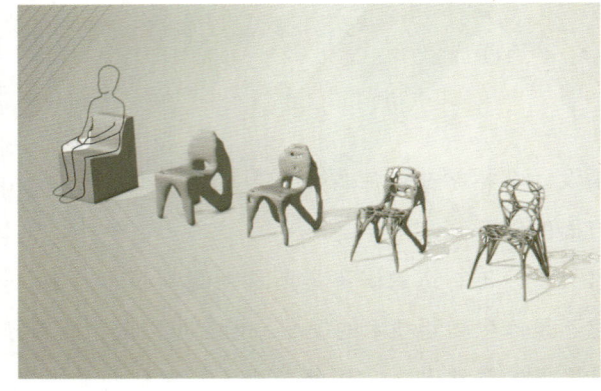　　　　　　　图 6.9　结构优化演示图

6.2.3.5　形式创新

家具的形式创新，其基本点在于新的款式和风格的家具设计。由于形式创新具有的新的视觉特征，由此带来的"新、奇、异"的效果，使得家具的形式创新成为家具设计工作的主要表现形式（图 6.10 和图 6.11）。

---

❶ 衍生式设计与增材制造技术（generative and additive manufacturing technologies），其中衍生式设计得到的代表性节点相比其他节点而言，重量轻，应力分布更加均匀，并且静力性能也更为优异；增材制造技术不仅能提高节点制造精度，而且解决了传统铸造工艺周期长、高能耗的问题。该研究基于衍生式设计与增材制造技术实现了树状节点的先进设计与智能制造，实现了节点的优化设计，降低了生产能耗，提高了工程效率。

图 6.10　Lungo Mare

图 6.11　Glowing Places

6.3　家具设计方法

6.3.1　家具设计方法概述

设计方法要根据具体情况来灵活运用，不能生搬硬套或纸上谈兵，不存在一套"放之四海而皆准"的方法，因为设计有时候是个人的经验、生活的感悟。技巧和方法虽然是实践过程中得来的经验，但应用时要随机应变，不能画地为牢。所谓"技进乎道"，庖丁解牛，才能做到游刃有余，能够灵活运用的方法才是好的方法。

家具设计方法是以家具为研究对象，探讨家具设计的一般规律和方法。家具设计方法论研究对于家具设计工作具有十分重要的意义。最为现实的是，设计方法能为设计团队或设计师形成关于自己设计工作的模式提供线索和指导，能够拓展设计师的设计思维空间，能够为具体的设计工作提供有效的方法。

而综观大师们的成就，多是来自自己对生活的认知。他们锻炼的是"智慧"，而不仅是"技术"。无论是功利的还是责任的、理性的还是浪漫的、国际化的还是自由主义的、追求全球化的还是强调民族的……都是大师们对生活的感受和理解。"创意设计"以及"创意"来自生活的智慧训练，"设计"来自学习的方法训练，两者缺一不可。

6.3.2　家具设计创新方法

在工业设计基本设计方法指导下，结合家具的基本属性，特总结出常见的家具设计创新方法（图 6.12）。

微课视频

家具设计创新方法（上）

家具设计创新方法（下）

6.3.2.1 调查及预测法设计

调查及预测法设计是指对某些具体的指标进行预测。如调查人均收入以及用于家具投资的比例来逐步获得人均收入的增长指数和对未来家具市场需求量的分析等。

1. 信息搜寻

设计开发的首要前提就是信息的搜集与整理，要从实战角度进行有效市场调研。要善于从浩瀚的信息资料中寻找、收集有价值的信息，并在此基础上进行纵向与横向的对比，对市场与信息进行准确的分析与定位，才能保证设计的成功。在信息资讯非常发达的今天，我们可以采取以下方式进行资讯搜寻：

(1) 国际互联网与专业期刊资料的资讯搜寻。
(2) 家具市场的调查研究。
(3) 家具博览会、家具设计展的观摩与调研。
(4) 家具工厂生产工艺的观摩与调研。

2. 资讯的整理与分析

在初步完成了产品开发市场资讯的搜寻工作后，要把所搜寻的资讯进行定性定量分析［PEST 模型和波特五力模型方法（图 6.13）］，系统整理，设计编制概念分析图表，作出专题分析报告，并作出科学结论或预测，编写出完整的图文并茂的新产品开发市场调研报告书，供制造商和委托设计客户的决策层作新产品开发设计的决策参考和设计立项依据。

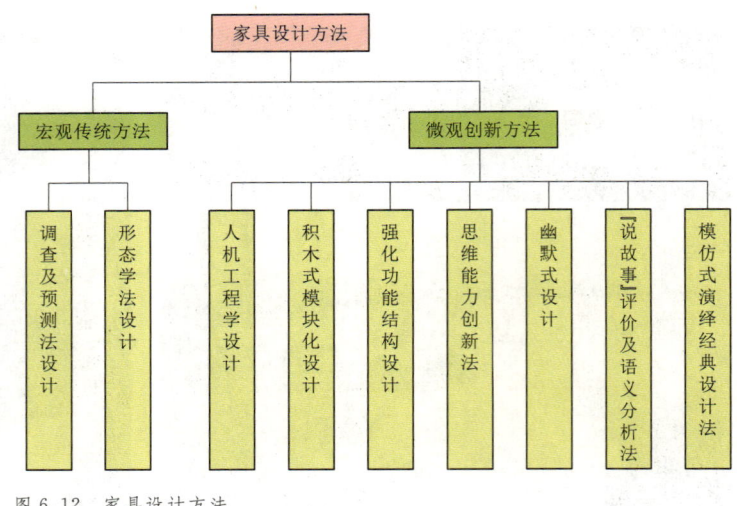

图 6.12　家具设计方法

图 6.13　PEST 模型和波特五力模型方法

6.3.2.2　形态学法设计（详见第 3 单元）

利用形态的种类、构成、构成法则、形式法则等理论来对家具形态进行设计。

6.3.2.3　人机工程学设计（详见第 4 单元）

把人的因素放在首位，是因为设计师都是信奉设计是"以人为本"的。设计的重要目的是为人服务，是运用科学技术创造适合人的生活、工作所需要的"物"，做适合人的生理和心理的设计（图 6.14）。

图 6.14　符合人体工程学设计的椅子

人的因素不能简单地用人体工程学替代，应该整体地、综合地理解。人不是孤立存在的，而是与环境、社会、文化等相关联。人体工程学的应用旨在解决设计如何适应人体的各种特性，以便建立人与物之间的互动关系。从心理学视角来看，人还有更深层次的需求。依据马斯洛需求层次理论，人的基本需求分成生理、安全、归属与爱、尊重、自我实现5个层次。生理层次是最原始的，其他4个逐渐提升的层次都与心理有关。依据这一理论，所有关于人性的价值体系都根植于一定的心理。人使用物的感觉和情绪是个心理综合过程，要比身体对物的物理反应复杂许多。认知心理学、视觉完形心理学等逐渐进入设计领域，逐渐融合成为设计心理学，用以解释人对结构、材料、色彩、形式等感知和反应。设计只有针对人的身心两方面，才能建立人与物的良好互动。

如北欧家具设计大师、芬兰建筑与家具设计大师库卡波罗，他是一个坚定的功能主义者。他在每一个设计项目开始时，总是首先研究其功能，这已经成为他的个人"传统"。自从1958年他听了奥利·伯格教授介绍瑞典医生阿克布罗姆为家具设计师所作的"如何设计一个有利于身体健康的椅子"的报告，库卡波罗意识到，人体工程学对于设计师来说极为重要。他曾说："从此我了解了家具设计的秘密，我找到了'上帝'，我将成为一个设计师。"库卡波罗是把人体工程学引入现代家具设计的最重要的设计师之一。舒适当然是椅子的功能，人体工程学就是使椅子坐起来舒适的关键。他的卡路塞利（Karuselli）椅的设计创造，仅制模阶段的设计实验就耗时1年。他一开始是尝试按身体形状坐在一堆网络线里形成外形，然后固定在管状骨架中，用浸过石膏的麻布覆盖，并不断进行修改，以推敲人体工程学最佳尺度。之后是玻璃钢铸造，以皮革软垫饰面。最后，钢制弹簧和橡胶阀将椅座和椅子底部连接，确保贴体舒适且转动自如。因为深入地研究了人体尺度，从而使卡路塞利418号椅在1974年纽约国际最舒适椅子竞赛中获得首奖。70年代以后，他继续对人体工程学进行微观研究，设计出了一系列产品，包括普拉诺（Plaano）椅、斯加拉（Skaala）椅、芬克图斯[1]（Funktus）椅（图6.15）、法斯

图 6.15　芬克图斯（Funktus）椅
借助于不同科学实验模型进行研究，近乎完美地实现了功能与审美形式在发展与协调上的一致

---

[1] 这一系列产品始于库卡波罗1992年为芬兰赫尔辛基新歌剧院的专门设计。它要求有强烈的个性和近乎数学般的精确造型。最初的型号532与新歌剧院达到了完美的统一。542和它的姐妹型号544是在532的基础上发展出来的新产品，它可以叠摞放置，易于相互连接，有可拆卸的写字板。随后诞生的522、524和526使这一系列能够应用于办公领域。

奥（Fysio）椅、西尔库斯（Sirkus）椅、A系列休闲椅、实验系列后现代组合家具（experiment），以及以计算机工作者为主体的视觉系列（visual）办公家具。

库卡波罗一生致力于做"使人舒适的椅子"，设计了许多测量方法和设备去探讨关于椅子的尺度和形状，终于设计出世界上"最舒适的椅子"。

6.3.2.4 积木式模块化设计

用小时候都玩过的传统搭积木玩具的方法，不同的或者相同的零件可以组合排列出各种有趣的造型。其实许多家具产品，尤其是生产多年的成熟家具产品，其功能部件相对固定，短时间内又无法实现技术的突破，想要改变或者创新确实很难。但仔细分析一下，可以发现如果一类家具产品功能部件相对稳定，将它们的位置和布局进行重新排布，能够得到不同的体积和组合，因此能延伸出新的形式。

在产品创新的过程中，模块化设计增加了产品与人沟通的更多可能性，更加具有弹性。模块化的设计现在更成为企业沟通使用者的有效方法。在全球化的今天，一种相对单一的家具产品很难满足全球各地不同用户的需求。从人性出发，我们可以提供若干基本功能模块，把产品的最终状态交给用户，用户根据自己的需要灵活组合最后的形态。个性融入能动性设计中，个性和差异将成为设计的导向。零部件的模块化组合为人们提供了多样化的产品选择，同时终结了传统的标准化设计模式。消费者直接参与到产品的设计与环境中，使得模块化设计成为一种非常有效的创新方法（图6.16～图6.18）。

图6.16 Kawaii Four

图6.17 积木式多功能柜

(a) 合拢

(b) 展开

图6.18 模块化系列桌

6.3.2.5 强化功能结构设计

这样的设计方法是来自功能主义的设计理论——美观是功能的自然表达。柯布西耶与沙里文所提倡的"形式追随功能"设计原则,在后现代设计理论形成之前就已经被质疑很长时间了。新材料和新技术的发展早已经颠覆功能主义设计的现实限制。然而,仍然有许多产品的结构特点非常明显,甚至是其主要特征,其中最为重要的产品之一就是家具。在这种结构特征非常明确的产品设计过程中,因为不想看到粗壮的结构,而刻意地营造造型是痛苦的。无法避免粗壮的结构,倒不如发掘结构本身的美感。换个角度,既然我们无法避开它,索性就强化它的视觉关系。

将研究对象的所有相关因素罗列出来,所有因素均有序、可控、可度量,然后再对所有因素进行分析。

如设计一组多功能组合柜,它的预想功能非常明确,满足各自功能条件也非常具体(图6.19 和图 6.20)。

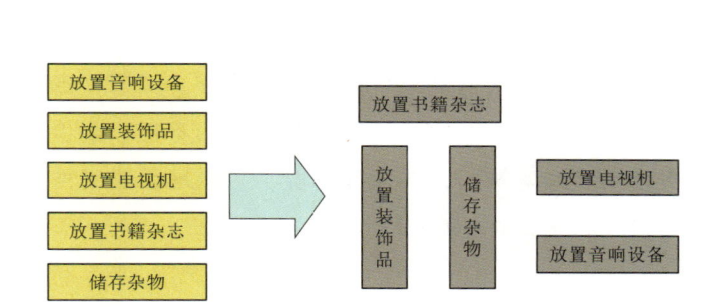

图 6.19 多功能组合柜的功能

图 6.20 多功能组合柜

以功能为基础的设计,当我们进行家具功能分析时,经常会发现有时家具功能是多重的、交叉重叠的、含混不清的。为了对功能进行深刻的分析,有必要对功能进行分类。

对于设计过程的计划、方案设计、总体设计、施工设计等阶段,分别进行功能分析与解剖,筛选出主要功能和次要功能,按照要求对设计命题重新认识,得到与实际需要相符的初步设计方案,再解剖设计方案,进行细节设计,最终得到设计结果和设计文件。

儿童房床的技术系统分析如图 6.21 所示。

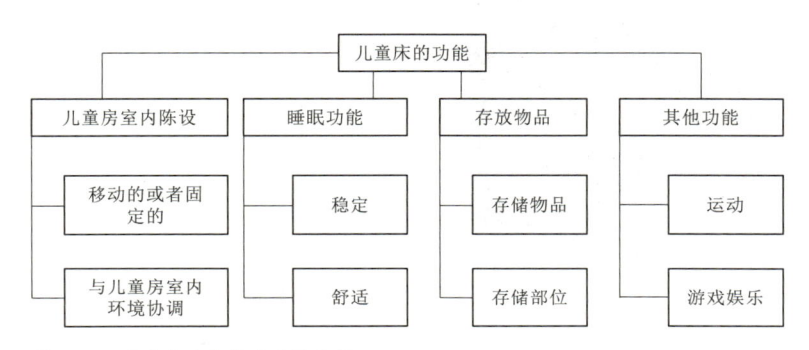

图 6.21 儿童房床的技术系统分析

图6.22 儿童房床

图6.23 Elios智能公共长凳

符合图6.21所述功能的儿童房床（图6.22）。

家具的功能强化不只体现在室内家具中，室外环境与家具之间的联系同样需要思考，尤其是信息化发展的今天，室外的座椅不单单是人们休闲放松的地方。作为公共场所之一，也需要满足人们智享共联的现代生活模式。意大利家具制造商CITYSI设计的Elios智能公共长凳，利用可再生能源、电子设备充电端口、智能照明和互联网，方便坐在长凳上的人在公园或拥挤的商场内与世界保持联系（图6.23）。

此外，智能公共长凳十分符合智能家具隐私安全、环境保全、多功能性、整体性的原则，且易于安装。所有电子组件都包裹在密封的外壳中，具有一定的安全性和耐候性。并且可以通过电子方式监控，最终通过门户网站直接由客户控制。

在每个人都至少拥有一部智能手机的时代，智能公共长凳无疑满足了人们对于智能生活的需求。试想，当你漫步在城市公园，你的智能手机电池电量不足，或者你没有移动互联网接入，在这种情况下，你是否感慨当下的智能公园长凳的益处？

6.3.2.6 思维能力创新法

创造性思维高于抽象思维和形象思维，是抽象思维、发散思维、直觉思维、逆向思维等多种思维形式的协调统一，是智力与非智力因素的和谐统一。

（1）抽象思维又称逻辑思维，是认识过程中以反映事物共同属性和本质属性的概念作为基本思维形式。归纳和演绎、分析和综合、抽象和具体是抽象思维中常用的方法。

"当代家具中高技术品质的外观和特征"的设计方案——Ghost Chair，如图6.24所示。

（2）形象思维是不脱离具体的形象，通过联想、想象、幻想，伴随着强烈的感情、鲜明的态度，运用集中概括的方法而进行的一种思维形式（图6.25和图6.26）。

许多"有机设计"就是运用这种思维方法的结果。将自然界的生物特征（如形态特征等）加以抽象，并与"家具"概念相融合，按照家具的特点和要求重新对这些生物形态进行构思，进而产生具有双重特性的家具设计（图6.27和图6.28）。图6.29为从花卉到各种家具形态的思维路径。

图6.24 Ghost Chair
家具设计中结合木质材料和外露金属件，以及追求高技术品质，将家具当成一件"设备"来设计，创造具有家具属性的"机器"

图 6.25 破土而生的嫩芽椅子 　　图 6.26 可爱的小动物椅 　　图 6.27 形态特征家具

图 6.28 丝般柔滑的曲线家具 　　图 6.29 从花卉到各种家具形态的思维路径
（设计：赵静、张靳晰、罗晓）

(3) 直觉思维是思维的"一闪念"，把握关键期，是思想的自由创造。爱因斯坦曾言，真正可贵的因素是直觉。由于直觉往往带有不确定性，因此，将直觉用于设计还需要对直觉进行缜密的思考，最终将其转化为具体的设计方案或者设计思想。

当代利用直觉思维设计的户外家具产品如图 6.30 和图 6.31 所示。

(4) 分合思维。分合思维是把思考对象在思想中加以分解或合并，以产生新的思路、新的方案的思维方式。产品设计中分合思维的过程一般表现为：判断（判断是否可以分解和合并，其依据可能有很多，如功能是否属于同一类型或一个连续过程的类型等）——分解和合并（分解和合并的最佳方法是什么）——重新合并和分解（与上述步骤的原则相同）——再分解和合并。

多功能家具设计非常适合使用这种思维方法（图 6.32 和图 6.33）。

图 6.30 NEOPRIMATIVE TOO
将当代的立体建筑材料与原生的未经加工的木材并置,是传统民间美学与当代方法论的融合,搭配几何棋盘图案,给人独一无二的原生美

图 6.31 现代时尚长椅——Solibuoft
采用水泥浇注工艺制作的造型独特的长凳,可单独放置或与靠背接头配合设置,使长凳的布置更加灵活

图 6.32 多功能躺椅

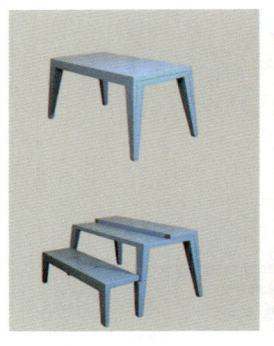

(a) 变形椅子 (b) 折叠椅凳

图 6.33 会变形的椅子

(5) 逆向思维。逆向思维即把思维方向逆转,运用与原来的想法对立的,或表面上看来似乎不可能并存的两条思路去寻求解决问题的办法的思维形式。通俗地说,就是去想"为什么不……?"的问题。

如家具能卷起来吗?可以!枕头只能用来睡觉吗?当然还可以在伤心时用来拭泪。书架是用来干什么的?答案是放书。你一定认为我问这个问题很奇怪。那么书架肯定是空的才能将书放上去吧?但是有人偏偏反其道而行之,就要把书架事先放满书,那么我们自己的书放哪儿呢?你把书放进书架时,书架上原本的书就会向后弹开,这样平时我们没有那么多书放在书架上的时候,书架就不会空着很难看(图 6.34~图 6.37)。

图 6.34 能卷起来的展示柜

图 6.35 能卷起来的椅子

192 ■ 家具设计(第 3 版 微课视频版)

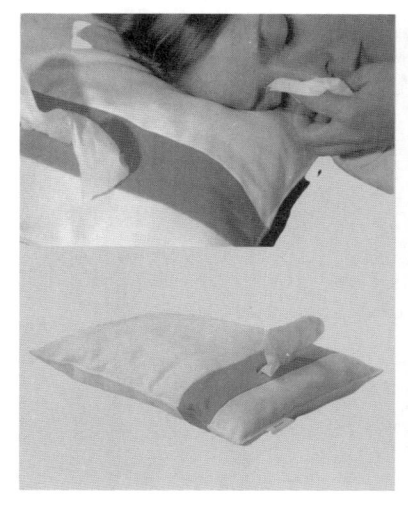

图 6.36　能擦干眼泪的枕头 　　　　图 6.37　不会空着的书架

（6）联想思维。你一定遇到过只找到一只袜子，而另外一只不知去向的情形吧。那么为什么袜子不能多拥有一只呢？英国的一位年轻设计师通过自身的遭遇联想到这个问题，于是设计出 3 只袜子的套装，以防备其中一只丢失。

联想思维是将自己已经掌握的知识与某种思想联系起来，从其相关性中得到启发，从而获得创造性设想的思维方式。我们经常听说，成功来自 99 分的努力＋1 分的天分。但事实上，在创造性行业里，1 分的天分往往决定了 99 分的成果。遇到问题时，只有展开天马行空的想象，并把它们和自己所思考的问题联系起来，创意才会源源不断地出现。如家具与汽车，隐藏在草丛中、漂浮在水面上的椅子等（图 6.38～图 6.41）。

（a）移动家具外观　　　　（b）内部床　　　　（c）内部橱柜

图 6.38　移动家具系列图

6.3.2.7　幽默式设计

幽默是一种生活态度。在今天这个时代，竞争越发激烈，人们感到前所未有的压力与焦虑。家具有时也可以作为一种幽默的喜剧要素，使人们从紧张的生活状态中得以缓解，所以幽默也可以作为家具设计的思路之一。幽默式设计的方法多样，如赋予家具以人物的某些特征，放大常见物品或是以讽刺或温馨的态度来对待设计等，都可以产生幽默的效果（图 6.42～图 6.46）。

图 6.40　漂浮在水面上的椅子

图 6.39　隐藏在草丛中的椅子

图 6.41　草地躺椅

图 6.42　"报废"的椅子
为了使这把看上去已经报废的椅子能用，你必须往椅子腿里加点东西，而后它又变成了一把全新的椅子

图 6.43　幽默的小人举重椅
这款椅子很幽默，不知道这个小人能承受多重的活呢？

6.3.2.8　"说故事"评价及语义分析法

说故事实际上是为听者建立一个虚拟的情境，让听者沉浸在一个想象的体验之中。设计师可以提供设想和可能，引导目标人群进行判断和选择。在这个过程中，人们会思考并期待自己理想中的生活，同时也会考虑能够接受什么样的发展变化。

如对家具产品进行调研分析，很多专业术语顾客是不清楚的。我们可以用最通俗的语言进行调查，然后进行"语义转换"。如"放的东西越多越好"——空间利用率高；"自己装配"——可拆装；"可按照房间尺寸变化"——模数设计。

6.3.2.9　"模仿"式演绎经典设计法

"模仿"一直是比较有效的学习手段，一种风格或者式样的流行往往是对某一经典的认可和模仿。

图 6.44 "爸爸的爱"椅子
爸爸举起孩子的形象演变的家具

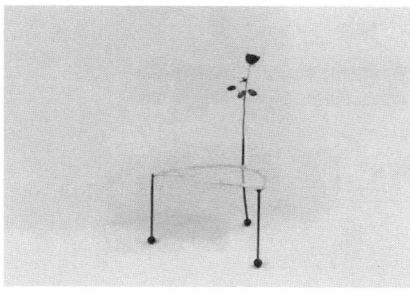

图 6.45 缠绕在一起的椅子

图 6.46 DELI ROSE CHAIR
一棵植物从椅子的空心后腿伸出，就如同在花瓶里一般，让椅子也带着独特的生命力

首先，演绎不是翻译或复制粘贴，而是对经典的设计语言的体会和消化。这应当是设计师积累设计经验的学习方法。其次，演绎才是设计实务中应用的手段。对于正在学习家具设计课程的同学们来说，下面建议的练习思路应该是：

（1）先把经典设计的优点进行分析，归纳出设计特点和最精彩的造型语言是什么，然后再尝试自己发挥、改进设计，可以从局部入手，也可以从整体开始。

（2）进一步地，可以利用同一种语言进行演绎，从而为经典设计打造周边产品或者将其系列化。

（3）另外，还可以移花接木地将这种特点应用到完全不一样的设计上，比如将生活中工业产品的特点应用到家具中，建筑的特点应用在家具产品上，视觉传达的特点应用到家具产品中。

今天的设计师已经不会只想着设计出某种新式椅子，他们也开始反思设计和生产的过程。数码科技让设计师更加贴近作品的整个创作过程，也赋予家具更多的定制可能性，进而催生出各种令人叹为观止的造型。家具设计方法千变万化，"变"是万变之法则，没有哪一种法则是万能的和不变的，也没有一种能适合任何人的固定不变的法则。对于设计师而言，只有最适合自己的方法才是最好的方法。

作业与思考题

1. 结合具体的家具新产品开发设计项目，对当地及周边地区的家具市场、家具企业以及家具消费者进行市场调研，并在互联网上进行国际与国内的专业设计信息检索，下载有关资料，撰写新产品开发设计市场调研报告1份。要求图文并茂，有具体的案例和数据分析，并形成初步结论。

2. 初步家具设计方案（手绘创意草图20张以上）。

3. 计算机三维软件彩色设计效果图和设计方案（3张以上）。

4. 家具设计模型制作一组（比例模型，用实际材质或模拟材质）。

第 7 单元　家具设计程序

★学习目标：
1. 深入了解家具设计程序是从许多实践中总结出来的方法。它从最初的设想变成现实产品，其间包含多个必要步骤，同时伴随许多尚未解决和需要解决的问题。
2. 掌握家具设计从最初设想到产品完成的完整流程，学习者应遵循一系列严谨且逻辑清晰的步骤。
3. 掌握如何全方位协调、满足家具的功能、造型、材料和技术等方面的规范要求，确保家具达到完整的设计要求，帮助初学者走上良性的设计轨道。

★学习重点：
1. 通过常用的步骤与方法，拓展读者的思维创意。
2. 掌握家具设计常用的步骤与方法，并进行具体的家具设计实践。

7.1　确立设计定位

家具设计的任务可能是设计者受业主委托而进行的，也可能是设计者自己提出的自由创作的任务，但无论哪一种，在进行设计之前必须要首先了解该项设计相关的设计要求、明确设计任务，这一步骤提供了有效的设计依据，确定了设计定位，从而避免设计者因一时兴起而忘记原来的设计目的与主题，走向与原来设计要求完全无关的方向。

1948 年，美国学者哈罗德·拉斯韦尔在《传播在社会中的结构与功能》一文中首次提出了构成信息过程的五种基本要素，对信息活动的一般过程和要素进行了细致的研究和归纳。

Who（谁）设计何物——必须明确该项设计的具体要求，设计的家具是什么？是桌子还是椅子？

Say What（说了什么）如何使用——这个家具在使用方面有何要求，是需要用一个较大的空间来存放物品还是只放置一些小型的装饰物品？是需要采用折叠式结构来节约空间，还是选用便携式、移动式结构？等等。

In which channel（通过什么渠道）在什么地方使用——这个家具是在什么环境中使用的？是在家居空间中使用，还是在公共场所中使用？还是在郊外旅游时使用？等等。

To whom（为了谁）为何人设计——这个家具是为什么人设计的？是男是女？是老是少？他们属于何种阶层？有什么特点？有什么好恶？等等。

With what effect（产生什么效果）——家具对人的影响以及对环境的影响。

在动手设计和勾画草图之前，首先应在头脑中考量上述几方面的问题，这就是设计构思的开始。构思的过程就是要不断调整这些因素的相互关系，使之明确化的过程。这样，设计的方向就逐渐明确。

在分析阶段主要是逻辑思维，在概念阶段逻辑思维加入了直觉性，而到了初级草图构想阶段，其关键点在于创新的一面。这时，家具产品只限于非常粗略的概念和理论上的家具产品结构，并不需要准确，是以实用和经济为底线的草图方案。

有些设计在概念草图上看上去很不错，但进一步深入思考时却不能成立。怎样才能解决这一问题？有三种可能的方法：①尝试和失败法；②灵感法；③解决问题法。

前两项方法是大家熟悉的，并有很长的历史。它们的最大弱点就是花费时间较长，还不一定能找到成功的方案。许多人士感到费解，为什么不采用解决问题法？这样就可以有效提高设计效率，同时还可以减少时间。对于设计创意的方法有许多，根据设计任务的复杂程度，有些方法可以混合使用。下面是三种简单而常见的设计创意草案初级阶段的方法。

7.1.1 标准的大脑激荡法

在一定的时间限度内，一组人以讨论的方式，发挥创造性的创意。可以设定有关传统的大脑激荡法的规定：每个人都有不受束缚自由发言的权利。每个人可以选择别人的创意并向前发展，但批评是不允许的（如：这不行！成本太高！以前已经有了！）。

数量的增加会带来质量的变化，原因和逻辑性在这里并不重要，但要保证所有的创意不丢失。在讨论中，所有的建议必须记录在黑板上，每一个人都能看到，最好是写在纸上以便保存备忘。

7.1.2 破坏性——建议性的大脑激荡法

首先，举出问题的弱点，例如在家具产品开发中，针对所有收集的相关问题及来源，用传统的大脑激荡法寻找弱点；其次，用简短的时间证明所提出的问题，并给出第一个解决方案的建议。这种方法特别适合家具产品再设计任务。

7.1.3 相似、类推

这种方法在家具产品开发中运用得非常成功。它要求设计师具有自发性、想象力和改良的才华。回顾经典家具设计案例，家具的造型有众多相似之处。这里我们不难看出相似法在具体实践中的衍生作用。

相似也是仿生的例子，它运用于自然中潜在的、成熟的技术方案。首先是验明自然中潜在的、成熟的技术方案的决定性的功能原型，然后运用到相似的设计问题中去。

在考虑问题时，必须将问题普遍化，从完全不同的领域寻求新的相似性（从问题中走出来）。当你发现了潜在的问题解决方案后，再回到原先的问题上，检验它们对创新方案是否合适。

当我们在对问题作出如此多方面的分析时，我们很难平静下来做创造性的研究，因此，我们最初的解决方案通常会比较保守。我们有必要使自己（每个人都应该准备好）从这些解决方案中摆脱出来，向小组成员展示新的方案。在大脑激荡过程中，我们不应扼杀或阻碍新创意的发展。要使自己从第一阶段的创意中摆脱出来，解放自己，才能进行下一步的工作。

这里，创造性就意味着横向思维，即眼界要宽，思想要解放。指明了设计的方向与范围，就不会使初学者感到无从下手。

7.2 收集资料并进行分析

收集资料与整理是设计的重要步骤，通过这一步骤，设计者可以从他人的作品中吸取有益的部分，开阔视野、触发灵感，从而形成自己的设计构思。这种收集既依赖于平时的积累，同时针对该项设计要求而进行的专门化的收集也是重要的。资料的来源广泛，一般来说，查阅书籍资料与市场调查是两条便捷的途径。

7.2.1 市场资讯的全面调查

21世纪是一个信息化的社会，"数字化生存"已经成为各个专业领域发展的方向。家具的设计与开发是以市场为导向的创造性活动，它要求创造消费市场满足大众需求，同时又能批量生产，便于制造，更重要的是为企业创造效益，这是一个产品开发与设计必须真正把握和解决好的系列化问题。设计开发的首要前提就是资讯的搜集与整理，而且要从实战角度进行有效的市场调研，要善于从浩瀚的信息资料中寻找收集出有价值的信息，在此基础上进行纵向与横向的对比，对市场与信息进行准确的分析与定位，才能保证设计的成功。在信息资讯非常发达的今天，我们可以采取以下方式进行资讯搜寻。

7.2.1.1 国际互联网与专业期刊资料的资讯搜寻

寻找新的资讯搜寻方式，要善于在互联网上感知与搜寻全球家具设计、家具市场发生的最新信息和动态，包括相关的建筑设计、工业设计、平面设计、服装设计、汽车设计、家电设计以及电子商务、网上购物、网上商场等大量的专业资讯。从家具设计开发这个角度来看，可以在网上迅速地了解到美国、德国、意大利、日本以及北欧各国等世界设计大国的有关著名设计公司与设计大师的最新设计作品，可以迅速地了解到全球最新举办的设计大赛、国际家具博览会的最新信息，也可以非常具体地了解到某一著名家具公司的详细信息资料等。要善于分门别类整理收集，并形成个人的专业资料库，储存最新的专业资讯。

7.2.1.2 家具市场的调查研究

家具市场是从事家具设计专业学习调研的第二大课堂。目前，全国各地都已基本形成一些家具销售的中心市场和集散地，在上海、北京等大中型城市，家具、家居、家饰、灯具、布艺、装饰装修建材的专业大市场大商城都在逐步形成。为了真实具体地了解市场环境并深入研究家具信息，可以在市场开展各种专项调查，收集第一手资讯资料，并对消费者进行调研等。要善于在市场中开展对家具销售商及购买顾客的问卷调查和随机访问，并尽可能地收集一些家具品牌的广告画册，家具的价格、款式、销量，不同消费者对产品造型、色彩、装饰、包装运输的意见和要求等。

7.2.1.3 家具博览会、家具设计展调研

以国内为主体，同时注重国内与国际的协调，每年定期在国际与国内举办家具博览会，这是观摩、学习家具设计和收集专业资料的最佳机会。近年来，国内家具博览会也风起云涌，热闹非凡，家具设计也越来越受到行业内的重视。在杭州、上海、深圳、广州、东莞各地，每年都会举办家具设计大赛和家具设计评奖。通过家具竞赛，不仅为学习家具设计的学生提供了一个展示自己设计作品的平台，更对促进中国现代家具设计的发展具有深远的意义。

7.2.1.4 家具工厂生产工艺的观摩与调研

现代家具的大工业生产方式使得家具的生产制作不仅仅依赖于少数几个人或一个工厂，而是需要经过多道工序、多种专业的配合，多个专业化部件工厂的协作，并以现代化生产流程的方式完成。所以，从事家具的设计与开发，必须对家具的生产工艺流程、家具的零部件结构有清晰的了解和掌握，最好的办法就是到各个不同的专业家具工厂实地观摩、学习和考察。通过深入的学习和实践，为实现中国式现代化提供良好的实践基础，同时为解决人类面临的共同问题提供更多、更好的中国智慧、中国方案和中国力量。

7.2.2 资讯的整理与分析

在广泛收集资料的基础上，开展对资料的整理与分析。首先从众多资料中选出有研究价值的内容进行深入研究，分析其设计的法则、构思和产品的优缺点，对于细节（如节点、装饰等）也要注意，如果是实物还应进行测绘。

分析的内容包括以下几项：

(1) 使用状态的研究。

(2) 尺寸的研究。

(3) 材料及加工方法的研究。

(4) 构造的研究。

(5) 细节的研究。

(6) 设计者设计思路的分析。

7.2.3 草图与构思

在经过设计任务分析与资料收集这两个程序以后，设计者的脑海中已形成了初步设计概念和雏形，此时可以用草图的形式将之记录下来。

草图就是快速将设计构思记录下来的简便的图形，它通常不够完美，但却直观地反映了设计者的设想。草图一般采用徒手画的方式，用便于表现修改的工具来操作。一般来说，一个设计通常要标绘很多张草图，再经过比较、综合、反复推敲，可以优选出其中较好的方案。

草图的第二阶段是对设计细节的进一步研究。此时尽可能地描绘出各部分的结构分解图，一些接合点的连接方式也要放大绘出。家具使用的材料及家具的各部分尺寸也要进行确定。最后是色彩的调节，可以使用色笔作多种色彩的配置组合图，从中选择出符合设计要求的一张（图7.1）。

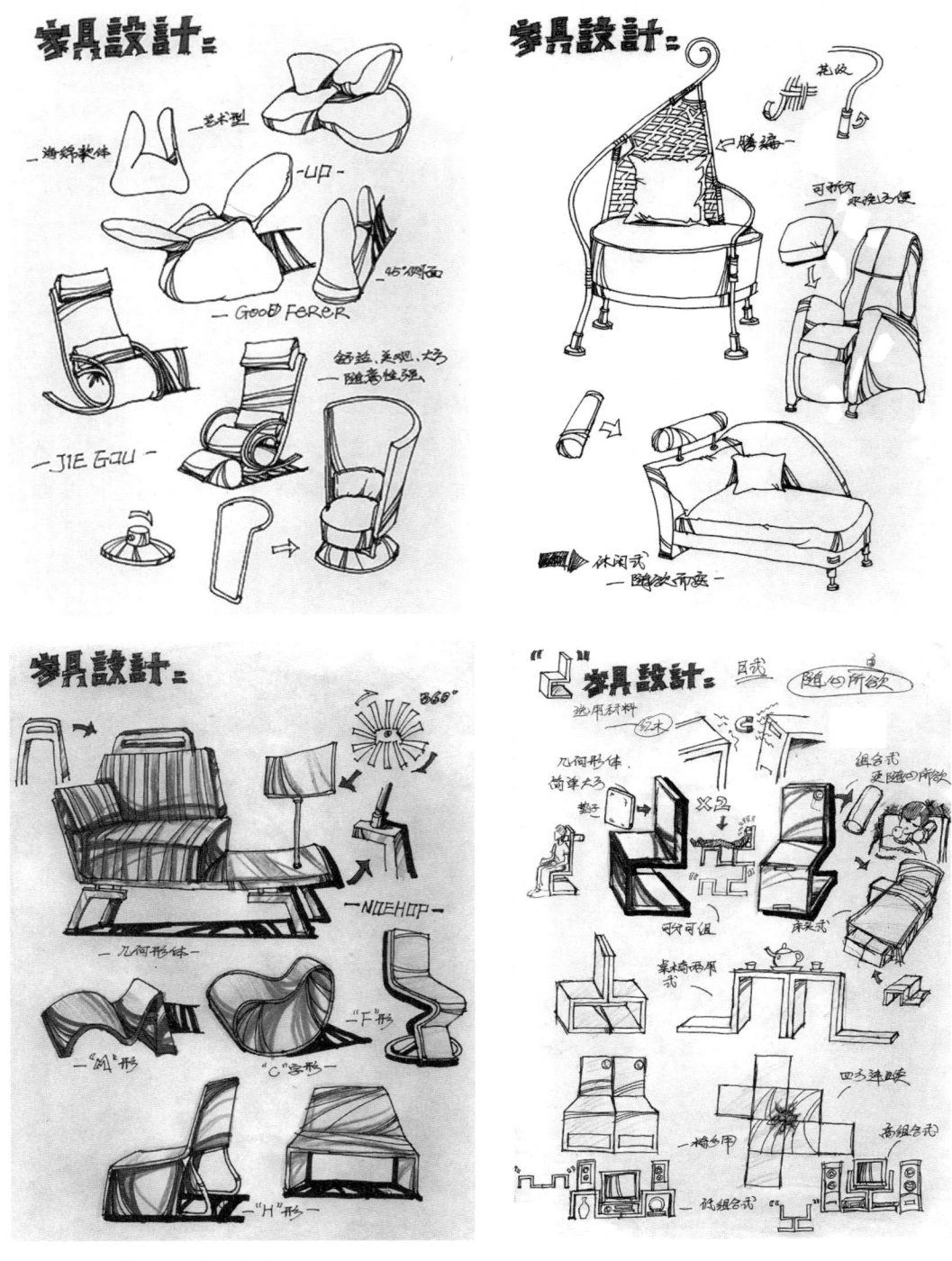

图7.1 系列草图（绘制：刘冲）

7.2.4 设计表达

设计表达阶段就是用图纸或模型表现出产品的过程。它包括三视图、效果图、模型制作等几种形式。

7.2.4.1 三视图

三视图（一般采用1:1或1:2的比例）可绘制家具正视图、侧视图和俯视图。它不同于草图和生产图，而是将家具的形象按照比例绘出，体现家具的形态，以便进一步分析。三视图通常是提供给使用者、方案评定者观看的，在此基础上绘制的透视效果图，可以比较正确地反映出家具的空间形象，模拟表现出家具的材料（图7.2～图7.4）。

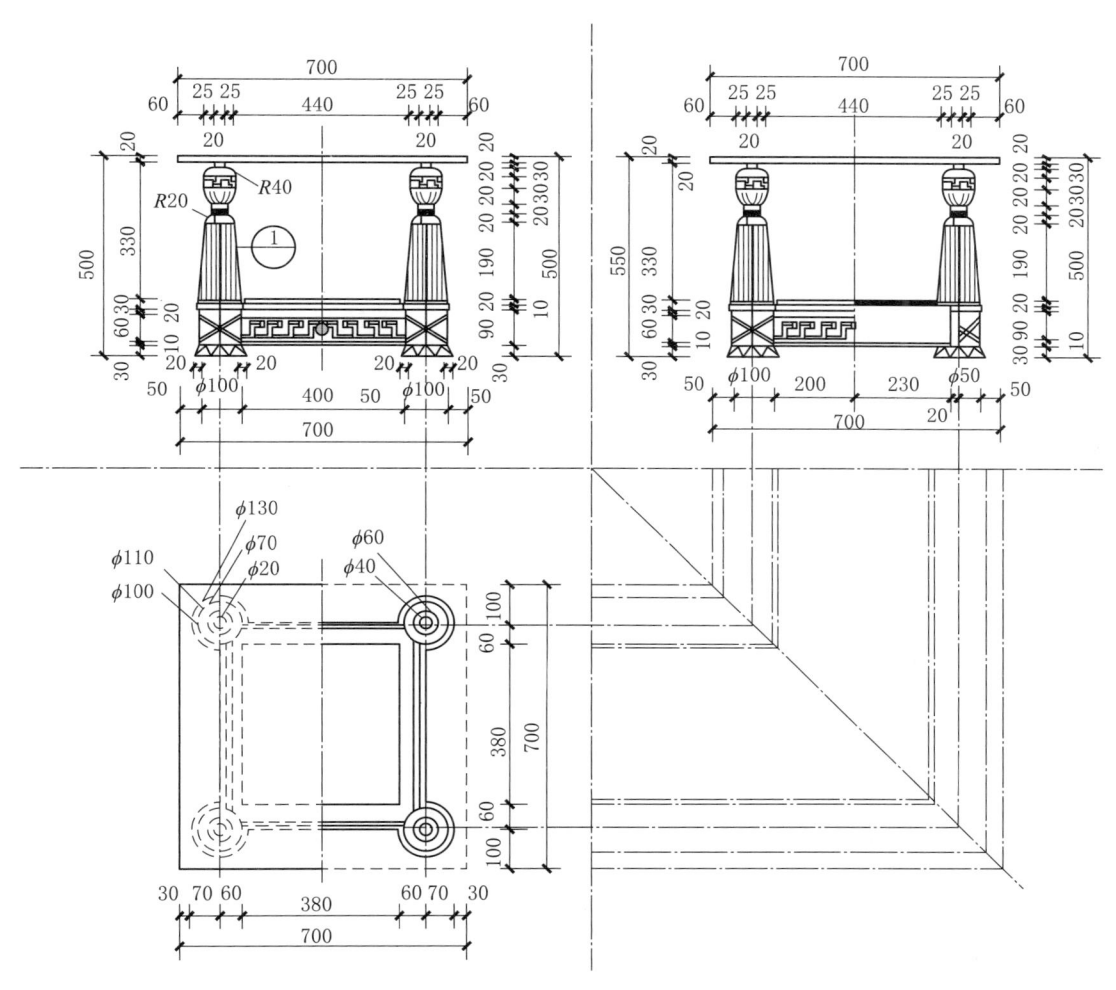

图7.2 茶几、椅子三视图（一）（绘制：范蓓）

7.2.4.2 效果图

随着设计工具材料的发展和运用，特别是计算机辅助设计的迅猛发展，三维立体效果图的表现技法和技能更加丰富多彩。用计算机三维设计软件绘制效果图更是近年来越来越流行的方法。由于计算机三维造型设计软件具有更高效率与更逼真精确的三维建模渲染技术，特别是近年来专业设计软件的开发与升级，使计算机三维造型设计软件的功能越来越强大，如 3D Studio

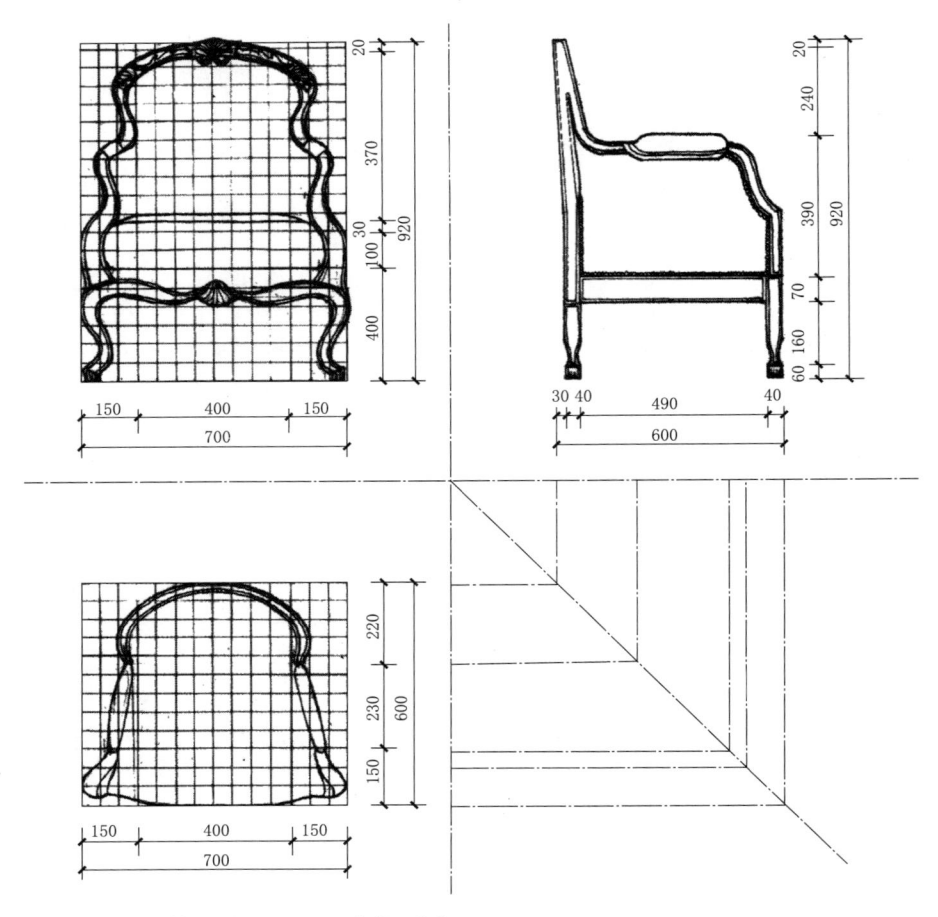

图 7.3 茶几、椅子三视图（二）（绘制：范蓓）

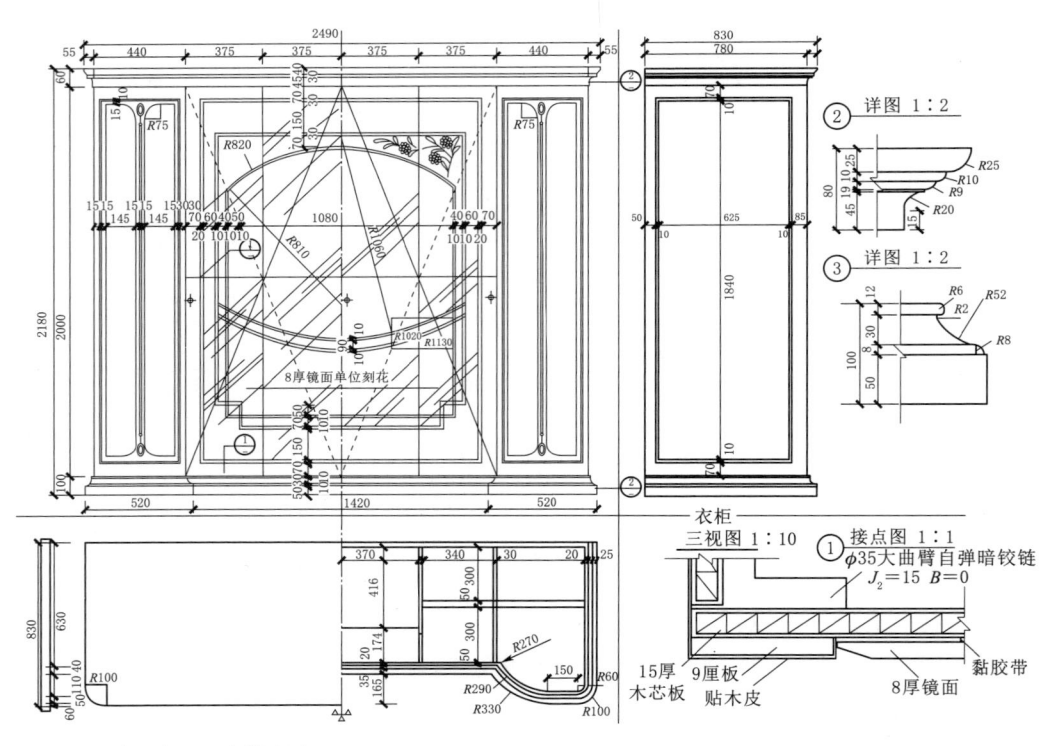

图 7.4 衣柜三视图、大样详图

Max、Pro/E 等为效果图设计提供了更现代化的便利工具。虽然三维软件模型的生成速度与手工绘图相比并不见得有很大优势，但其高度的准确性和虚拟性是手工绘图不能比拟的。一旦数字模型建成，不管设计反复修改多少次，对形状、材料及颜色的推敲都很方便。所以，计算机效果图越来越成为产品开发设计效果图的首选，成为新一代设计师的数字化设计工具（图 7.5 和图 7.6）。积聚力量进行原创性、引领性科技攻关，家具设计立足战略性、全局性、前瞻性的开发建设，增强自主创新能力。

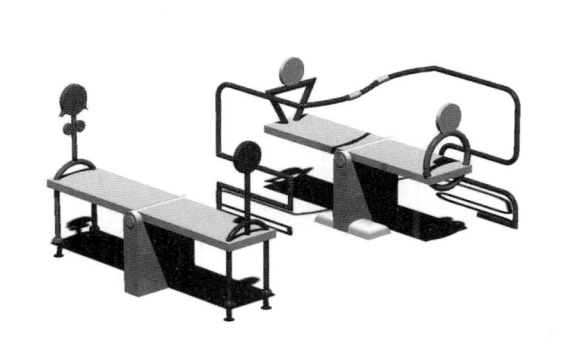

图 7.5　好马桌（设计：宋奕君）　　　图 7.6　翘翘椅（设计：陈海仪）

7.2.4.3　模型制作

家具产品开发设计不同于其他设计，它是立体的物质实体性设计，单纯依靠平面的设计效果图检验不出实际造型产品的空间体量关系和材质肌理。模型制作是家具由设计向生产转化阶段的重要一环，最终产品的形象和品质感，尤其是家具造型中的微妙曲线和材质肌理的感觉必须辅以各种立体模型制作手法来对平面设计方案进行检测和修改。虽然三视图和效果图已经可以充分表达设计意图，但它们都是在平面上表现的，也都是按一定的视点和方向绘制，所以并不全面。因而在设计过程中，还可以利用简单材料和加工手段，按一定比例（一般采用 1∶1、1∶2 或 1∶5）制造出模型，以便推敲造型比例，确定结构方式和材料的选择与搭配，这是一种有效的辅助手段。

制作模型的材料一般包括厚纸、吹塑纸、纸板、金属丝、软木、泡沫塑料、薄木片、木纹纸、木板等。制造模型的工具是一些常用的剪刀、夹子、钳子、刀、尺、胶水、小型模型机等。制作完成后的模型可以配合适当的环境拍摄成照片，这样显得更为真实。通过制作模型可以直观反映出设计是否合理恰当，以便进一步改进（图 7.7）。

图 7.8 为学生利用一些模型工具在老师的带领下制作椅子模型的过程。

图 7.7　为坐而设计的家具模型

图 7.8　家具模型制作展示

7.3　设计的发展趋势

7.3.1　智能家具

坚持科技是第一生产力，人才是第一资源，创新是第一动力。物联网技术逐步走入人们的生活实践中，智能家具将其他具有相似性质的智能产品进行智能系统的连接，使智慧家居生态系统朝着网络化、信息化的趋势发展，实现家具与家具、家具与环境、家具与人之间的通信和反馈。而随着智能家具走入智慧居家生态系统中，其作为家具本身的价值将减少，但其在智慧家居生态系统中的系统价值将随着整个系统的智能化而增加。智慧家居生态系统在此时不仅仅是传统意义上家中的用户、产品、环境组成的系统，而且是包含了服务结构和平台、销售及售后维修、大数据支持等一系列组成部分的更大的"居家"系统。

从广义上看，只要是将高新技术以系统集成方式运用在家具设计工艺流程上，实现对家具传统类型、材质、构造、功能等方面的优化重构，从而取代人手操控的家具，便可称为"智能家具"。从狭义角度分析，将机械传动技术、传感技术、镶嵌式系统以及单片机等技术融合应用到家具产品中，生成智能家居系统，进而构成了"人-家具-环境"交互一体化的家具，就是智能家具。智能家具设计原则包括以下几点。

1. 隐私安全性原则

国家安全是民族复兴的根基，社会稳定是国家强盛的前提。无论是何种产品，在设计过程中都要考虑其安全性，对于连接科学技术的智能家具更应如此。主要原因是智能家具能够获取用户隐私行为数据，关乎使用者的居家安全，稍不注意就会威胁到人们的人身安全、财产安全，因此相关工作人员在设计智能家具时一定要秉承安全性原则。智能化控制效果的体现需要很多电子类部件、机械化部件的参与，所以相对而言，智能家具存有的安全风险系数很大。因此在设计智能家具时设计者务必要精准掌握电路分布情况以及电子部件的具体安装位置，还要尽可能地选用具有最好绝缘性的材料，以免发生触电情况。

为保障人们居家生活的安全性以及隐私性，在施工阶段应针对智能家具的电线布局，将电气开关同智能设备相连，在人们体验智能家具方便、快捷、舒适的同时，可以在智能设备上实时监控智能家具的使用情况，并且通过上传的用户数据和实时环境状况，系统自动匹配适宜人居的湿度、亮度、空气质量、声音状况等（图7.9）。

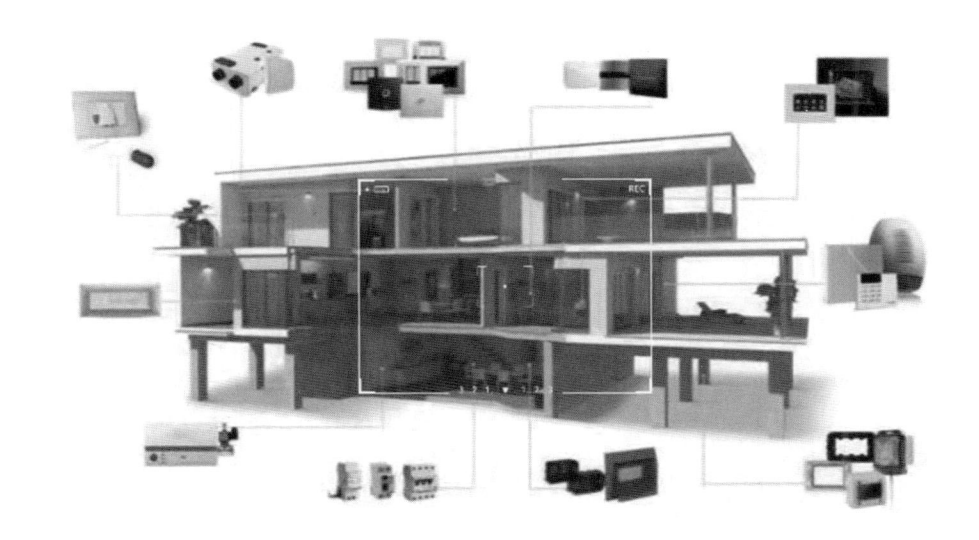

图 7.9　智能家具

2. 环境包容性原则

从人们的日常生活角度来看，家具产品是满足人们日常所需、办公活动的主要器具，便捷化的使用方式能够带给用户更好的使用体验。即便智能化技术具有了一定的先进性、前瞻性，但是在设计期间仍旧需要遵循家具设计的基本方法，将智能化系统转换为直观、便捷的使用方式。智能家具若想满足人们的使用需求，不仅仅要追求新型技术的使用，更要注重便捷性、人性化设计原则，这样才能够提升人们的使用体验效果，将智能家具的研发与市场价值全面体现出来。

一系列模块化家具和储物柜，这些家具和储物柜可以通过物联网遥控或声控的方式，从天花板下降或缩回天花板，以改变房间的功能或创造更多的地面空间。法国工作室 Atelier Décadrages 也设计了一款变形空间家居产品——Bed Up，它是一款巧妙的滑动床，即利用机械的升降原理，通过家具的折叠改变空间的既有属性，可从天花板上掉下来以节省空间，十分适用于小型公寓，在收回时可以帮助节省高达 2.79m² 的未使用空间。不仅如此，其最小的设计也可以优雅地融入周围的环境。此外，基于墨菲床的概念，该产品也提供适用于不同空间的版本和尺寸（图 7.10 和图 7.11）。

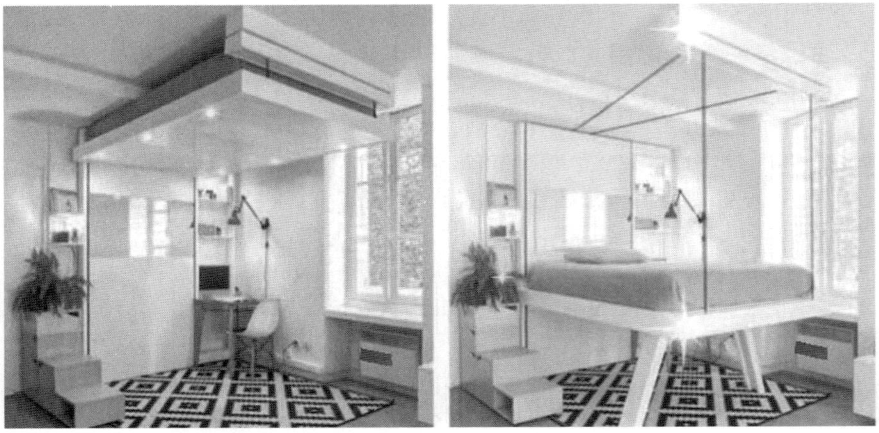

(a) 工作区　　　　　　　　　　　　(b) 卧室

图 7.10　工作区—卧室功能转换

(a) 客厅　　　　　　　　　　　　(b) 客房

图 7.11　客厅—客房功能转换

3. 功能多样性原则

功能是智能家具最为突出的特征，主要指的是依附于家具产品固有功能的基础上，通过融合使用智能化技术从而出现的新功能。因而，对于家具设计者来说，若想在家具产品上将智能化功能充分体现出来，那么开展设计工作时，设计者就要在明晰用户对智能家具购买需求的基础上，有目的性地来完善家具产品的使用功能，以提升智能家具的个性化服务水平。例如，能够变换不同功能的床（图 7.12）、能够根据天气提示用户穿衣的衣柜等。

图 7.12　Hariana Tech Smart Ultimate 床
设计旨在具有带遥控器的集成斜躺按摩椅、内置蓝牙扬声器、书架、阅读灯、空气清洁系统、可插拔设备并为设备充电的区域、可额外打开的脚凳储物空间，以及适用于 WFH 设备、Netflix 马拉松或舒适的阅读时间的弹出式办公桌。音响系统还具有 SD 卡插槽、辅助端口和 USB 端口

4. 整体美观性原则

设计阶段在重视家具产品的功能性之外，还要保证其具有良好的美观性。为此，在智能家具设计工作实践中，设计者要着重思考如何将智能化元件巧妙地放置在电子元件当中，以及如何将其精妙地融入家具产品中等问题，如此才可以显著提升智能家具的整体美观程度，从而吸引更多人来购买智能家具（图7.13）。

基于智能家具设计的整体性，通过无意识设计，将智能化功能潜移默化地带入到家庭生活之中，即设计师对人—机—环境相互作用下产生的行为分析，在人们潜意识甚至是无意识的行为下提高生活效率与品质。例如Verse Smart Mirror的交互式镜子，乍一看，和普通的浴室镜一般无二。但具有智能手机或笔记本电脑相似的基础功能，通过共连的方式进行同步，可以在早上刷牙时回复电子邮件或管理文件、阅读新闻、查看日历甚至从Google Play商店下载应用程序。镜子通过将家庭成员的信息录入，由语音和手势控制。适用于浴室或任何其他房间。通过物联网实现家中镜子的信息共享，在门口的穿衣镜中快速查看电子邮件（图7.14）。

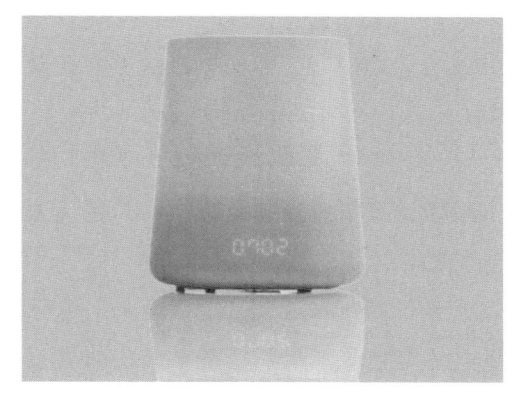

图 7.13 唤醒光台灯和闹钟
具有闹钟阅读灯的功能，清晨的唤醒灯光提供给用户愉悦的生活方式。此外，用户还可以选择自然或环境等多样性的声音

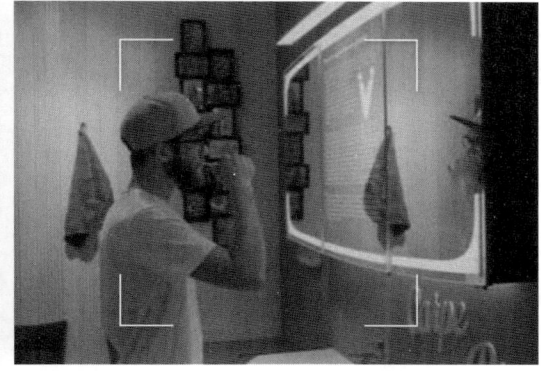

图 7.14 Verse Smart Mirror

智能家具的发展一方面使人们的居家生活变得更便捷、更舒适、更安全，另一方面随着科学技术发展智能家具发展水平也将获得不断提升，以便于智能家具各方面的性能和使用者的体验进一步获得满足。深入实施科教兴国战略、人才强国战略、创新驱动发展战略，开辟发展新领域，不断塑造家具设计发展新优势。在未来，家具设计更多地投入到能够提升人们的健康的、融入整个智慧家居系统的、采用更多创新交互方式等的智能家具的研发中，将促进智能家具朝着更智能、更完善的方向发展。

7.3.2 品牌效应

设计由功能、形态、含义与价值来呈现，需要考虑的是经济与市场、技术、艺术以及人文等因素，这些因素是交互作用的。如：功能需要考虑经济与市场、技术等；形态则由技术和艺术所共同作用；含义包括艺术和人文两个方面；而价值不仅有经济与市场方面的价值，还有人文价值在内。技术不仅对功能起作用，也对造型产生影响；艺术不仅与形态密不可分，还有含义呈现；人文有含义，也有价值考量；经济与市场不仅有功能方面的要求，也有价值诉求。

设计在不同情况下有不同的目的，一般认为有四种情况，即状态设计、技术设计、浪漫设计与远景设计。

（1）状态设计是设计某种状态，其中需要着重建立各个要素之间的关联，是对使用状态所提供的一套解决方案。

（2）技术设计也可视为开发的技术活动，开发的目标源自需求。

（3）浪漫设计是指设计师有自己独特的天赋和幻想或是一种浪漫情感的抒发，从这个意义上来看，设计师是独特的艺术家。

（4）远景设计则意味着设计是探索未来可能性的工具。

设计的技术角色与远景角色是不同的，甚至在一定程度上具有不可调和的属性。技术设计主要在工程方面，需要更多地考虑制作的可实现性与经济性，这必定会存在一系列的制约条件，即便一开始企业还有自己的独立想法，但久而久之就习惯了被制约，甚至主动给自己设定条条框框，导致驻厂设计师随着时间的推移往往会失去创造力。而设计的创意来自寻找机会，探索未来世界，唯有如此设计才能进步。因此，来自外部的设计力量是不可忽视的，即便你的企业看上去不乏设计，但没有了外来的血液将会有失去持续创新能力的危险。

在工业社会，设计被视作生产系统的附属，设计只是为了生产，一旦生产出来，设计的任务就宣告结束；而对于后工业社会来说，设计不仅仅为了生产，还要考虑消费系统以及生产与消费之间的连接。设计价值链描述的是从概念到产品和服务的全部活动，通过不同的阶段展开：生产、向终端消费者的递送，以及产品使用之后的处置。尽管价值链通常被描述成单向线性的，但实际上价值链内部很大程度上往往是双向的。

现在，我们坚持以推动高质量发展为主题，把实施扩大内需战略同深化供给侧结构性改革有机结合起来，增强国内大循环内生动力和可靠性，提升国际循环质量和水平，加快建设现代化经济体系，着力提高全要素生产率。国际设计界已经将传统的产品设计概念上升到产品服务体系设计的高度来看待。产品服务体系是产品、传播、服务和销售点的组合体，通过这个组合体系，企业或者机构可以更完善和整体地向相关市场展示自我。这种系统是一种创新战略的结果，把业务重点从单纯的设计和销售实际的产品，转移到销售产品和服务共同组成的体系，这个体系更有能力满足特定的客户需求。

品牌的属性应当与产品服务体系的表现相一致，它依附于产品服务体系，同时随着品牌公正的树立，又能够建立起自己独立的价值。品牌是一种承诺，它通常承诺高品质，但并不一定等同于高价位。品牌也可承诺相对于同类产品具有更好的性价比，即提供相同或更高质量的同时，价格更为合理。此外，品牌还应当有差异化和可识别性。

因此，当今我们所要关心的不仅是家具产品本身，而且还有周边的服务体系。坚持在稳中求进设计总基调中，以推动高质量发展为主题，以深化供给侧结构性改革为主线，以改革创新为根本动力，以满足人民日益增长的美好生活需要为根本目的，将家具产品和服务的组合概念，来满足消费者的需要并以自己的品牌以及品牌的公正性来予以承诺。

作业与思考题

1. 尝试用表格、插画风格等制作方式进行咨讯的定性定量整理和分析,最终形成完整的家具考察报告。

2. 掌握家具设计常用的步骤与方法后,进行智能化家具设计实践。

参考文献

[1] WANG H, DU W, ZHAO Y, et al. Joints for treelike column structures based on generative design and additive manufacturing [J]. Journal of Constructional Steel Research, 2021, 184（6）：106794.

[2] 上海家具研究所. 家具设计手册 [M]. 北京：中国轻工业出版社，1989.

[3] 赵剑清. 产品设计教学解码：原理·方法·形态设计 [M]. 福州：福建美术出版社，2006.

[4] 胡景初，戴向东. 家具设计概论 [M]. 北京：中国林业出版社，1999.

[5] 尹定邦. 设计学概论 [M]. 长沙：湖南科学技术出版社，1999.

[6] 李砚祖. 工艺美术概论 [M]. 北京：中国轻工业出版社，1999.

[7] 李凤崧. 家具设计 [M]. 北京：中国建筑工业出版社，1999.

[8] 王抗生. 中国传统艺术 [M]. 北京：中国轻工业出版社，2000.

[9] 李雨红，于伸. 中外家具发展史 [M]. 哈尔滨：东北林业大学出版社，2000.

[10] 梁启凡. 环境艺术设计：家具设计 [M]. 北京：中国轻工业出版社，2001.

[11] 李文彬. 建筑室内与家具设计人体工程学 [M]. 北京：中国林业出版社，2001.

[12] 卢奇. 2001年国际设计年鉴 [M]. 黄睿智，译. 北京：中国轻工业出版社，2002.

[13] 贝克. 20世纪家具 [M]. 彭雁，詹凯，译. 北京：中国青年出版社，2002.

[14] 方海. 芬兰现代家具 [M]. 北京：中国建筑工业出版社，2002.

[15] 彭亮，胡景初. 家具设计与工艺 [M]. 北京：高等教育出版社，2003.

[16] 张同. 产品系统设计 [M]. 上海：上海人民美术出版社，2004.

[17] 莱夫特瑞. 欧美工业设计5大材料顶尖创意 [M] 黄源，陈亮，译. 上海：上海人民美术出版社，2004.

[18] 莱斯科. 工业设计：材料与加工手册 [M] 李乐山，译. 北京：中国水利水电出版社，知识产权出版社，2005.

[19] 李峰，吴丹，李飞. 从构成走向产品设计 [M]. 北京：中国建筑工业出版社，2005.

[20] 陈慎任，等. 设计形态语义学：艺术形态语义 [M]. 北京：化学工业出版社，2005.

[21] 张剑. 情趣的设计世界：张剑产品设计作品选 [M]. 福州：福建美术出版社，2005.

[22] 清水文夫. 世界前卫家具 [M]. 龙溪，译. 沈阳：辽宁科学技术出版社，2006.

[23] 罗大坤. 家具 [M]. 北京：中国三峡出版社，2006.

[24] 鲍诗度，王淮梁，孙明华. 城市家具系统设计 [M]. 北京：中国建筑工业出版社，2006.

[25] 张克非. 家具设计 [M]. 沈阳：辽宁美术出版社，2006.

[26] 田原，杨冬丹. 装饰材料设计与应用 [M]. 北京：中国建筑工业出版社2006.
[27] 何颂飞，张娟. 工业设计：内涵·思维·创意 [M]. 北京：中国青年出版社，2007.
[28] 刘文金，唐立华. 当代家具设计理论研究 [M]. 北京：中国林业出版社，2007.
[29] 布尔德克 E. 产品设计：历史、理论与实务 [M]. 胡飞，译. 北京：中国建筑工业出版社，2007.
[30] 刘文金，唐立华. 当代家具设计理论研究 [M]. 北京：中国林业出版社，2007.
[31] 白晓宇. 产品创意思维方法 [M]. 重庆：西南大学出版社，2008.
[32] 朱丹，郭玉良. 家具设计 [M]. 北京：中国电力出版社，2008.
[33] 胡景初，方海，彭亮. 世界现代家具发展史 [M]. 北京：中央编译出版社，2008.
[34] 江黎. 为坐而设计 [M]. 北京：中国建筑工业出版社，2008.
[35] 胡景初，李敏秀. 家具设计辞典 [M]. 北京：中国林业出版社，2009.
[36] 于伸，万辉. 家具造型艺术设计 [M]. 北京：化学工业出版社，2009.
[37] 陈组建. 家具设计常用资料集 [M]. 2版. 北京：化学工业出版社，2012.
[38] 马掌法，黎明. 家具设计与生产工艺 [M]. 2版. 北京：中国水利水电出版社，2012.
[39] 张玲玲. 综合材料艺术在家具创新设计中的应用探索 [D]. 哈尔滨：东北林业大学，2015.
[40] 符凯杰. 交互式智能衣柜设计研究 [D]. 武汉：湖北工业大学，2021.
[41] 雷宜灵，陈晨. 无意识设计理念在家具设计中的应用研究 [J]. 设计，2021，34（12）：132-135.
[42] 徐威，费文睿. 智能家具设计的要素及趋势 [J]. 设计，2021，34（24）：114-116.
[43] 罗澜. 基于老年人生活方式的智能家具设计 [D]. 长沙：中南林业科技大学，2021.

数字资源索引

微课视频

家具的产生与发展 ………… 5
满足使用功能 ………… 5
具备物质技术条件 ………… 9
加强设计造型 ………… 11
家具设计与其他设计类专业的关系 ……… 17
中国古代家具史（上） ………… 31
中国古代家具史（中） ………… 31
中国古代家具史（下） ………… 31
外国古代家具 ………… 47
中世纪家具 ………… 49
近世纪家具 ………… 51
现代家具史（上） ………… 55
现代家具史（中） ………… 61
现代家具史（下） ………… 69
家具造型的基本概念 ………… 81
家具造型的基本要素 ………… 83
家具造型的形式美法则（上） ………… 93
家具造型的形式美法则（下） ………… 93
家具造型的装饰设计 ………… 105
木材的种类与特性 ………… 135
木质家具的结构与工艺 ………… 135
金属家具 ………… 149
塑料家具 ………… 153
竹家具与藤家具 ………… 163
纸质家具 ………… 165

其他种类的家具 ………… 167
家具新产品的概念 ………… 179
家具创意创新设计的途径 ………… 179
家具设计创新方法（上） ………… 185
家具设计创新方法（下） ………… 185
设计调研 ………… 197
设计定位与设计方法 ………… 199
设计表达 ………… 205
作品赏析 ………… 209

作品赏析

家具造型设计 ………… 109
家具功能设计 ………… 133
新中式家具设计 ………… 175
创意家具设计 ………… 195
家具系统设计 ………… 209

课件

第1单元 ………… 29
第2单元 ………… 79
第3单元 ………… 109
第4单元 ………… 133
第5单元 ………… 175
第6单元 ………… 195
第7单元 ………… 209